高职高专系列“十二五”规划教材

C语言程序设计

主　编　柴世红

副主编　李向伟　王军弟

西安电子科技大学出版社

内 容 简 介

C 语言是一种计算机程序设计语言，被认为是最适合编程开发者入门的语言。C 语言功能强大，可以用来编写系统软件及应用软件，应用范围十分广泛。C 语言有自己的语法规范，对于初学者而言概念比较多、不易理解。本书从基本概念入手，循序渐进地讲解了 C 语言的编程技术，通过丰富的实例介绍了 C 语言的各知识点及应用。

本书选材注意把握高职高专学生的专业知识背景与接受能力，由浅入深，以“实例教学”的方法组织知识点，既有利于初学者对基本知识点的理解和掌握，又锻炼了读者的编程能力。本书范例均按行编号，层次清楚，注释丰富，方便教学，有利于读者养成良好的代码编写习惯。大部分范例给出了运行结果和代码解析，能帮助读者更直观地理解范例代码和验证结果。

为方便读者学习，本书配有《C 语言程序设计题解与上机指导》(岐艳芳主编，西安电子科技大学出版社出版)，欢迎选用。

图书在版编目(CIP)数据

C 语言程序设计/柴世红主编. —西安：西安电子科技大学出版社，2011.2(2014.3 重印)

高职高专系列“十二五”规划教材

ISBN 978-7-5606-2510-2

Ⅰ. ① C…　Ⅱ. ① 柴…　Ⅲ. ① C 语言—程序设计—高等学校：技术学校—教材　Ⅳ. ① TP312

中国版本图书馆 CIP 数据核字(2010)第 258306 号

策　　划　杨丕勇

责任编辑　杨丕勇　李新燕

出版发行　西安电子科技大学出版社(西安市太白南路 2 号)

电　　话　(029)88242885　88201467　　　邮　　编　710071

网　　址　www.xduph.com　　　电子邮箱　xdupfxb001@163.com

经　　销　新华书店

印刷单位　陕西华沐印刷科技有限责任公司

版　　次　2011 年 2 月第 1 版　2014 年 3 月第 4 次印刷

开　　本　787 毫米×1092 毫米　1/16　印 张　17.375

字　　数　400 千字

印　　数　7001～9000 册

定　　价　25.00 元

ISBN 978 - 7 - 5606 - 2510 - 2/TP・1253

XDUP 2802001-4

如有印装问题可调换

本社图书封面为激光防伪覆膜，谨防盗版。

前　言

本书共分13章，系统地介绍了C语言程序设计的主要内容，具体如下。

第1章　C语言概述

介绍了C语言的发展历史及特性，C程序的基本结构及编程风格，C的上机步骤，算法的基本概念及表示。

第2章　常量、变量及数据类型

介绍了常量、变量及数据类型的相关知识。

第3章　运算符与表达式

介绍了C语言中的算术运算符、赋值运算符、关系运算符、条件运算符、逻辑运算符、逗号运算符、自增自减运算符等。在运算符的基础上进一步介绍了相关表达式。

第4章　基本输入输出

介绍了C语言的基本输入输出函数(包括格式化输入输出函数和单个字符的输入输出函数)以及顺序结构程序设计的分析方法。

第5章　选择结构程序设计

介绍了if语句的语法及实现选择结构的三种形式，switch语句的语法及多分支结构程序设计，以及条件表达式在选择结构程序设计中的应用。

第6章　循环结构程序设计

介绍了循环算法的构成，while、do-while和for语句的基本语法格式及其应用，break和continue语句以及循环的嵌套，循环算法的基本思想和程序设计过程。

第7章　数组

介绍了数组的基本概念及特性，一维数组、二维数组及多维数组的定义及引用。数组是程序设计中最常用的数据结构，它的引入极大地提高了程序设计的效率和灵活性。

第8章　字符数组与字符串

介绍了字符数组的基本概念、定义、初始化及引用，字符串的概念、原理与引用，常用字符串处理函数的使用。

第9章　函数

介绍了函数引入的优势及其特点，函数的类型、定义、调用，函数参数的类型及实参向形参的值传递过程，函数的递归调用，变量的类型。

第10章　结构体与共用体

介绍了C语言的两种自定义类型——结构体和共用体的定义及使用方法，用typedef定义已有类型的别名。

第11章　指针

介绍了指针变量的概念，指针变量的定义、引用，指针变量作函数参数，指针与数组，指针与字符串，指向函数的指针，返回指针值的函数，指针数组，链表的基本概念与操作。

第 12 章　文件

介绍了文件的概念与作用，文件指针，文件操作的基本步骤，常用文件输入输出函数的使用。

第 13 章　编译预处理

介绍了三种常用的编译预处理命令：宏定义、文件包含、条件编译。

本书由柴世红担任主编，李向伟、王军弟担任副主编。第 1 章、第 2 章、第 3 章、第 11 章、第 12 章、附录由柴世红编写，第 7 章、第 8 章、第 9 章、第 13 章由李向伟编写，第 4 章、第 5 章、第 6 章、第 10 章由王军弟编写。

由于编者水平和时间有限，书中难免存在一些疏漏，敬请读者批评指正。

编　者

2010 年 10 月

目　录

第 1 章　C 语言概述

程序设计语言是人与计算机进行信息交流的工具。随着计算机技术的进步程序设计语言不断升级换代，经历了面向机器的机器语言、汇编语言、面向过程的高级语言、面向对象的高级语言四个阶段。C 语言是面向过程的高级程序设计语言。

1.1　C 语言的历史

1.1.1　C 语言的出现

C 语言是目前编程领域中最有影响力的一种程序设计语言。

20 世纪 60 年代，贝尔实验室的 Ken Thompson(见图 1.1)着手开发后来对计算机业界产生巨大影响的 UNIX 操作系统。为了描述 UNIX，Thompson 首先将当时的一种专门用来描述系统的 BCPL 语言改进为他称之为 B 语言的语言。1970 年，Thompson 发表了用汇编语言和 B 语言所写成的在 PDP-7 上实现的 UNIX 的初版。

图 1.1　Thompson(左)和 Ritchie(中)于 1999 年接受当时美国总统克林顿授予的国家技术勋章

1971 年，Dennis M.Ritchie(见图 1.1)开始协助 Thompson 开发 UNIX。他对 B 语言做了进一步的充实和完善，加入新的数据类型和句法，于 1972 年推出了一种新型程序设计语言——C 语言(取 BCPL 的第 2 个字母)。为了使 UNIX 操作系统得以推广，Ritchie 于 1974 年发表了不依赖于具体机器系统的 C 语言编译文本“可移植的 C 语言编译器”。由此可见，C 语言是借助 UNIX 操作系统的翅膀而起飞的，UNIX 操作系统也由于 C 语言而得以快速推广，二者相辅相成，成就了软件开发史上历时 30 年之久的一个时代。

1978年，Brian W. Kernighian和Dennis M.Ritchie合作出版了名著《The C Programming Language》，从而使C语言成为目前世界上流行最为广泛的高级程序设计语言。后来，又有多种程序设计语言在C语言的基础上产生，如C++、Visual C++、Java、C#等。

1.1.2　C语言的标准

C语言推出以后，以其灵活性、丰富性和可移植性很快得到了普遍的认可，适合于各种操作系统(UNIX、MS-DOS、CP/M-80/86)和不同机型(字长为8～32 bit)的C语言编译系统相继出现。1982年，美国国家标准学会(American National Standards Institute，ANSI)语言标准化委员会开始着手进行C语言的标准化工作，并于1983年公布了第一个C语言标准草案('83 ANSI C)。1989年，ANSI又发布了一个完整的C语言标准——ANSI X3.159-1989，通常称为“ANSI C”，简称“C89”。1990年，国际标准化组织ISO/JEC JTC1/SC22/WG14采纳了C89，做了少量修改后，以国际标准ISO/IEC 9899:1990发布，通常称其为“C90”，它同C89基本相同。

1995年，WG14对C89做了两处技术修订和一个扩充，人们将其称为“C89增补1”或“C95”。同时，WG14开始着手对C标准做全面修订，并于1999年获得通过，形成正式的C语言标准，命名为ISO/IEC 9899:1999，简称“C99”。

目前各厂商提供的C编译器都尚未实现C99所建议的功能。为了使读者能实际运行本书中的例子程序，书中所介绍的例子都是符合ANSI C标准并能在大多数C编译器上通过和运行的程序。

1.2　C语言的主要特性

C语言同时具有汇编语言和高级语言的优点。

(1) 语言简洁、紧凑，使用方便、灵活。C语言一共只有32个关键字，9种控制语句，程序书写形式自由，主要用小写字母表示。

(2) 运算符极其丰富。

(3) 生成的目标代码质量高，程序执行效率高。

(4) 可移植性好(较之汇编语言)。

(5) 可以直接操纵硬件。C语言允许直接访问物理地址，能进行位操作，能实现汇编语言的大部分功能，可以直接对硬件进行操作。因此，C既具有高级语言的功能，又具有低级语言的许多功能。

(6) 在C语言中，除实现顺序、选择和循环三种基本结构等的9条控制语句外，输入输出操作均由标准库函数来实现。学习C语言，不仅要学习这9条控制语句和各种运算符，而且要学习并掌握常用标准库函数的使用。

1.3　C程序的基本结构

在讨论C语言的具体特征之前，可通过以下几个实例来了解C程序的结构。

1.3.1 示例 1：显示一条信息

【例 1-1】　显示一条信息。

```
01  main()
02  {
03       printf("hello, world!\n");            /*输出信息“hello, world!”并换行*/
04  }
```

运行结果如图 1.2 所示。

图 1.2　例 1-1 运行结果

代码说明：

✧ 这是一个用 C 语言编写的源程序。为了叙述方便，对程序的每一行都加了一个行号，即每一行最前面的编号，以此来表示此行代码所在的行数，在实际程序编写过程中不需要写。

✧ 第 01 行，该行有一个关键字 main，后面带有一对圆括号，在 C 语言中称之为主函数或 main 函数。在 C 语言程序中有且只有一个 main 函数，运行程序时总是从 main 函数开始。

✧ 第 02 行，main 函数开始。

✧ 第 04 行，main 函数结束。

✧ 第 03 行，printf 函数是预定义的标准 C 函数，用于显示输出。在第 4 章将对该函数的用法进行详细说明。

✧ 第 03 行以/*开始，以*/结束的部分称为注释，它只是为了提高程序的可读性，有助于开发人员和其他用户理解程序而编写的，编译器会忽略注释部分内容，故注释行不会影响程序的运行速度以及编译后程序的大小。

注意：C 语言的每条语句都必须以分号结尾。

技巧

假如要将输出显示成如下两行：

```
Hello,
world
```

可以使用两条 printf 语句：

```
printf("Hello, \n");
printf("world");
```

也可以使用一条 printf 语句：

```
printf("Hello, \nworld");            /*连续的字符序列“\n”称为换行字符，控制随后的
                                       输出跳转到新行*/
```

示例 1-1 所示的是最简单的 C 程序之一，其结构如图 1.3 所示。

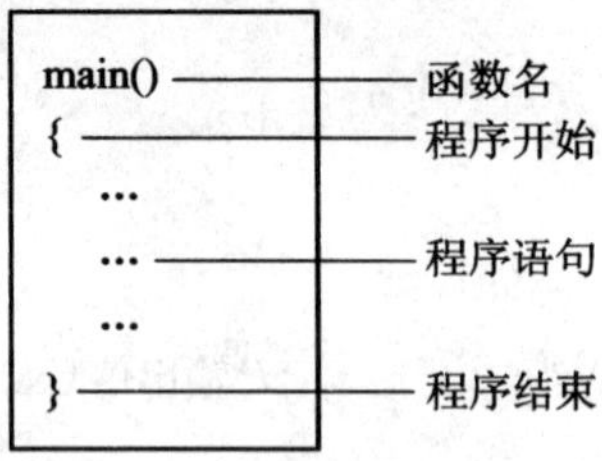

图 1.3 简单 C 程序的结构

1.3.2 示例 2：两个数相加

【例 1-2】 两个数相加。

```
01  main()
02  {
03      int num1,num2,sum;              /*定义三个变量 num1,num2,sum*/
04      num1=20;                        /*给变量 num1 赋值*/
05      num2=30;                        /*给变量 num2 赋值*/
06      sum=num1+num2;                  /*求 num1 与 num2 的和，赋给 sum*/
07      printf("sum=%d",sum);           /*输出 sum 的值*/
08  }
```

运行结果如图 1.4 所示。

图 1.4 例 1-2 运行结果

代码说明：

✧ 第 03 行，该行是一条声明语句，定义了 3 个用来存放整型数据的变量。在 C 语言中，所有变量在使用之前必须先声明，有关变量的使用将在第 2 章进行详细介绍。

✧ 第 04 行，通过赋值运算符“=”给变量 num1 赋值。有关运算符的使用将在第 3 章介绍。

✧ 第 06 行，变量 num1 和变量 num2 进行算术加运算，将和赋给变量 sum。

✧ 第 07 行，输出 sum=50。有关 printf 函数的使用规则请查阅第 4 章。

1.3.3 示例 3：选择结构

【例 1-3】 选择结构程序：根据输入数据显示信息。

```
01  main()
02  {    int a;                              /*定义整型变量 a*/
03       printf("input an integer: ");       /*显示信息*/
04       scanf("%d",&a);                     /*输入数据*/
05       if(a>=0)                            /*判断条件*/
06           printf("+");
07       else
08           printf("-");
09  }
```

运行结果如图 1.5 所示。

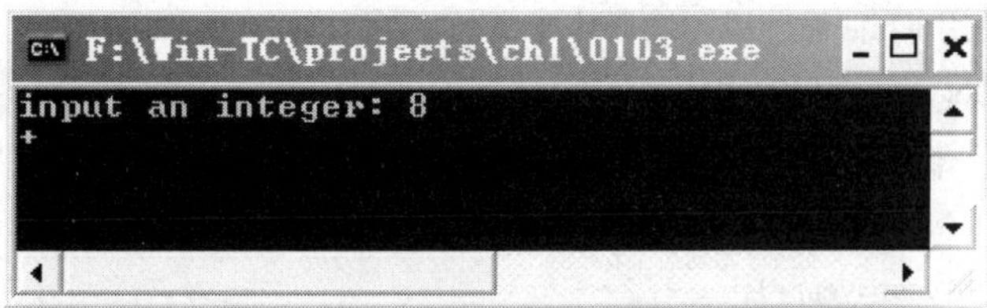

(a) a=8 时的运行结果

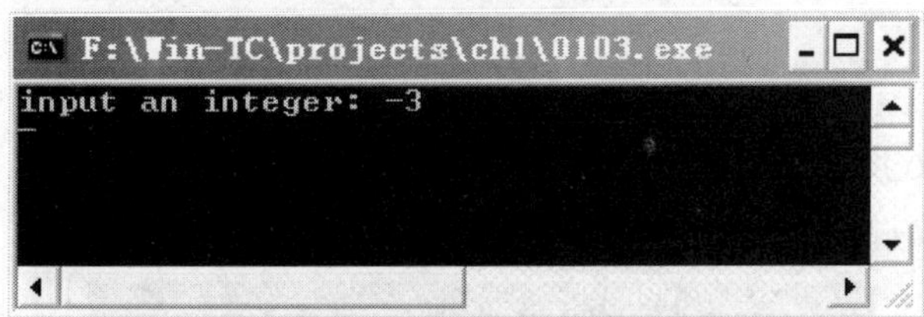

(b) a=-3 时的运行结果

图 1.5　例 1-3 的两种运行结果

代码说明：

✧ 第 03 行，输出提示信息“input an integer”，在程序输入数据的代码前添加 printf 函数调用输出一些有用的提示信息，增加程序的可读性。

✧ 第 04 行，scanf 函数调用，用来采集从键盘输入的数据，在这里是用来输入一个十进制整数，并将输入的数据存储到变量 a 中。有关 scanf 函数更详细的使用，请查阅第 4 章。

✧ 第 05～08 行，这是一条 C 语句，判断 a 的值，如果 a≥0，显示输出符号“+”，否则显示输出符号“-”。这是一段选择结构程序代码，程序的执行取决于一定的条件，有关选择结构程序的实现请查阅第 5 章。

1.3.4　示例 4：利息计算

【例 1-4】　循环结构程序：利息计算。

该例用于计算每年年末的投资金额。假设初始资金为 5000.00，年利息率为 6%，用两列显示出 5 年之中金额的变化情况，其输出如图 1.6 所示。该程序使用如下计算公式：

$$\text{年末值} = \text{年初值} \times (1 + \text{利息率})$$

本程序中，变量 value 表示年末的数额，而 amount 表示年初的数额。

```
01  #define PERIOD 5
02  #define PRINCIPAL 5000.0
03  main()
04  {    /*定义所需变量*/
05       int year;
06       float amount,value,inrate;
07       /*给变量赋初值*/
08       amount=PRINCIPAL;
09       inrate=0.06;
10       year=0;
11       /*使用 while 循环语句进行计算*/
12       while(year<=PERIOD)
13          {  printf("%2d%15.2f\n",year,amount);
14             value=amount+inrate*amount;
15             year=year+1;
16             amount=value;
17          }
18  }
```

运行结果如图 1.6 所示。

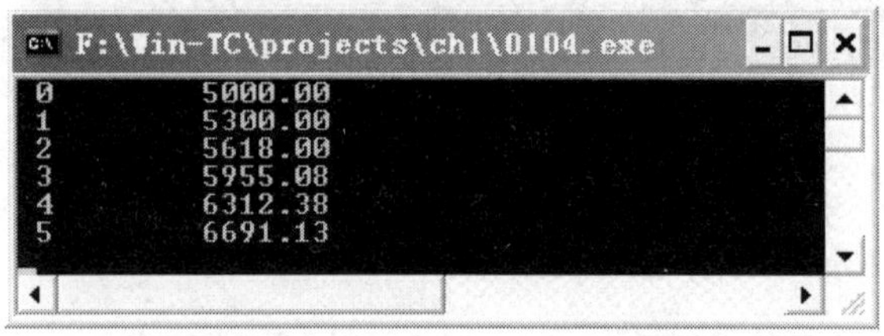

图 1.6　例 1-4 运行结果

代码说明：

✧ 第 01～02 行，以#define 开头的指令。该指令定义了将在程序中使用的符号常量的值。第 01 行，定义了符号常量 PERIOD，值为 5；第 02 行，定义了符号常量 PRINCIPAL，值为 5000.00，这些值在程序的整个运行过程中不变。

✧ 第 12～17 行，当条件 year≤PERIOD 成立时，执行第 13～16 行，当 year＞PERIOD 时，退出循环。关于循环的概念请参阅第 6 章。

✧ 第 13 行，输出年份和当年金额。

✧ 第 14 行，利用公式计算当年年终金额。

✧ 第 15 行，year 加 1，保证循环执行几次后可以结束。

✧ 第 16 行，前一年年终金额作为下一年年初金额。

1.3.5　示例 5：子函数的使用

【例 1-5】　子函数的使用。

到目前为止，只使用了 C 提供的 printf 函数，本例将使用一个自定义的函数。

```
01  int mul(int a,int b);               /*函数声明*/
02  main()
03  {   int a,b,c ;
04      a=5;
05      b=10;
06      c=mul(a,b);                     /*调用子函数 mul*/
07      printf("multiplication of %d and %d is %d",a,b,c);
08  }
09  /*子函数定义*/
10  int mul(int x,int y)
11  {  int p;
12     p=x*y;
13     rcturn(p);
14  }
```

运行结果如图 1.7 所示。

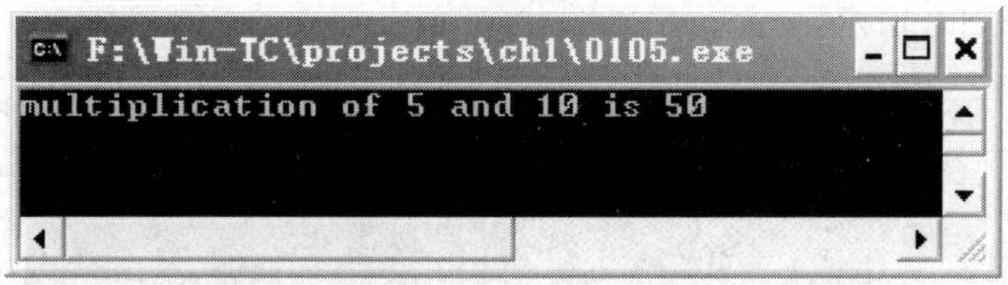

图 1.7　例 1-5 运行结果

代码说明：

✧ 第 10～14 行，定义了一个子函数 mul，函数被调用时需要两个整型参数，函数 mul 用于计算这两个整数的积，并将结果返回到调用点。自定义的函数就是具有一定功能的子模块，有关函数的使用将在第 9 章介绍。

✧ 第 01 行，子函数声明语句。

✧ 第 06 行，子函数调用语句 c=mul(a,b)，调用子函数 mul，并将 a，b 的值作为参数传递给子函数，将函数的返回值赋给变量 c。

1.3.6　示例 6：数学函数的使用

经常要使用的标准数学函数有 cos，sin，exp 等。C 语言的函数库提供了丰富的库函数供程序员使用，其中 math.h 文件中存放的是相关的数学函数。如果要使用这些函数，就必须在程序中添加#include 命令。与#define 命令一样，#include 命令也是一个编译命令，它告诉编译器从函数库中链接指定的数学函数，使用形式为

```
#include <math.h>
```

【例 1-6】　数学函数的使用。

```
01  #include <math.h>
02  #define PI   3.1416
03  #define MAX 180
04  main()
05  {    int angle;
06       float x,y;                          /*定义实数变量*/
07       angle=0;
08       printf("      Angle      Cos(angle)\n\n");
09       while(angle<=MAX)                   /*判断条件*/
10       {
11           x=(PI/MAX)*angle;               /*将角度 angle 转换成对应的弧度*/
12           y=cos(x);                       /*调用库函数 cos()，求余弦值*/
13           printf("%15d%13.4f\n",angle,y);
14           angle=angle+10;                 /*更新角度*/
15       }
16  }
```

运行结果如图 1.8 所示。

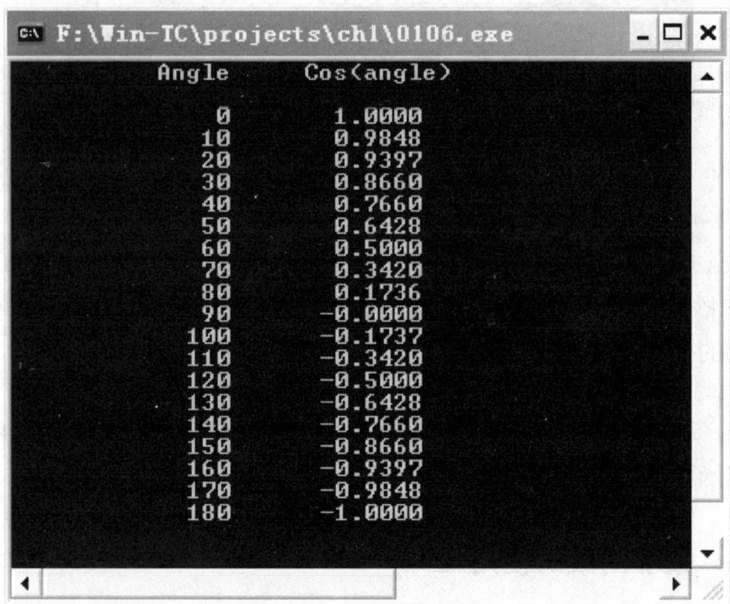

图 1.8　例 1-1 的运行结果

代码说明：第 01 行，预编译命令。在第 12 行使用库函数 cos，在此处通知编译器。

1.3.7　C 程序的基本结构

以上几个例子表明，C 程序的基本组成单位是函数。一个程序是由一个或多个函数组成的，其中至少包含一个 main 函数，main 函数是程序的入口。用户可以自己定义函数，也可以使用系统提供的库函数。C 程序的基本结构如图 1.9 所示。

(1) 文档说明部分由注释行组成，给出该程序的名称、作者和其它信息。

(2) 链接部分使用预编译命令告诉编译器从系统库中要链接哪些函数。

(3) 定义部分给出符号常量的定义。

(4) 全局变量声明部分给出自定义函数的声明及全局变量的定义。

(5) 子函数定义部分给出用户自定义的子函数。

除 main 函数之外，如果没有必要，其它所有部分都可以省略。

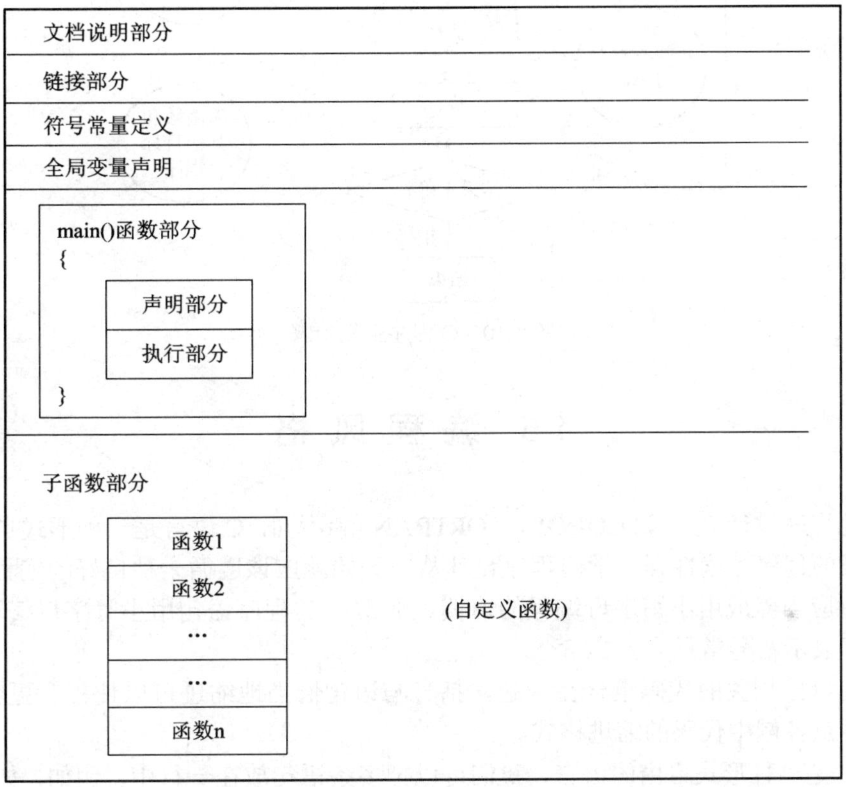

图 1.9　C 程序的基本结构

1.4　C 程序的上机步骤

编写、运行一个 C 程序包含以下步骤：

(1) 编辑源程序。

(2) 编译源程序。

(3) 从 C 库中链接所需函数。

(4) 运行程序。

实现过程如图 1.10 所示。

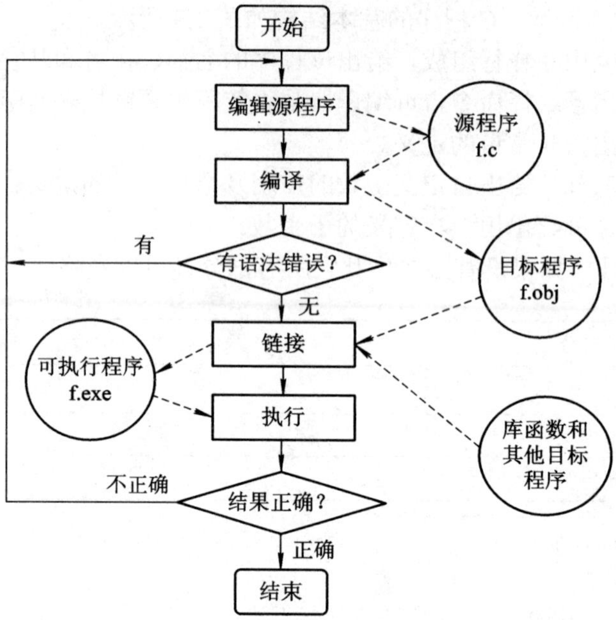

图 1.10　C 程序上机步骤

1.5　编 程 风 格

与其他程序设计语言(如 COBOL，FORTRAN 等)不同，C 语言是一种形式自由的语言。为了使开发的程序可读性强，学习程序设计从一开始就应该遵循一种良好的编程风格。

首先，应当养成用小写字母编程的习惯。通常，C 程序语句用小写字母编写，而大写字母只用于表示符号常量。

括号可以把相关的代码组合在一起。括号与语句恰当地缩进可以使程序更容易阅读和调试，请注意各例中代码的缩进格式。

由于 C 是一种形式自由的语言，我们可以把多条语句放在一行中。例如，如下的语句：

```
a=b;
x=y+1;
z=a+x;
```

也可以写成一行：

```
a=b;    x=y+1;    z=a+x;
```

程序：

```
main()
{
    printf("Hello  C");
}
```

可以写成一行：

```
main() { printf("Hello  C"); }
```

但是一般不提倡这种书写风格，因为它降低了程序的可读性。

程序中注释的使用不可忽视，恰当地插入注释不仅能增加程序代码的可读性，而且有助于理解程序的逻辑，对调试和测试程序都非常重要。

1.6 算法及表示

虽然计算机可以完成许多极其复杂的工作，但实质上这些工作都是按照事先编好的程序进行的，所以，程序才是计算机的灵魂。1976 年，瑞士计算机科学家 Niklaus Wirth 提出了一个著名的公式：

算法 + 数据结构 = 程序

他认为："程序就是在数据的某些特定表示方式和结构的基础上对抽象方法的具体表述"。 Wirth 试图通过这个公式对程序进行一个概括性的定义，从今天的观点来看，这个公式只是对过程化程序的一个抽象定义，对面向对象程序而言则不尽然。但是，它对于学习 C 语言这样的面向过程的程序设计语言来讲，是完全适用的，也就是说，面向过程的程序有两大要素：算法和数据结构。

1.6.1 算法概念

算法就是进行操作的方法和步骤。

1．算法的组成要素

算法含有以下两大要素：

(1) 操作。算法是由一系列操作组成的。每个操作的确定不仅取决于问题需求，还取决于这一操作取自哪个操作集，它与所用的工具系统有关。算盘上的操作集由进、退、上、下、去等组成。计算机算法要由计算机实现，组成它的操作集决定了计算机所能进行的操作，而且这些操作的描述与程序设计语言的级别有关。C 语言所描述的操作主要包括算术运算(+、–、*、/、%)、逻辑运算("与"、"或"、"非" 等)、关系运算(= =、>=、<=、>、<、!= 等)、函数运算、位运算、I/O 操作等。

(2) 控制结构。算法的另一要素是控制结构。每一个算法都由一系列操作组成，同一操作系列如果按照不同的顺序执行，就会得出不同的结果。控制结构就负责控制组成算法的各操作的执行顺序。结构化程序设计方法要求一个程序只能由三种基本控制结构组成。

① 顺序控制结构。顺序控制结构中的语句是按照书写顺序执行的，即语句的执行顺序与书写顺序一致。

② 选择控制结构。最基本的选择控制结构是当程序执行到某一条语句时，要进行某种判断，从两种路径中选择其中一条。选择结构给程序注入了最简单的智能。由二分支选择结构可以派生出多分支选择结构。

③ 循环控制结构(或称重复控制结构)。这种结构将一条或多条语句重复执行若干遍。由于电子计算机的一大优势是运算速度快，当把一个复杂问题通过循环结构来实现时，就能充分发挥计算机高运算速度的优势。

2. 算法的基本性质

(1) 有效性。有效性是指算法所规定的操作都能有效地执行。

(2) 确定性。确定性具有两重含义。一是所描述的操作应当具有明确的意义，不能有歧义性。确定性的另一重含义如下：

① 操作序列只有一个初始动作，序列中的每一个动作仅有一个后续动作。

② 序列终止表示问题得到解答或问题无解，不能没有任何结论。

(3) 有穷性。有穷性是指算法所规定的操作序列必须在允许时间范围内结束。

1.6.2 算法的表示

恰当地表示算法有助于理解算法的过程。在设计程序时也可以先将算法表示出来再写代码，这样有助于提高效率。描述算法有多种表示方式，例如自然语言、流程图、伪代码、计算机算法等。其中，自然语言方式即是用语言来表示算法的过程，计算机算法则是用计算机程序代码来表示的，伪代码是用介于这两者之间的文字和符号来表示算法的方法，一般情况下常用的算法表示方法是流程图。

流程图表示算法是用图形来表示算法，比较直观易懂，常用的流程图符号如图 1.11 所示。

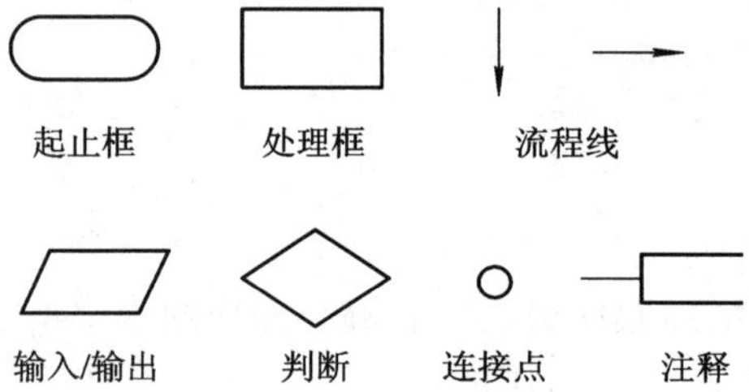

图 1.11　常用流程图符号

用流程图描述的三种基本结构如图 1.12 所示。

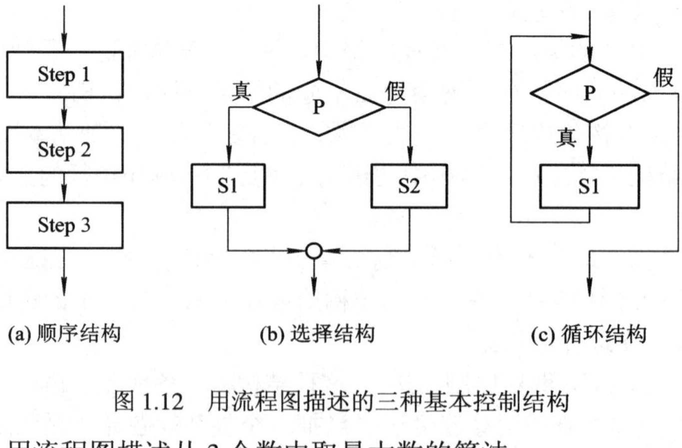

图 1.12　用流程图描述的三种基本控制结构

【例 1-7】 用流程图描述从 3 个数中取最大数的算法。

从 3 个数中取最大数的算法如图 1.13 所示。

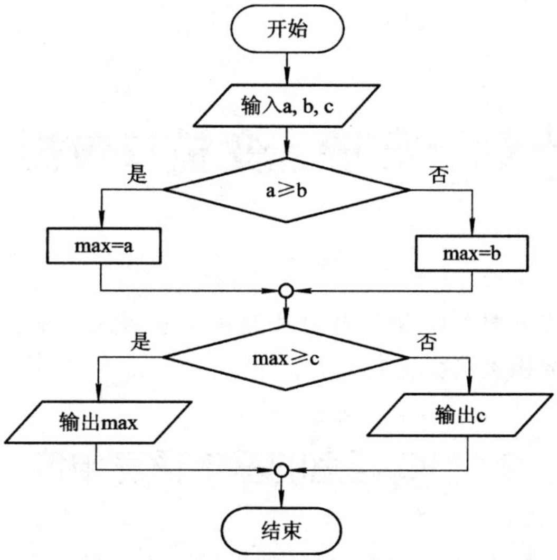

图 1.13　3 个数中取最大数的算法

【例 1-8】　用流程图描述例 1-6 的算法。

例 1-6 的算法如图 1.14 所示。

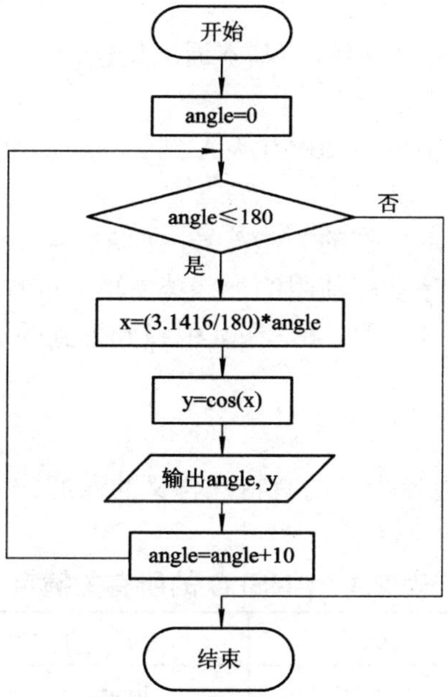

图 1.14　例 1-6 的算法

本 章 小 结

本章简单介绍了 C 语言的发展历史及特性；通过几个常见的示例介绍了 C 程序的基本结构及编程风格；通过图示介绍了 C 的上机步骤；另外还介绍了算法的基本概念及用流程图表示算法的方法。

第2章　常量、变量及数据类型

与其它程序设计语言一样，C 语言有自己的词汇和语法。本章将讨论与 C 程序设计语言有关的常量、变量及数据类型。

2.1　C 语言的基本语言单位

C 语言的基本语言单位是组成 C 语句的基本符号，这些基本符号也是后面学习编程的基础。

2.1.1　基本符号

每种语言都有它的词汇集，C 语言的基本词汇集包括：

(1) 数字：10 个数(从 0 到 9)。

(2) 英文字母：大、小写字母各 26 个(从 A 到 Z，从 a 到 z)。

(3) 下划线字符 '_'。

(4) 运算符：表达程序基本操作的一些符号，如 +、–、*、/等。

(5) 关键字：是为表达程序功能使用的一些英文单词或单词缩写。

可以再看看第 1 章的例 1-1～例 1-6，在其中找到提到的这些基本词汇。

2.1.2　关键字

关键字是在 C 语言中已经使用了的有特殊含义的词汇。表 2.1 列出了 ANSI C 的所有关键字。

表 2.1　ANSI C 的所有关键字

auto	double	int	struct
break	else	long	switch
case	enum	register	typedef
char	extern	return	union
const	float	short	unsigned
continue	for	signed	void
default	goto	sizeof	volatile
do	if	static	while

2.1.3　标识符

简单来说，标识符就是名字。程序中用来为符号常量、变量、函数、数组、类型、文件命名的有效字符序列称为标识符。在 C 语言中标识符的命名必须遵循如下规则：

(1) 只能由字母、数字和下划线组成。

(2) 必须以字母或下划线开头。

(3) 区分大小写字符，如 A 与 a 被认为是两个不同的标识符；abc 与 abC 被认为是两个不同的标识符。

(4) 不能使用关键字。

(5) C89 要求 C 编译器所能识别的标识符长度不超过 31 个有效字符。一个标识符如果超过这个长度，超出的字符不被辨认。

合法的标识符：Count，_name，total，SUM，student_1；

非法的标识符：见表 2.2。

表 2.2　非法标识符示例

非法标识符	出 错 原 因
@num	违反规则(1)出现了非法字符“@”
m.n	违反规则(1)出现了非法字符“.”
3sum	违反规则(2)第一个字符为数字
C-1	违反规则(1)出现了非法字符“-”
int	违反规则(4)使用了关键字

【例 2-1】　将关键字使用为标识符，看系统提示信息。

```
01  main( )
02  {
03      int const;                    /*定义整型变量 const*/
04      const=70;                     /*为 const 赋值*/
05      printf("case=%d",const);
06  }
```

程序在编译时，系统提示有语法错误，如图 2.1 所示。

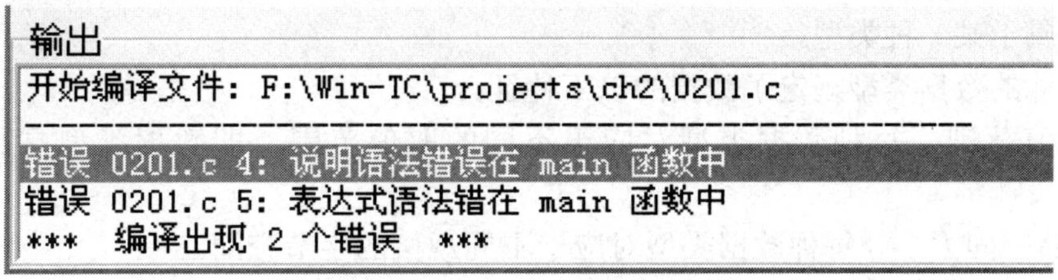

图 2.1　例 2-1 编译后系统提示

代码说明：第 03 行，定义了一个变量，但是变量名使用了关键字 const。

【例 2-2】　区分大小写。

```
01  main()
02  {
03      int sum;                        /*定义整型变量 sum*/
04      sum=70;                         /*为 sum 赋值*/
05      printf("sum=%d",Sum);
06  }
```

程序在编译时报告错误，如图 2.2 所示，请分析原因。

图 2.2　例 2-2 编译后系统提示

代码说明：第 05 行，输出变量 sum 的值，但是变量名误写为 Sum，编译系统认为该变量与变量 sum 是两个不同的变量。

在一个程序中，往往要使用大量名字，这样可能会造成名字的冲突和使用错误。为此，除了上述规则外，人们还总结了在程序中使用“好”名字的若干原则。

(1) 尽量做到“见名知义”，以增加程序的可读性。

(2) 尽量避免使用容易混淆的字符，例如：

① 0(数字)、O(大写字母)、o(小写字母)；

② 1(数字)、I(大写字母)、l(小写字母)；

③ 2(数字)、Z(大写字母)、z(小写字母)。

(3) 一般的函数名尽量使用动宾结构，如 PrintCalendar、IsPrime 等。

2.2　基本数据类型

数据是程序的必要组成部分，是程序中被处理的对象。C 语言规定，程序中所使用的每个数据都属于某一种类型。

某种具体的数据类型规定了数据的以下特征：

(1) 取值范围。每种数据类型对应于不同的取值范围，即数据类型是数值的一个集合。

(2) 存储空间大小。每种数据类型对应于不同规格的字节空间。

(3) 运算方式。数据类型是一个数据集合及其上具有某种性质的操作的集合。

C 语言提供了丰富的数据类型。图 2.3 给出了 C 语言数据类型的基本框架。本章主要讨论基本数据类型中的整型、实型和字符型数据。

- C语言数据类型
  - 基本数据类型
    - 整型
      - 短整型
      - 整型
      - 长整型
    - 字符型
    - 实型(浮点型)
      - 单精度型
      - 双精度型
    - 枚举类型
  - 构造类型
    - 数组
    - 结构体
    - 共用体
  - 指针类型
  - 空类型void

图 2.3　C 语言数据类型

2.3 常　　量

常量就是常数，在程序的运行中不能被修改。C 语言支持多种类型的常量，如图 2.4 所示。

- 常量
  - 数字常量
    - 整型常量
    - 实型常量
  - 字符常量
    - 字符常量
    - 字符串常量

图 2.4　C 常量的基本类型

2.3.1　整型常量

C 语言整型常量分为三种类型：十进制、八进制和十六进制。

1．十进制整数

由 0～9 的数字组成的数字序列，前面可加 + 或 - 符号。

合法的十进制整型常量：

123　　　–32　　　0　　　6543　　　+78

数字之间不允许嵌入空格、逗号或非数字字符，例如，以下是不合法的数字：

15 750　　　20，000　　　$1000

2．八进制整数

由 0～7 的数字组成，且以数字 0 开头的数字序列，一律作为八进制数处理。

合法的八进制整型常量：

```
0111            /*八进制数，等于十进制数 73*/
010007          /*八进制数，等于十进制数 4103*/
```

非法的整型常量：

```
09876                  /*非十进制数，又非八进制数，因为有数字 8 和 9*/
```

3．十六进制整数

由 0～9、A～F(或 a～f)组成，且以 0x 打头的序列，一律作为十六进制数处理。

合法的十六进制整型常量：

```
0xFFFF                 /*十六进制数，等于十进制数 65535*/
0xa3                   /*十六进制数，等于十进制数 163*/
```

非法的整型常量：

```
20fa                   /*非十进制数，又非十六进制数，因为不是以 0x 开头*/
0x10fg                 /*出现了非法字符 g*/
```

4．整型常量类型的确定

整型数据分为短整型 short、整型 int、长整型 long，那么，对于一个常数如何区分其类型呢？一般来说，遵循以下原则。

(1) 默认原则。在没有任何标志的情况下，可以按照常数所在的范围决定其类型。例如，在 16 位机器中，当一个常整数的值在十进制数范围−32768～32767，则被看做是一个 short int 或 int 型整数。超出上述范围的整数被看做是 long 型整数。例如：234、32765、017776(十进制数 8190)等被看做 int 型，而−32769、32768、0200000 等被看做 long 型。

(2) 后缀字母标识法。

① 用 L 或 l 表示 long 类型整数。

② 用 U 或 u 表示 unsigned 类型。

示例：

```
-12L                   /*十进制 long 型数据*/
12345u                 /*十进制 unsigned int 型*/
12345ul                /*十进制 unsigned long 型*/
076L                   /*八进制 long 型整数，等于十进制数 62*/
```

在 16 位字长的机器中，一旦把一个常数表示成 long 型，系统便将其存储空间扩充为 4 字节。从值的大小看，12L 与 12 之间没有区别，但它们所占用的存储空间不同。

2.3.2 实型常量

整型常量不适合表示距离、高度、温度、价格等包含小数部分的数量。这种数字称为实数(或浮点)常量。

1．实型常量的表示形式

实型常量的表达形式有两种：一种是小数形式，另一种是指数形式。

小数形式：3.225、0.78、−139.0、.123。

指数形式：314.15926e−2，也就是 314.15926×10^{-2}。

指数形式格式：实数(或整数) + e(或 E) + 整数。如 543.21 的指数形式可以有 5.4321e2、54.321e1、0.54321e3 等几种。其中 5.4321e2 为规范化表示形式，即在字母 e 之前的小数部分中，小数点左边只能有一位非零数字。

注意：指数形式中 e 后面一定要是整数类型，左边的数不能省略。

实型常量的非法表示形式：

```
1.5e+2.5                    /*非法，指数部分必须用整数表示*/
e3                          /*非法，e 左边的数不能省略*/
```

2. 实型常量的类型

实型数据分为 float 和 double 两种类型，double 类型的数据范围和数据精度高于 float 类型。大多数 C 编译系统将实型常量作为双精度来处理。如果需要，可以指定常数为 float 类型，只要加后缀 f 或 F 就可以了。

例如：1234.56789 表示一个 double 型常量，而 1234.56789f 则表示一个 float 型常量。

2.3.3 字符常量

字符常量就是用一对单引号括起来的单个字符。例如：

'5'　'x'　'X'　'3'　'￥'　'?'

字符类型数据在计算机内部的表示形式是字符的 ASCII 代码(二进制形式存储)，并非字符本身。字符型数据 'A' 和 'a' 是不同的字符常量。

【例 2-3】 字符数据的输出。

```
main()
{
   char c1,c2 ;                     /*定义字符型变量 c1, c2 */
   c1='a';                          /*给变量 c1 赋值*/
   c2='A';
   printf("%c %d\n",c1,c1);         /*分别以字符形式和整数形式输出 c1 */
   printf("%c %d\n",c2,c2);
}
```

运行结果见图 2.5。

图 2.5　例 2-3 运行结果

2.3.4 字符串常量

字符串常量是括在一对双引号之间的字符序列。这些字符可以是字母、数字、特殊字符或空格。例如：

"Hello world! "　"1978"　"?....!"　"5+3"

(1) 注意区分字符常量和字符串常量。

"a" 是字符串，由双引号括起若干个字符；'a' 是字符，由单引号括起一个字符。

(2) 字符串常量中的字符依次存储在内存的一块连续的区域中，并把空字符 '\0' 自动附加在字符串的尾部，作为字符串结束的标志。因此，对于字符个数为 n 的字符串，所占内存空间为 n+1 个字节。如字符串"chinese"字符个数为 7，所占内存空间为 8 个字节，如图 2.6 所示。有关字符串的操作，请参见第 8 章。

c	h	i	n	e	s	e	\0

图 2.6　字符串的存储结构

2.3.5　转义字符常量

C 语言支持一些特殊的反斜杠字符常量，这些常量往往用在输出函数中，我们称这类字符常量为转义字符。例如，符号 '\n' 代表换行字符。表 2.3 列出了一些转义字符。注意，尽管这些反斜杠字符都是由两个字符组成，但每一个都只表示一个字符。

表 2.3　转 义 字 符

表示形式	含　义	ASCII 码
\0	空	0
\a	响铃	7
\b	退格，将当前位置移到前一列	8
\t	水平制表(跳到下一个 Tab 位置)	9
\n	换行，将当前位置移到下一行的开头	10
\v	垂直制表(跳到下一个 HOME 位置)	11
\f	换页，将当前位置移到下一页开头	12
\r	回车，将当前位置移到本行的开头	13
\"	双引号字符	34
\'	单引号字符	39
\\	反斜杠	92
\ddd	1～3 位八进制数所代表的字符	—
\xhh	1～2 位十六进制数所代表的字符	—

【例 2-4】　转义字符的输出。

```
main()
{   /*输出引号里的字符，注意其中转义字符的使用*/
   printf("1234567890\n");
   printf("C\tlanguague\n");
   printf("C\tlanguagu\be\n");
   printf("is\tuseful!");
}
```

运行结果见图 2.7。

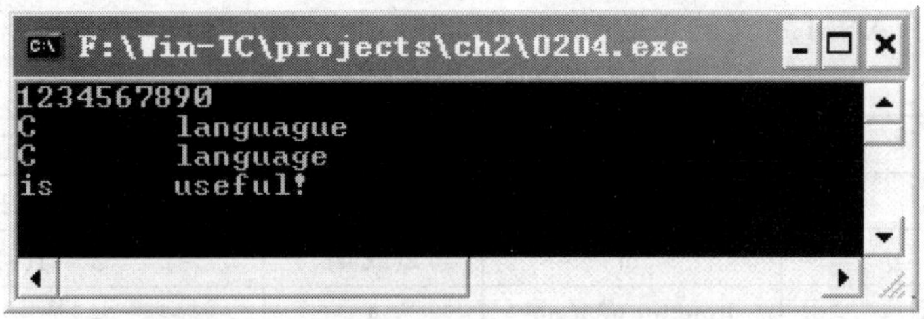

图 2.7　例 2-4 运行结果

代码说明：

✧ 第 04 行输出语句，'\t' 表示跳到下一个 Tab 位置，一个 Tab 占 8 列。

✧ 第 05 行输出语句，'\b' 表示退格，将当前位置移到前一列，将已输出的字符 'u' 用字符 'e' 代替，'\n' 表示换行。

2.4　变　　量

2.4.1　变量的概念

在程序运行期间，值可以改变的量称为变量。变量有数据类型、变量名和变量值三个要素。

在 C 语言中，每个变量都有一个名字。变量名的命名应遵循标识符命名规则。系统对程序进行编译时，给每个变量分配一个具体的内存地址，变量值是对应变量名的存储单元所存放的具体数值。变量名与变量值之间的关系见图 2.8，变量值可以动态更新。

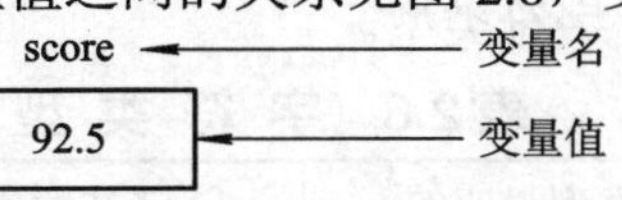

图 2.8　变量名与变量值的关系

程序运行时，从变量名中取值，实际上是通过变量名找到相应的内存地址，从相应的存储单元中取值。变量的数据类型是指变量可以存储的数据类型，即变量值的数据类型，数据类型不同，在内存中占据单元的长度也不同。

2.4.2　变量的数据类型

1．整型变量

整型变量按数值的取值范围可以分为三种：短整型、基本整型、长整型。

在有些实际应用中，要处理一些不带符号的整数，那么存储单元里就不需要存放符号位，为此，C 提供了无符号整型。

通常情况下，整型变量在内存中所占的字节数与所选择的运行系统有关，规定 short 型整数不长于 int 型；int 型不长于 long 型。如 Turbo C 系统，int 型变量和 short 型变量一般在内存中占 2 个字节，long 型变量占 4 个字节。而在 Visual C++中，int 型和 long 型一般在内存中占 4 个字节。

表 2.4 给出了 ANSI 定义的整数类型。

表 2.4 ANSI 定义的整数类型

类型名称	类型说明符	字节数	取值范围
短整型	short int 或 short	2	$-2^{15}\sim2^{15}-1$
基本整型	int	2(或 4)	$-2^{15}\sim2^{15}-1(-2^{31}\sim2^{31}-1)$
长整型	long int 或 long	4	$-2^{31}\sim2^{31}-1$
无符号短整型	unsigned short	2	$0\sim2^{16}-1$
无符号基本整型	unsigned int	2(或 4)	$0\sim2^{16}-1(0\sim2^{32}-1)$
无符号长整型	unsigned long	4	$0\sim2^{32}-1$

2. 实型变量

实型变量按数值的取值范围可以分为三种：单精度(float)、双精度(double)和长精度实型(long double)。表 2.5 给出了实数类型。

表 2.5 实 数 类 型

类型名称	类型说明符	字节数	有效数字位数	取值范围(绝对值)
单精度实型	float	4	6～7	$10^{-38}\sim10^{38}$
双精度实型	double	8	15～16	$10^{-308}\sim10^{308}$
长精度实型	long double	16	18～19	$10^{-4932}\sim10^{4932}$

3. 字符型变量

字符型变量用来存放字符常量，即用来存放一个字符。字符在程序中可以用字符常量或对应的 ASCII 码形式表示，但在内存中是以 ASCII 码对应的二进制形式存储的，与整数的存储形式类似。表 2.6 给出了字符类型。

表 2.6 字 符 类 型

类型名称	类型说明符	字节数	取值范围(绝对值)
字符类型	char	1	−128～127
无符号字符类型	unsigned char	1	0～255

2.4.3 变量的定义

在设计了适当的变量名后，必须进行变量声明，也就是变量的定义。定义可以完成两件事：

(1) 告诉编译器变量名是什么；

(2) 指定变量的数据类型。

变量定义的基本格式：

　　类型标识符　变量名 1，变量名 2，…，变量名 n；

一个定义语句必须以分号结束，变量名之间以逗号分隔。

合法的变量定义语句如下：

```
int   count;
```

```
int    number, total;
double    ratio;
```

注意：变量的定义应当在程序或函数的开头处。

2.4.4　变量的初始化

在 C 语言中，定义变量的同时还可以为变量指定初值，这个过程称为变量的初始化。

例如：变量的初始化。

```
int    x=1 , sum=0;          /*定义变量 x，sum 的类型为整型，分别初始化为 1 和 0*/
float    pi=3.14 ;           /*定义变量 pi 的类型为实型，初始化为 3.14*/
```

也可以对被声明的变量的一部分进行初始化，例如：

```
int sum=0, i, j;             /*定义整型变量 sum, i, j, 并对 sum 进行初始化*/
```

2.4.5　变量的赋值

1. 通过赋值运算符给变量赋值

通过赋值运算符“=”可以将数值赋给变量，格式如下：

变量名 = 表达式

例如：变量赋值。

```
value=100;
x = x+1;
sum = x+ y;
```

给变量赋的值一般是同类型的数据。

【例 2-5】　变量赋值。

```
01  main()
02  {
03      int x ;                  /*定义整型变量 x*/
04      x=32768;                 /*给 x 赋初值*/
05      printf("%d\n",x);        /*以十进制整数形式输出 x 的值*/
06  }
```

运行结果见图 2.9。

图 2.9　例 2-5 运行结果

代码说明：因为程序中第 04 行即 x=32768 的取值范围超过了 int 型数据类型的取值范围，所以发生溢出。

注意数据溢出的问题。当变量的值大于其数据类型所能存储的最大值，或小于其数据类型所能存储的最小值时，就将发生溢出问题。C 语言不提供数据溢出的任何警告或提示，因此在处理数据时应当倍加小心。

2．从键盘读取数据

利用 scanf 函数可以从键盘输入整数、实数或字符数据，并将输入的数据赋给相应的变量。

例如，输入整数：

```
int   x;
scanf("%d", &x);
```

例如，输入实数：

```
float   x;
scanf("%f", &x);
```

例如，输入字符：

```
char   x;
scanf("%c", &x);
```

有关 scanf 函数的具体使用，参见第 4 章。

2.5 符 号 常 量

直接常量就是我们所说的常数，从字面上可直接判定它们是某一种类型的常量，比如：23 是整型常量，7.54 是实型常量，'y' 是字符常量，把这一类常量又称为“字面常量”。

符号常量则是在一个程序中指定用一个符号(标识符)代表一个常量。

【例 2-6】 符号常量：求圆面积和周长的两个程序。

程序 1:

```
/*****文件名：020601.c ******/
/*****计算圆的面积和周长*****/

double calcuArea(double r);
double calcuCircum(double r);

main()
{
    float a=2.0;
    printf("area=%f\n",calcuArea(a));
    printf("circumference=%f\n",calcuCircum(a));
}

double calcuArea(double r)          /*计算圆面积*/
{
```

```
    return (3.141592654*r*r);
}

double calcuCircum(double r)
{
    return (2.0*3.141592654*r);
}
```

程序 2：

```
/*****文件名：020602.c ******/
/*****计算圆的面积和周长*****/

#define PI 3.141592654         /*定义符号常量*/

double calcuArea(double r);
double calcuCircum(double r);

main()
{
    float a=2.0;
    printf("area=%f\n",calcuArea(a));
    printf("circumference=%f\n",calcuCircum(a));
}

double calcuArea(double r)          /*计算圆面积*/
{
    return (PI*r*r);
}

double calcuCircum(double r)
{
    return (2.0*PI*r);
}
```

运行结果见图 2.10。

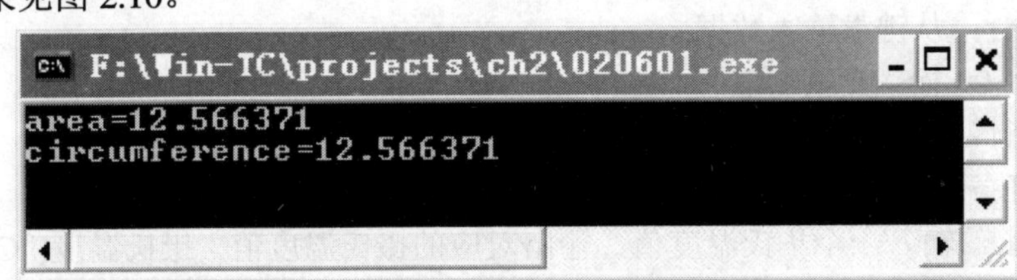

图 2.10　例 2-6 运行结果

代码说明：

✧ 程序 2 的运行结果与程序 1 完全相同。

✧ 程序 2 中第 04 行定义符号常量 PI，值为 3.141592654。第 18 行和第 23 行用 PI 代替 3.141592654。

✧ 使用符号常量使程序更容易理解，可读性好。而且当需要修改 PI 的值时，只需修改一处即可，既方便又不易出错。

✧ 定义符号常量的命令是#define 命令，它是一种预编译命令，在编译整个程序之前，系统会先对程序中的预编译命令进行处理。注意：#和 define 中间不能加空格。

2.6 案例学习

【例 2-7】 输入一个整数，输出它的绝对值。

```
01  main()
02  {
03      int x,y;                          /*定义整型变量 x 和 y */
04      printf("input an integer: ");     /*显示信息*/
05      scanf("%d",&x);                   /*输入十进制整数，赋给 x*/
06      if(x>=0)                          /*如果 x 是非负数*/
07          y=x;                          /*把变量 x 的值赋给变量 y*/
08      else
09          y=-x;                         /*把-x 的值赋给变量 y*/
10      printf("%d",y);
11  }
```

运行结果如图 2.11 所示。

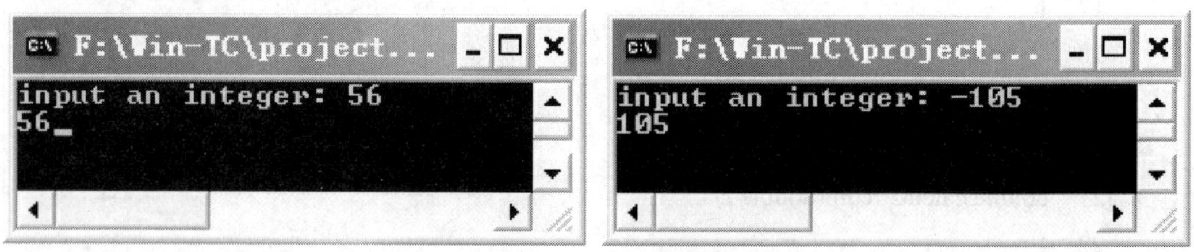

图 2.11 例 2-7 两次运行结果

代码说明：

✧ 第 03 行：定义变量；

✧ 第 05 行：从键盘输入数据；

✧ 第 06～09 行：变量赋值。

✧ 第 10 行：变量输出。

✧ 拓展任务：输入两个整数 a，b，输出 a+|b|的值。

【例 2-8】 输入一个华氏温度值，输出对应的摄氏温度值。摄氏温度(°C)与华氏温度(°F)之间的转换公式为：C = (F −32)/1.8。

```
01  main()
02  {
03      float c, f;                              /*定义实型变量 c 和 f */
04      printf("input an Fahrenheit: ");         /*显示信息*/
05      scanf("%f",&f);                          /*输入十进制整数，赋给 x*/
06      c=(f-32)/1.8;                            /*利用公式进行转换*/
07      printf("%.2f",c);
08  }
```

运行结果如图 2.12 所示。

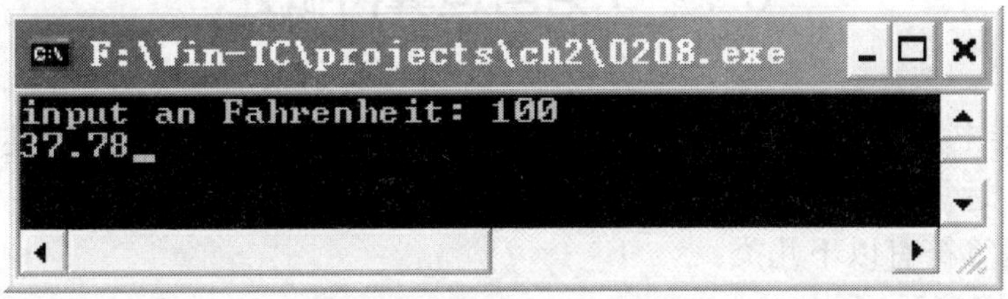

图 2.12　例 2-8 运行结果

代码说明：

✧ 第 03 行：由于温度通常要带小数部分，所以在这里定义了两个实型变量。

✧ 第 05 行：调用 scanf 函数输入一个实数，将输入的值赋给变量 f。

✧ 第 06 行：使用 C 提供的算术运算完成温度转换，有关 C 语言的运算符参阅第 3 章。

✧ 第 07 行：输出变量 c 的值，输出时要求显示小数点后 2 位。

本 章 小 结

本章主要介绍了常量、变量及数据类型的相关知识。首先介绍了标识符、关键字等 C 语言基本语法元素；然后介绍了 C 语言的数据类型，其中重点介绍了整型、实型、字符型三种基本数据类型，详细说明了这三种数据类型的常量和变量的表示及使用方式；最后通过实例介绍了符号常量的使用。

第3章 运算符与表达式

3.1 C语言运算符概述

C 语言支持丰富的运算符。运算符是一种符号，它告诉计算机执行某些数学或逻辑操作。在程序中，运算符用于对数据和变量的操作。

C 语言的运算符有以下几类：

(1) 算术运算符。

(2) 关系运算符。

(3) 逻辑运算符。

(4) 位运算符。

(5) 赋值运算符。

(6) 条件运算符。

(7) 逗号运算符。

(8) 指针运算符。

(9) 求字节运算符。

(10) 强制类型转换运算符。

(11) 分量运算符。

(12) 下标运算符。

(13) 其他。

有关运算符的详细列表，请参见附录 A。

表达式就是操作数和运算符的组成系列，最终推导出一个值。下面我们详细介绍 C 的运算符及表达式。

3.2 算术运算符与表达式

3.2.1 算术运算符

C 语言提供的算术运算符如表 3.1 所示。

表 3.1 算术运算符

运算符	含 义	运算符	含 义
+	加法或正号	/	除法
–	减法或负号	%	取余
*	乘法		

说明：

① 运算符+可以做加法运算，如 3+5，也可以表示正号，如+a。

② 运算符–可以做减法运算，如 a–10，也可以表示符号，如–a。

③ 运算符*表示数学运算中的“×”，进行乘法运算。

④ 运算符%也称为求模运算，用于求两个整数之间的余数，例如 5%3 的结果为 2。

3.2.2 算术表达式

用算术运算符和括号将运算对象(即操作数)连接起来的、符合 C 语言语法规则的表达式，称为算术表达式。

1. 整数算术运算

参加算术运算的两个操作数都是整数，那么这个表达式就称为整数表达式，该操作称为整数算术运算，其结果总是一个整数值。

例如，假设变量 a=14，b=4，则

a-b=10，a+b=18，a*b=56，a/b=3(小数部分被截除)，

a%b=2(余数)

对于取模运算，结果的符号总与第一个操作数(被除数)的符号相同：

–14%3=–2，–14%–3=–2，14%–3=2

2. 实数算术运算

参加算术运算的两个操作数都是实数，那么这个表达式就称为实数表达式，该操作称为实数算术运算，其结果总是一个实数值。

例如：

6.0/7.0=0.857143

1.0/3.0=0.333333

注意：实数不能进行%(求余)运算。

3. 混合算术运算

如果表达式中既有实数，又有整数，则称此表达式为混合算术表达式，其结果是一个实数。

例如，15/10.0=1.5，而 15/10=1。

3.2.3 运算符的优先级与结合性

C 语言规定了运算符的优先级和结合性。

1．优先级

在表达式求值时，先按运算符的优先级别的高低次序执行，例如先乘除后加减。如表达式 a−b*c，b 的左侧为减号，右侧为乘号，而乘号优先级高于减号，因此，相当于 a−(b*c)。

2．结合性

如果一个运算对象两侧的运算符的优先级别相同，如 a−b+c，则按规定的“结合方向”处理。算术运算符的结合方向为“自左至右”，即先左后右，因此 b 先与减号结合，执行 a−b 的运算，再执行加 c 的运算。

C 规定了各种运算符的优先级和结合性，可参见附录 A。

3．小括号的用途

C 语言中小括号也作为一个特殊的运算符来处理，并且它的优先级别是最高的，所以在一些比较长或复杂的表达式中，可以恰当地使用小括号规定运算的先后次序。

例如，设 a=8，b=2，c=16，d=8，则(a+b)*(c−d)的值为 80，a+b*c−d 的值为 32，a/(c/d)的值为 4，而 a/c/d 的值为 0。

3.2.4　表达式中的类型转换

如果一个运算符两侧的数据类型不同，系统会自动进行数据类型转换，即隐式类型转换。在一些情况下，程序中需要将某个数据转换成其它数据类型，可以使用 C 提供的强制类型转换运算符进行显式类型转换。

1．隐式类型转换

在计算过程中，如果操作数是不同的类型，那么在计算进行之前，“较低”类型会自动转换为“较高”类型。这样，结果也就是较高的类型。

各种类型转换的层次结构如图 3.1 所示。

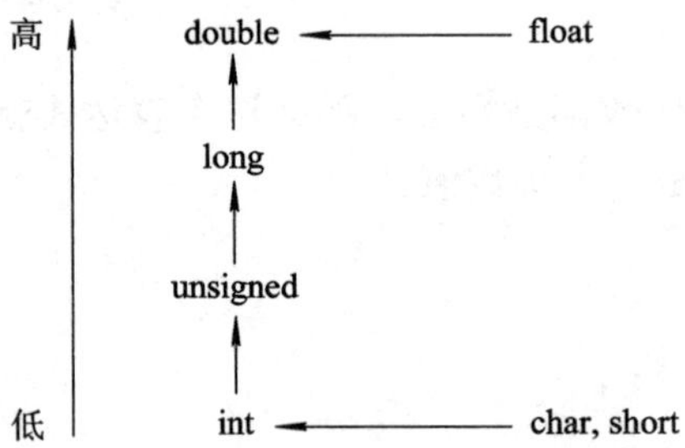

图 3.1　类型转换的层次结构

说明：

(1) 图中横向的箭头表示必定的转换，如 char 型必定先转换为 int 型，short 型转换为 int 型，float 型转换为 double 型(即使两个 float 类型数据相加，也都先化成 double 型，然后再相加)，以提高运算精度。

(2) 纵向的箭头表示当运算对象为不同类型时系统转换的方向。例如 int 型与 double 型数据进行运算，先将 int 型的数据转换成 double 型，然后在两个同类型(double 型)数据之间运算，结果为 double 型。

图 3.2 显示了一个典型的类型转换过程。

int i, x; float f; double d;
long int 1;
进行x＝1/i＋i*f－d 的运算

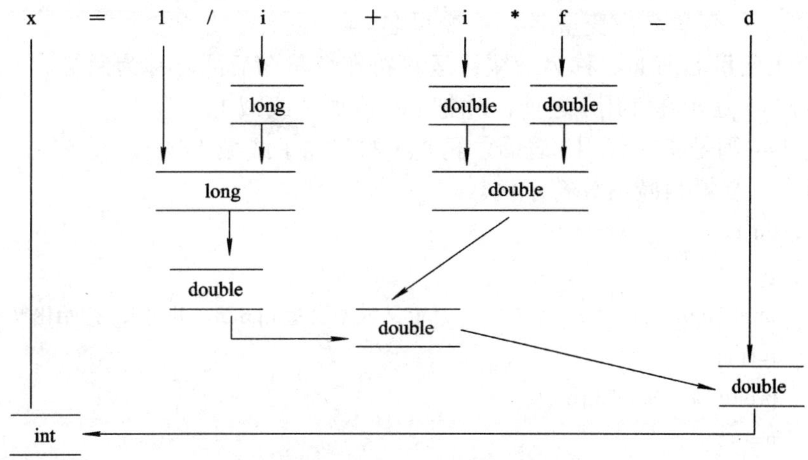

图 3.2　隐式类型转换过程

例如：假设已指定 i 为 int 型，f 为 float 型，d 为 double 型，e 为 long 型，有下面的式子：

10 + 'a' + i * f – d/e

运算次序为：

① 进行 10+'a'的运算，先将'a' 转换成 int 型的 97，运算结果为 107。

② 进行 i*f 的运算，先将 i 和 f 都转换成 double 型，运算结果为 double 型。

③ 整数 107 与 i*f 的积相加，先将整数 107 转换成 double 型，结果为 double 型。

④ 计算 d/e，将 e 转换成 double 型，结果为 double 型。

⑤ 将 10+'a'+i*f 的结果与 d/e 的商相减，结果为 double 型。

上述类型转换是由系统自动进行的。

2. 显式类型转换

显式类型转换运算符的一般形式：

(类型名)(表达式)

例如：

```
(double)a                /*将 a 转换成 double 类型*/
(int)(x+y)               /*将 x+y 的值转换成整型*/
(float)(5%3)             /*将 5%3 的值转换成 float 型*/
```

注意：要转换的表达式应该用括号括起来，如果写成

(int)x+y

则是将 x 转换成整型，然后与 y 相加。

3.3　自增自减运算符与表达式

自增运算符：++

自减运算符：--

自增自减运算符都是单目运算符，需要使用变量作为它们的操作数，其表达式格式如下：

++变量名；--变量名；变量名++；变量名--

其中，运算符在变量名前面，称为前缀；运算符在变量名后面，称为后缀。

① ++i 与--i 是指在使用 i 之前，先把 i 的值加 1 或减 1。

② i++与 i--则是指在使用 i 之后，再把 i 的值加 1 或减 1。

【例 3-1】 自增自减运算符示例。

```
01  main()
02  {
03      int i=3,j,m=7,n;                    /*定义整型变量 i,j,m,n，并对 i, j 初始化*/
04      j=i++;
05      printf("%d,%d\n",i,j);
06      n=--m;
07      printf("%d,%d\n",m,n);
08  }
```

运行结果如图 3.3 所示。

图 3.3　例 3-1 运行结果

代码说明：

✧ 第 04 行：j=i++，自增运算符在变量名 i 的后面，首先将变量 i 的值赋给 j，j=i，i 再增 1，i 变为 4。

✧ 第 06 行：n=--m，自减运算符在变量名 m 的前面，首先将 m 的值减 1，m 变为 6，再将 m 的新值赋给 n，n 等于 6。

✧ 扩展训练：如果将第 04 行改为 j=++i;，运算结果会如何。

✧ 扩展训练：如果将第 06 行改为 n=m--;，运算结果会如何。

3.4 赋值运算符与表达式

3.4.1 赋值运算符与赋值表达式

1. 赋值运算符

符号“=”就是赋值运算符，它是将一个数赋给一个变量。例如：a=5 的作用就是执行一次赋值操作，把常量 5 赋给变量 a。也可以用“=”将一个表达式的值赋给一个变量，例如，设 a=3，那么 b=a+2 就是把 5 赋给变量 b，系统首先计算表达式 a+2 的值，再将表达式的结果赋给变量 b。

2．赋值表达式

由赋值运算符将一个变量和一个表达式连接起来的式子就称为赋值表达式，其一般形式如下：

<变量>=<表达式>

它的作用是将赋值运算符“=”右侧的表达式的值赋给左侧的变量。

技巧

① 赋值表达式的值就是赋值运算符左侧变量获得的值。

② 赋值运算符的结合方向为自右至左。若有表达式 a=b=c=2，效果等于 a=(b=(c=2))，所以变量 a，b，c 都被赋值 2。

3．赋值运算时的类型转换

(1) 将实型数据赋给整型变量时，需要舍弃该实数的小数部分。例如：int a = 1.23 ;，变量 a 得到的值为 1，小数部分被舍弃。

(2) 将整型数据赋给单、双精度变量时，数值不变，但是将以浮点数的形式存储到变量之中。例如：float b=10; ，则需要将 10 转换为 10.00000，再存储到 b 中。

(3) 以上类型转换是由系统自动进行的。

【例 3-2】　赋值运算符示例。

```
01  main()
02  {
03     int a=2;                    /*定义并初始化整型变量 a*/
04     double e=5.123;             /*定义并初始化双精度变量 e*/
05     float f=4.2;                /*定义并初始化单精度变量 f*/
06     float c=e/a;                /*定义并初始化单精度变量 c*/
07
08     int b=(int)f%a;             /*对 f 进行强制类型转换*/
09     printf("%d,%f\n",b,c);      /*输出变量 b 和 c 的值*/
10  }
```

运行结果如图 3.4 所示。

图 3.4　例 3-2 运行结果

代码说明：第 08 行：b=(int)f%a，变量 f 是 float 型数据，不能参加求余%运算，先用强制类型转换运算(int)f 将它转换成整数 4，再对 a 求余，b=4%2=0。

3.4.2　复合赋值运算符

在赋值运算符“=”之前加上其它运算符，可以构成复合赋值运算符。C 语言提供的部分复合赋值运算符见表 3.2。

表 3.2　复合赋值运算符

运算符	示　例	等价表达式
+=	a+=1	a=a+1
−=	a−=3*8	a=a−(3*8)
*=	b*=c−4	b=b*(c−4)
/=	a/=7	a=a/7
%=	f%=3	f=f%3

【例 3-3】　复合赋值运算符。

```
01  main()
02  {
03     int a=2,b=5,c=6,f=7;          /*定义并初始化整型变量 a,b,c,f */
04     a+=5;                         /*执行 a=a+5 */
05     printf("a=%d\n",a);           /*输出 a 的值*/
06     b*=c-4;                       /*执行 b=b*(c−4) */
07     printf("b=%d\n",b);           /*输出 b 的值*/
08     f%=3;                         /*执行 f=f%3 */
09     printf("f=%d\n",f);           /*输出 f 的值*/
10  }
```

运行结果如图 3.5 所示。

图 3.5　例 3-3 运行结果

代码说明：

✧ 第 04 行执行 a+=5;，即相当于运算 a=a+5，得出 a 的值为 7。

✧ 第 06 行执行 b*=c−4;，即相当于运算 b=b*(c−4)，得出 b 的值为 10。

✧ 第 08 行执行 f%=3;，即相当于运算 f=f%3，得出 f 的值为 1。

C 语言规定可以用 10 种复合赋值运算符，即+=，−=，*=，/=，%=，<<=，>>=，&=，^=，|=。后 5 种与位运算相关，有关位运算符的运算规则，请参阅附录 B。

3.5　关系运算符与表达式

我们经常要比较两个数并根据它们的关系，做出某些判断。例如，比较两个人的年龄，或两种物品的价格等。

C 语言中提供的关系运算也称为比较运算，是用来比较两个运算量的大小的。

3.5.1　关系运算符

C 语言的关系运算符见表 3.3。

表 3.3　关 系 运 算 符

运算符	含 义	实　例
<	小于	a<b
<=	小于等于	a<=b
>	大于	a>b
>=	大于等于	a>=b
==	等于	a==b
!=	不等于	a!=b

说明：

(1) 关系运算符<，<=，>，>=的优先级相同。==，!=的优先级别也相同。但是前 4 种运算符的优先级高于后两种。

(2) 算术运算符的优先级高于关系运算符。

(3) 关系运算符的优先级高于赋值运算符。

(4) 关系运算符用于将两个值进行比较，判断比较的结果是否符合给定的条件。如果满足给定的条件，则运算结果为真，否则为假。例如，a>6 是一个关系表达式，如果 a=3，则不满足 a>6 的条件，此表达式的结果为假；如果 a=7，则满足条件，表达式结果为真。

注意：

(1) 在 C 语言中，“等于”关系运算符是双等号“==”，而不是单等号“=”(赋值运算符)。

(2) 关系运算符的优先级低于算术运算符，但高于赋值运算符。

3.5.2　关系表达式

用关系运算符连接起来的两个表达式称为关系表达式。其中，关系运算符两侧的表达式可以是算术表达式、逻辑表达式、赋值表达式和字符表达式等。

例如，下面的关系表达式都是合法的：

a>b，a+b>c-d，(a=3)<=(b=5)，'a'>='b'，(a>b)= =(b>c)

关系表达式的值是一个逻辑值，即“真”或“假”。在 C 语言中没有逻辑类型的数据，所以用整数“1”表示逻辑“真”，用整数“0”表示逻辑“假”。

例如，假设 num1=3，num2=4，num3=5，则

✧ num1>num2 的值为 0。

✧ (num1>num2)!=num3 的值为 1。

✧ num1<num2<num3 的值为 1。

✧ (num1<num2)+num3 的值为 6，因为 num1<num2 的值为 1，1+5=6。

强调：C 语言用整数“1”表示逻辑“真”，用整数“0”表示逻辑“假”。所以，关系表达式的值还可以参与其它种类的运算，例如算术运算、逻辑运算等。

【例 3-4】 关系运算符。

```
01  main()
02  {
03      int a=4,b=5,c=1;                /*定义并初始化整型变量 a,b,c*/
04      int d,e;
05      printf("%d\n",a==b);            /*关系运算符==的使用，比较 a,b 是否相等 */
06      printf("%d\n",a+c==b);          /*关系运算符==的使用，比较 a+c,b 是否相等*/
07      printf("%d\n",(a<b)==c);        /*关系运算符==的使用，比较 a<b,c 是否相等*/
08      d=a>c;                          /*关系运算符>的使用，将 a>c 的值赋给变量 d*/
09      e=c>b>a;                        /*关系运算符>的使用，将 c>b>a 的值赋给变量 e*/
10      printf("%d\n",d);               /*输出结果*/
11      printf("%d\n",e);
12  }
```

运行结果如图 3.6 所示。

图 3.6　例 3-4 运行结果

代码说明：

✧ 第 05 行，a==b 的值为“假”，表达式的值为 0。

✧ 第 06 行，a+c==b 的值为“真”，表达式的值为 1。

✧ 第 07 行，(a<b)==c 的值为“真”，表达式的值为 1。因为 a<b 的值为 1，与 c 的值相等。

✧ 第 08 行，d=a>c，d 赋值为 1。

✧ 第 09 行，e=c>b>a，e 赋值为 0，由于“>”运算符是从左至右运算的，所以先计算 c>b 的值为 0，再计算 0>a 的值为 0，将其赋给 e。

技巧

判断两个整数是否相等，可以直接用关系运算符==。

判定两个实数是否相等时，由于计算机存储上出现的误差，会出现错误的结果，例如：

1.0/3.0*3.0 == 1.0

在数学上显然应该是一个恒等式，但由于 1.0/3.0 得到的值的有效位数是有限的，因此上面关系表达式的值为 0(假)，而不为 1(真)。所以应避免对两个实数表达式作“相等”或“不相等”的判断。上式可以改写为：

fabs (1.0/3.0 *3.0 – 1.0) <1 e –5

fabs 是求绝对值函数。只要 1.0/3.0*3.0 与 1.0 之间的差小于 10^{-5}(或一个其它的很小的数)，就认为 1.0/3.0*3.0 与 1.0 相等。

3.6　条件运算符与表达式

条件运算符是 ?：是一个三目运算符，要求有三个操作数。条件表达式形式如下：

表达式 1？表达式 2：表达式 3

其执行过程如图 3.7 所示。

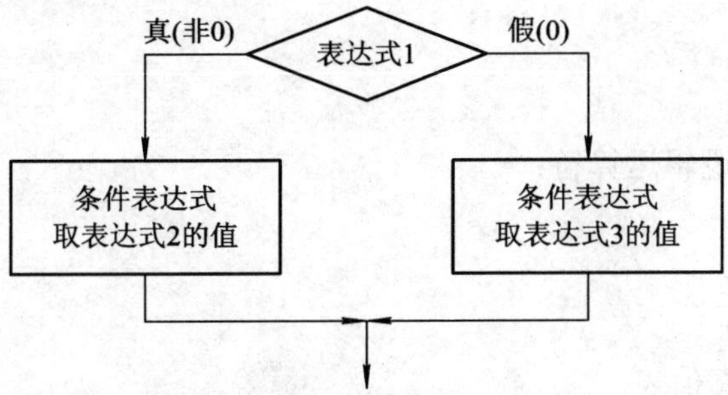

图 3.7　条件表达式执行过程

说明：

✧ C 语言判断真假的条件是，非 0 即为真，为 0 则为假。

✧ 条件运算符的执行顺序：先求解表达式 1，若表达式 1 的值为非 0，即为真，则求解表达式 2，此时整个表达式的值就是表达式 2 的值；若表达式 1 的值为 0，即为假，则求解表达式 3 的值，同样，整个表达式的值就是表达式 3 的值。

✧ 条件表达式中表达式 2 和表达式 3 不仅可以是数值表达式，还可以是赋值表达式或函数表达式。例如，x>y? printf("%d\n",x) : printf("%d\n" , y)，即输出 x，y 中的较大值。

【例 3-5】　条件运算符：计算 a+|b|。

```
main()
{
    int a,b;                          /*定义整型变量 a，b*/
    printf("input 2 integer\n");      /*输出信息*/
    scanf("%d%d",&a,&b);              /*从键盘输入整数*/
    printf("%d\n",b>=0?a+b:a-b);      /*输出结果*/
}
```

运行结果如图 3.8 所示。

图 3.8 例 3-5 运行结果

代码说明：

✧ 第 04 行，输出信息 input 2 integer，提示用户输入 2 个整数。

✧ 第 05 行，将用户输入的整数保存在变量 a 和 b 中。

✧ 第 06 行，对变量 b 中存储的整数进行判断，如果 b≥0，则输出 a+b，否则输出 a−b 的值。

3.7 逻辑运算符与表达式

3.7.1 逻辑运算符

C 语言提供了三种逻辑运算符：

(1) &&，逻辑与。

(2) ||，逻辑或。

(3) !，逻辑非。

表 3.4 是逻辑运算真值表。

表 3.4 逻辑运算的真值表

a	b	!a	!b	a&&b	a || b
真	真	假	假	真	真
真	假	假	真	假	真
假	真	真	假	假	真
假	假	真	真	假	假

逻辑运算符与其它运算符的优先关系由高到低为：

! → 算术运算 → 关系运算 → && → || → 赋值运算

C 语言在给出逻辑结果的时候，以数值 1 代表“真”，以数值 0 代表“假”；但在判断一个量是否为“真”时，以 0 代表“假”，非 0 代表“真”。故 C 语言逻辑运算的真值表可改为表 3.5。

表 3.5 C 语言逻辑运算的真值表

a	b	!a	!b	a&&b	a || b
非 0	非 0	0	0	1	1
非 0	0	0	1	0	1
0	非 0	1	0	0	1
0	0	1	1	0	0

【例 3-6】 逻辑运算符。

```
01  main()
02  {
03      int a=4;                              /*定义变量并赋初值*/
04      int b=5;
05      int x=2;
06      int y=1;
07      printf("%d\n",(a>b)&&(x>y));   /*逻辑与运算符的使用*/
08      printf("%d\n",(a>b)||(x>y));   /*逻辑或运算符的使用*/
09      printf("%d\n",!a);                    /*逻辑非运算符的使用*/
10  }
```

运行结果如图 3.9 所示。

图 3.9 例 3-6 运行结果

代码说明：

✧ 第 07 行，表达式(a>b)&&(x>y)中，a>b 表达式的结果是 0，x>y 表达式的结果是 1，相与的结果是假，即输出 0。

✧ 第 08 行，表达式(a>b)&&(x>y)中，a>b 表达式的结果是 0，x>y 表达式的结果是 1，相或的结果是真，即输出 1。

✧ 第 09 行，a 为非 0，所以!a 的结果为 0。

3.7.2 逻辑表达式

用逻辑运算符将表达式连接起来，构成的表达式称为逻辑表达式，如例 3-6 中的表达式(a>b)&&(x>y)、(a>b)||(x>y)、!a 等。

判断某一年份 year 是否为闰年的逻辑表达式为：

```
(year % 4==0) && (year % 100 != 0) || (year % 400 == 0)
```

技巧

数学上判别 x 是否在区间[a，b]中时，习惯上写成 a≤x≤b，而在 C 语言中“a≤x≤b”的含义与普通数学中的含义不同。假设 a=0,b=0.5,x=0.3，则解 a<=x<=b 时先求出“a<=x”的值得 1(真)，再进行“1<=b”得 0(假)。为了判别 x 是否在[a，b] 范围内，应写成：

```
a<=x   &&   x<=b
```

技巧

✧ 字符数据的比较按其 ASCII 码进行。由于字符数据按 ASCII 码存储，可以作为整数参加运算和比较。例如：'a'>0 的值为 1(真)；'A'>100 的值为 0(假)。

✧ 在 ASCII 码表中 26 个大写字母的取值范围为[65, 90]；26 个小写字母的取值范围为[97, 122]；每个大写字母的 ASCII 码值加 32 就是其对应小写字母的 ASCII 码值，这一点常常被利用进行大小写字母之间的转换。

【例 3-7】 逻辑表达式的运用：大写字母转换为小写字母。

```
01  main()
02  {
03      char a;                                 /*定义字符变量 a */
04      printf("please input a character\n");   /*输出信息*/
05      scanf("%c",&a);                         /*从键盘输入字符*/
06      a= (a>='A' && a<='Z')?(a+32):a ;         /*条件运算符使用*/
07      printf("%c\n",a);                       /*输出结果*/
08  }
```

运行结果如图 3.10 所示。

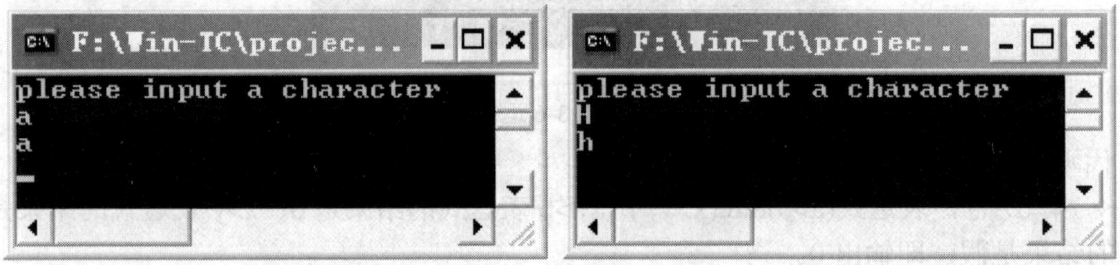

图 3.10　例 3-7 两次运行结果

代码说明：

✧ 第 04 行，输出信息 please input a character，提示用户输入一个字母。

✧ 第 05 行，将用户输入的字符保存在变量 a 中。

✧ 第 06 行，a>='A' && a<='Z'，对变量 a 中存储的字符进行判断，如果是'A'到'Z'之间的大写字母，则执行 a+32，即对字符的 ASCII 码加 32，转换成小写字母。如果不是大写字母，则选择“:”后的表达式 a，即不做处理，数据保持不变。

✧ 第 06 行，a>='A' && a<='Z 还可以写作 a>=65&& a<=100。

✧ 拓展训练：如果将输入的小写字母改成对应的大写字母，程序该如何修改。

注意：

✧ 逻辑运算符两侧的操作数，除可以是 0 和非 0 的整数外，也可以是其它任何类型的数据，如实型、字符型等。

✧ 对于逻辑与运算，如果第一个操作数被判定为“假”，则系统不再判定或求解第二操作数，即 0 && a = 0。

✧ 对于逻辑或运算，如果第一个操作数被判定为“真”，则系统不再判定或求解第二操作数，即 1 || a = 1。

例如，假设 n1、n2、n3、n4、x、y 的值分别为 1、2、3、4、1、1，则求解表达式“(x=n1>n2) && (y=n3>n4)”后，x 的值变为 0，而 y 的值不变，仍等于 1。

【例 3-8】 写出描述点 A(x，y)落在图 3.11 中阴影部分(不压线)的 C 语言逻辑表达式。

解答：

x>-2 && x<2 && y>-2 && y<2 && x*x+y*y>1

当上述表达式为 1 时，满足题目要求。

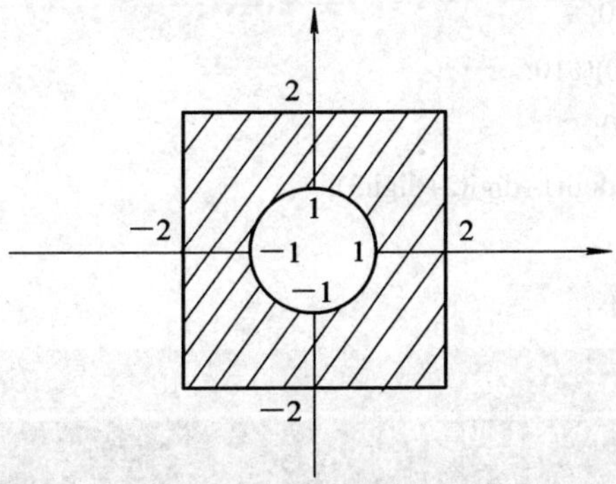

图 3.11 例 3-8 图示

3.8 逗号运算符与表达式

逗号运算符的作用是将两个表达式连接起来。一般形式如下：

表达式 1，表达式 2

它的求解过程为：先求解表达式 1，再求解表达式 2，整个表达式的值是表达式 2 的值。例如，表达式 a=3，b=4 的值为后面的表达式 b=4 的值，即为 4。

例如：

```
value= (x=10 , y=5 , x+y );
```

首先给 x 赋值 10，然后给 y 赋值 5，最后将 x+y 的值 15 赋给 value。

逗号运算符在所有运算符中优先级别最低。逗号表达式可以扩展为：表达式 1，表达式 2，表达式 3，…，表达式 n。逗号表达式经常用于将多个表达式串联起来，其目的是得到各个表达式的值，而非得到整个表达式的值。例如：

```
a=3, b=4, c=5
```

就是为了在一个表达式中完成对 3 个变量的赋值。

3.9 案例学习

【例 3-9】 读取一个 3 位数字的整数，显示这 3 个数字之和(使用/和%运算符)。

```
main()
{
    int num;                        /*定义整型变量 num*/

    int digit1,digit2,digit3;   /*定义 3 个整型变量，分别用来存放 num 的个位、十位和百位*/
```

```
06
07      printf("input a num(100-999)\n");           /*输出信息*/
08      scanf("%d", &num);                          /*从键盘输入一个整数，赋给 num*/
09      digit1=num%10;
10      digit2=(num/10)%10;
11      digit3=num/100;
12      printf("%d\n", digit1+digit2+digit3);
13   }
```

运行结果如图 3.12 所示。

图 3.12　例 3-9 运行结果

代码说明：

✧ 第 09 行，整数 num 对 10 求余，恰好能求得 num 的个位数字。

✧ 第 10 行，假设 num=359，num/10 等于 35，相当于小数点向左移 1 位，舍弃小数部分；35%10 结果为 5。通过这两步，恰好取得一个整数的十位数字。

✧ 第 11 行，整数 num 除以整数 100，获得 num 的百位数字。

【例 3-10】　销售人员的工资。

某电器销售公司销售人员的薪资由基本工资、奖金和提成三部分组成，并且制定了如下奖惩政策：

基本工资：1500.00；

每售出一台空调的奖金：200.00；

每月总销售的提成：月总销售额*2%。

由于空调的价格在浮动，因此每台空调的销售价格固定以每个月的开始价格为准。计算一个销售人员的月工资公式为

$$总工资 = 基本工资 + (数量 \times 奖金) + (数量 \times 单价) \times 佣金率$$

```
#define BASE_SALARY    1500.00    /*基本工资*/
#define BONUS_RATE     200.00     /*销售奖金*/
#define COMMISSION     0.02       /*每月佣金率*/

main()
{
   int quantity;                           /*定义变量，销售数量*/
   float price;                            /*定义变量，电器单价*/
   float salary;                           /*定义变量，总收入*/
```

```
10    float bonus,commission;                          /*定义变量, 奖金，提成*/
11
12    printf("input number sold and price\n");        /*显示信息*/
13    scanf("%d%f",&quantity,&price);                 /*输入销售数量和单价*/
14
15    bonus=BONUS_RATE*quantity;
16    commission=COMMISSION*price*quantity;
17    salary= BASE_SALARY+bonus+commission;
18
19    printf("\n");
20    printf("Bonus            =%6.2f\n",bonus);
21    printf("Commission       =%6.2f\n",commission);
22    printf("salary           =%6.2f\n",salary);
23  }
```

运行结果如图 3.13 所示。

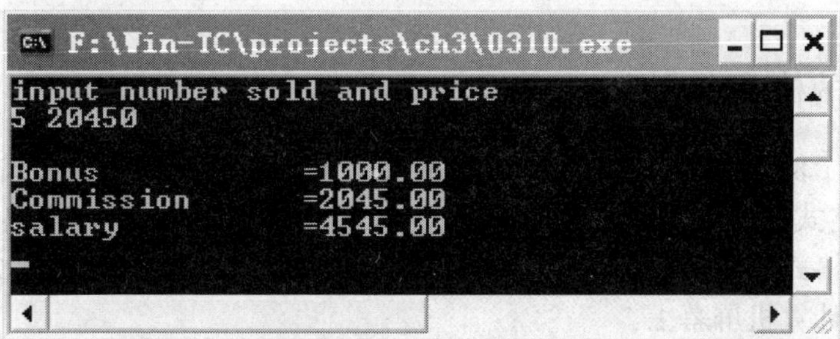

图 3.13　例 3-10 运行结果

代码说明：

✧ 第 15 行，计算销售奖金 = 销售数量 × 每台销售奖金。

✧ 第 16 行，计算佣金 = (销售数量 × 单价) × 佣金率。

✧ 第 17 行，计算月收入 = 基本工资 + 销售奖金 + 佣金。

本 章 小 结

本章主要介绍了 C 语言中的运算符，包括算术运算符、赋值运算符、关系运算符、条件运算符、逻辑运算符、逗号运算符、自增自减运算符等。在运算符的基础上进一步介绍了相关表达式。这些内容是必备的基础知识，是编写 C 程序的基本功。

第4章　基本输入输出

输入、处理、输出数据是一个程序最基本的功能。C 语言本身没有提供输入输出的语句，而是由库函数来实现输入和输出的。要使程序中的变量得到数据有两种办法：一种是给变量直接赋值，另一种就是利用输入库函数从键盘上输入数据，从键盘上输入数据使得程序更加灵活，通用性更强。输出函数用来输出提示信息和计算结果。常用的输入输出函数有 scanf 函数、printf 函数、getchar 函数和 putchar 函数等。

4.1　格式化输出函数 printf()

4.1.1　printf()的格式

在前几章的示例程序中，我们已经多次使用过 printf()，它的一般形式如下：

printf(格式控制字符串，输出表达式 1，输出表达式 2，…，输出表达式 n);

其功能是按照“格式控制字符串”的要求，将输出表达式 1，输出表达式 2，…，输出表达式 n 的值显示在计算机屏幕上。

格式控制字符串用于指定输出格式，它包含两部分：普通字符和格式控制字段。普通字符包括可显示字符和用转义字符表示的字符，将会按原样输出或执行；格式控制字段是以%开头的一个或多个字符，用来说明输出数据的类型、形式、长度、小数位数等。

4.1.2　格式控制字段的结构

格式控制字段的结构为

%[前缀修饰符] [域宽] [. 精度] [长度修正符]格式码

(1) 格式码。表 4.1 是 printf()的格式码及其含义。

表 4.1　printf()的格式码及其含义

格式码	输出说明	实　例	结　果
d 或 i	带符号十进制定点格式	int a=-10; printf("%d",a);	−10
u	无符号十进制定点格式	int a=32768; printf("%u",a);	32768
o	无符号八进制定点格式	int a=10; printf("%o",a);	12
x	无符号十六进制定点格式	int a=10; printf("%x",a);	a
X	无符号十六进制定点格式	int a=10; printf("%X",a);	A
c	字符	char ch ='A'; printf("%c",ch);	A

续表

格式码	输出说明	实 例	结 果
s	字符串	char s[ ]= "abc"; printf("%s",s);	abc
f	十进制小数形式	double a=12.3456; printf("%f",a);	12.345600
e	科学计数法	double a=12.3456; printf("%e",a);	1.23456e+01
E	科学计数法	double a=12.3456; printf("%E",a);	1.23456E+01
g	f 和 e 中较短者，不印无效 0	double a=12.3456; printf("%g",a);	12.3456
G	f 和 E 中较短者，不印无效 0	double a=12.3456; printf("%G",a);	12.3456
p	输出地址	int a=-10; printf("%p",&a);	FFCC
%	%	printf("%%");	%

(2) 长度修正符。表 4.2 是 printf()的长度修正符及其含义。

表 4.2 printf()的长度修正符及其含义

长度修正符	功 能	实 例
h	在 d, o, x, u 前，指定输出为短整型数	%hd：表示输出短整型数
l	在 d, o, x, u 前，指定输出为 long int 型	%ld：表示输出长整型数
	在 e, f, g 前，指定输出精度为 double 型(缺省也为 double)	%lf：表示输出为 double 型数

(3) 域宽和精度。域宽和精度都是整数，表 4.3 是 printf()的域宽和精度及其含义。

表 4.3 printf()的域宽和精度及其含义

	功 能	实 例
域宽(m)	输出数据域宽，数据长度<m，补空格；否则按实际长度输出	%5d：表示输出至少占 5 格
精度(n)	对于整数：表示至少要输出精度指定的位数，当数据长度小于精度，左边补 0	%6.4d：表示至少要输出 4 位数
	对于实数：指定小数点后位数(四舍五入)	%6.2f：表示输出 2 位小数
	对于字符串：表示只输出字符串的前 n 个字符	%.3s：表示输出字符串前 3 个字符

(4) 前缀修饰符。表 4.4 是 printf()的前缀修饰符及其含义。

表 4.4 printf()的前缀修饰符及其含义

前缀修饰符	输 出 说 明	实 例
–	输出数据在域内左对齐(缺省右对齐)	%-10d：表示输出数据左对齐
+	输出有符号正数时，在其前面显示正号(+)	%+d：表示输出整数的正负号
0	输出数值时，指定左边不使用的空格自动填 0	%08X：表示输出十六进制无符号整数，不足 8 位时左补 0
#	对于无符号数：在八进制和十六进制数前显示前导 0，0x 或 0X	%#X：表示在输出的十六进制数前显示前导 0X
	对于实数：必须输出小数点	%#10.0f：表示输出的浮点数必须输出小数点
*	用做占位符	%*.*f：表示要用具体的数据替代*

4.1.3　示例 1：有符号整数的输出

【例 4-1】　有符号整数的输出。

```
01 main ( )
02 {
03     int   a = 123;
04     long L = 32768;
05     printf ("    12345678901234567890\n");            /*输出列标记*/
06     printf ("a=%d--------(%%d)\n", a);               /*输出 a*/
07     printf ("a=%2d--------(%%2d)\n", a);             /*域宽为 2 输出 a*/
08     printf ("a=%6d-----(%%6d)\n", a);                /*域宽为 6 输出 a*/
09     printf ("a=%+6d-----(%%+6d)\n", a);              /*带正号域宽为 6 输出 a*/
10     printf ("a=%-6d-----(%%-6d)\n", a);              /*左对齐域宽为 6 输出 a*/
11     printf ("a=%06d-----(%%06d)\n", a);              /*前导 0 输出 a*/
12     printf ("L=%ld-------(%%ld)\n",L);               /*以长整型输出 L*/
13     system("pause");
14 }
```

运行结果如图 4.1 所示。

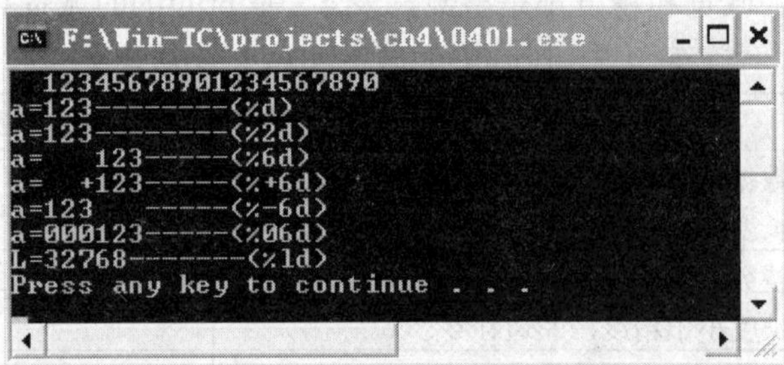

图 4.1　例 4-1 运行结果

代码说明：第 13 行，system 库函数，暂停以查看屏幕。

4.1.4　示例 2：无符号整数的输出

【例 4-2】　无符号整数的输出。

```
main ()
{   int   a = -1;
    unsigned u = 32767;
    unsigned long L = 65537;
    printf ("a=%d------(%%d)\n", a);
    printf ("a=%u---(%%u)\n", a);
    printf ("a=%x----(%%x)\n", a);
    printf ("a=%X----(%%X)\n", a);
    printf ("u=%o----------(%%o)\n", u);
```

```
    printf ("u=%X-----------(%%X)\n", u);
    printf ("u=%#010X-----(%%#010X)\n", u);
    printf ("L=%lX--------------(%%lX)\n",L);
    system("pause");
}
```

运行结果如图 4.2 所示。

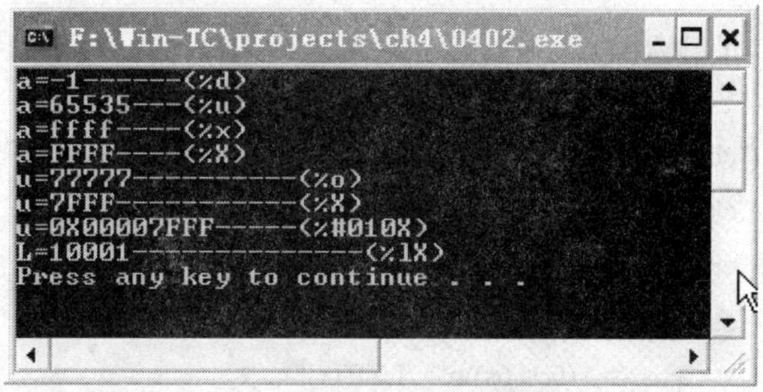

图 4.2　例 4-2 运行结果

4.1.5　示例 3：实数的输出

【例 4-3】　实数的输出。

```
main ()
{
    double    f = 12.345;
    printf ("    12345678901234567890\n");
    printf ("f=%f--------(%%f)\n", f);
    printf ("f=%15f--------(%%15f)\n", f);
    printf ("f=%015f--------(%%015f)\n", f);
    printf ("f=%-15.0f--------(%%-15.0f)\n", f);
    printf ("f=%#15.0f--------(%%#15.0f)\n", f);
    printf ("f=%15.4E--------(%%15.4E)\n", f);
    printf ("f=%15.4e--------(%%15.4e)\n", f);
    system("pause");
}
```

运行结果如图 4.3 所示。

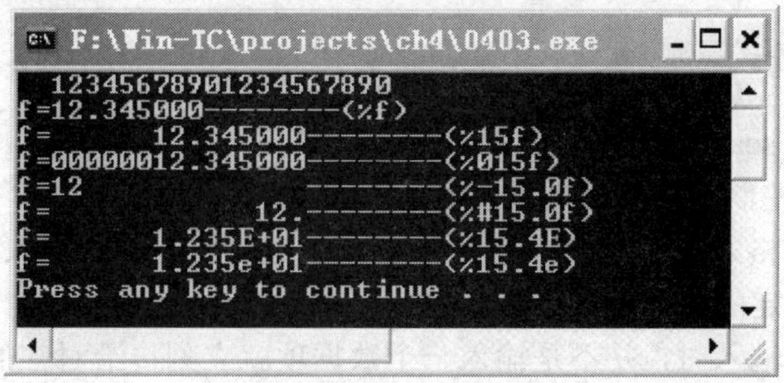

图 4.3　例 4-3 运行结果

注意：用 printf()函数输出实数时，如果不指定精度，则默认输出 6 位小数。

4.1.6　示例 4：字符和字符串的输出

【例 4-4】　字符和字符串的输出。

```
main ()
{
     char   ch = 'A';
     printf ("     12345678901234567890\n");
     printf ("ch=%c-----------(%%c)\n", ch);
     printf ("ch=%4c--------(%%4c)\n", ch);
     printf ("ch=%-4c--------(%%-4c)\n", ch);
     printf ("st=%s-------(%%s)\n", "LZPTC");
     printf ("st=%6s------(%%6s)\n", "LZPTC");
     printf ("st=%6.3s------(%%6.3s)\n","LZPTC");
     printf ("st=%-6.3s------(%%-6.3s)\n","LZPTC");
     system("pause");
}
```

运行结果如图 4.4 所示。

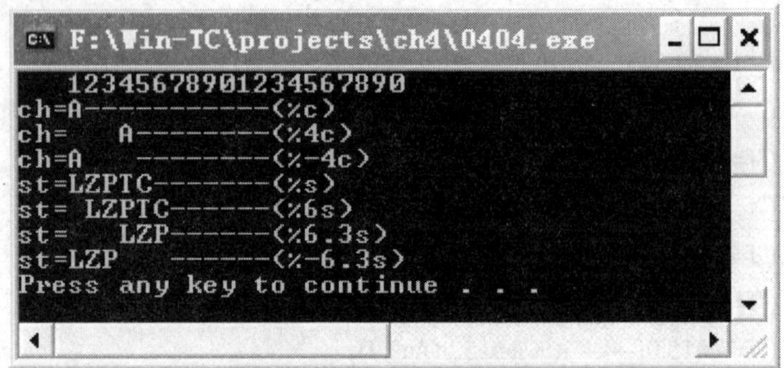

图 4.4　例 4-4 运行结果

4.2　格式化输入函数 scanf()

4.2.1　scanf()的格式

格式化输入函数 scanf( )的一般形式如下：

scanf (格式控制字符串，地址 1，地址 2，…，地址 n);

其功能是按照“格式控制字符串”的要求，接受用户的键盘输入，并将输入的数据依次存放在地址参数指定的内存空间中。

在用户进行键盘输入时，并不是输入一个数据项就立刻传给对应的变量或者字符数组，而是在输入一行字符并按下回车键之后才开始传送，输入的这一行字符首先进入输入数据缓冲区，然后按照 scanf()函数格式控制字符串的要求从输入数据缓冲区中读取数据。如果输入的数据比格式控制字符串中要求的多，那么剩下的数据可以被下一个 scanf()函数接着输入。

利用 scanf()函数可以给数值变量、字符变量、字符数组输入数据。scanf()函数中要使用地址参数。变量的地址可以用“&”取地址运算符求得，而数组名就是数组首元素的地址，所以如果给 int a 输入数据，可以用 scanf("%d",&a)；如果给字符数组 char s[20]输入数据，就用 scanf("%s",s)。

scanf()函数的第一个参数“格式控制字符串”用于指定输入格式，它也包含两部分：普通字符和格式控制字段。普通字符照原样输入，格式控制字段是以%开头的一个或多个字符，用来说明输入数据的类型、形式、长度等。

4.2.2　格式控制字段的结构

格式控制字段的结构为

%[*] [宽度] [长度修正符]格式码

(1) 格式码。表 4.5 是 scanf()的格式码及其含义。

表 4.5　scanf()的格式码及其含义

数据类型	格式码	含　义
整数	d	输入带符号十进制整数
	D	输入带符号十进制长整数(与 ld 相同)
	i	输入十进制、八进制、十六进制整数
	I	输入十进制、八进制、十六进制长整数(与 li 相同)
	u	输入无符号十进制整数
	U	输入无符号十进制长整数(与 lu 相同)
	o	输入无符号八进制整数
	O	输入无符号八进制长整数(与 lo 相同)
	x	输入无符号十六进制整数
	X	输入无符号十六进制长整数(与 lx 相同)
实数	f, e, g, E, G	输入单精度浮点数(用小数形式或指数形式)
字符	c	输入单个字符
	s	输入字符串

(2) 长度修正符。表 4.6 是 scanf()的长度修正符及其含义。

表 4.6　scanf()的长度修正符及其含义

长度修正符	功　能	实　例
h	在 d，i，u，o，x 前，指定输入为短整型数	%hd：输入带符号十进制短整型数
l	在 d，i，u，o，x 前，指定输入为长整型数	%ld：　输入带符号十进制长整型数
	在 f，e，g 前，指定输入为 double 型	%lf：　输入为 double 型数

(3) 宽度。宽度是一个整数，用来限制数据输入的宽度。

(4) *号。*号用于忽略读入的数据(即不将读入数据赋给相应变量)。

4.2.3　示例 5：整数的输入

【例 4-5】　整数的输入。

```
01  main()
02  {   int a,b,c,d,e,f,g;
03      long m;
04  
05      printf("input a,b,c:\n");
06      scanf("%d",&a);
07      scanf("%o",&b);
08      scanf("%x",&c);
09      printf("a=%-5d,b=%-5d,c=%-5d\n",a,b,c);
10  
11      printf("input d,e:\n");
12      scanf("%d,%d",&d,&e);
13      printf("d=%-5d,e=%-5d\n",d,e);
14  
15      printf("input f,g,m:\n");
16      scanf("%3d%3d %ld",&f,&g,&m);
17      printf("f=%-5d,g=%-5d,m=%ld\n\n",f,g,m);
18      system("pause");
19  }
```

运行结果如图 4.5 所示。

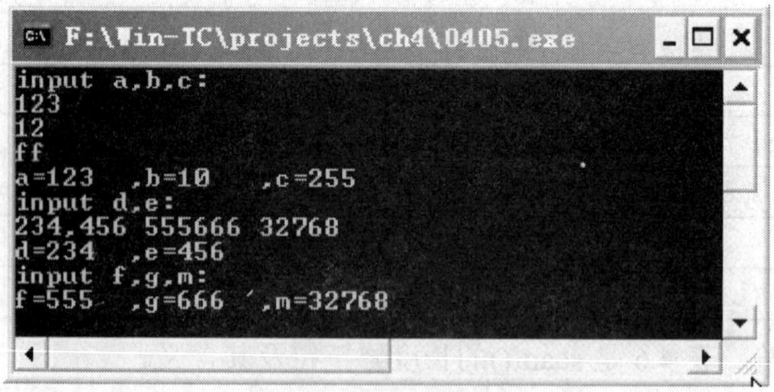

图 4.5　例 4-5 运行结果

代码说明：

✧ 第 06 行，这一行要求以十进制形式输入变量 a 的值。

✧ 第 07 行，这一行要求以八进制形式输入变量 b 的值。

✧ 第 08 行，这一行要求以十六进制形式输入变量 c 的值。

✧ 第 12 行，这一行要求输入变量 d，e 的值，由于格式控制字段间有普通字符“,”，所以输入时必须用“,”分隔数据项。

✧ 第 16 行，这一行要求输入变量 f，g，m 的值，由于前两个格式控制字段有宽度限制，所以输入时以此宽度来分隔数据项，最后一个格式控制字段前有空格，所以输入时用空格来分隔此数据项。

✧ 程序执行到第 12 行，输入数据为 234,456 555666 32768，按回车后这行字符进入输入数据缓冲区，变量 d 和 e 得到数据后还有多余数据，被后面第 16 行的 scanf()继续使用。

注意：在 scanf()函数中，变量名前的取地址符“&”一定不能少，这也是初学者最容易犯的一个错误。

技巧

在 scanf()函数之前使用 printf()函数首先输出提示信息，提示用户输入数据，可以使程序界面更加友好。

4.2.4　示例 6：实数的输入

【例 4-6】　实数的输入。

```
main()
{
   float x,y;
   double z1,z2;
   printf("input x,y:\n ");
   scanf("%f%f",&x,&y);
   printf("x=%f, y=%f\n\n",x,y);
   printf("input z1,z2:\n");
   scanf("%lf%lf",&z1,&z2);
   printf("z1=%lf, z2=%lf\n\n",z1,z2);
   system("pause");
}
```

运行结果如图 4.6 所示。

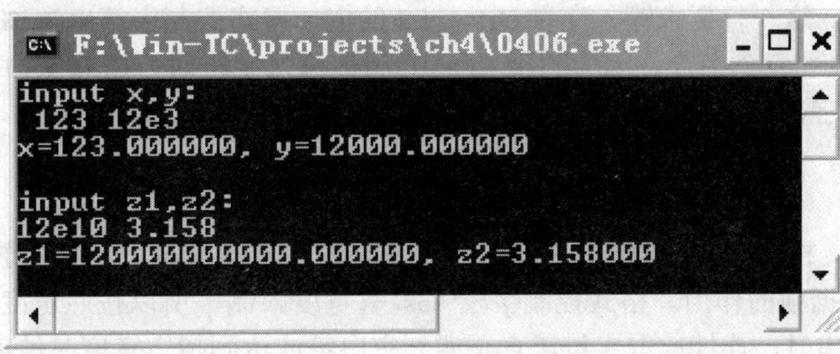

图 4.6　例 4-6 运行结果

代码说明：

✧ 第06行，这一行要求输入变量x，y的值，输入时可以用小数形式或指数形式。

✧ 第09行，这一行要求输入变量z1，z2的值，因为z1，z2是double型的变量，所以要用格式控制字段“%lf”。

4.2.5　示例7：字符和字符串的输入

【例4-7】　字符和字符串的输入。

```
01  main()
02  {
03      char ch1,ch2,ch3, str1[20],str2[20];
04      printf("input ch1,ch2: ");
05      scanf("%c%c%*c",&ch1,&ch2);
06      printf("ch1=%c,   ch2=%c\n\n",ch1,ch2);
07      printf("input ch3,str1,str2: ");
08      scanf("%c%s%3s",&ch3, str1, str2);
09      printf("ch3=%c,   str1=%s,   str2=%s\n\n",ch3,str1,str2);
10      system("pause");
11  }
```

运行结果如图4.7所示。

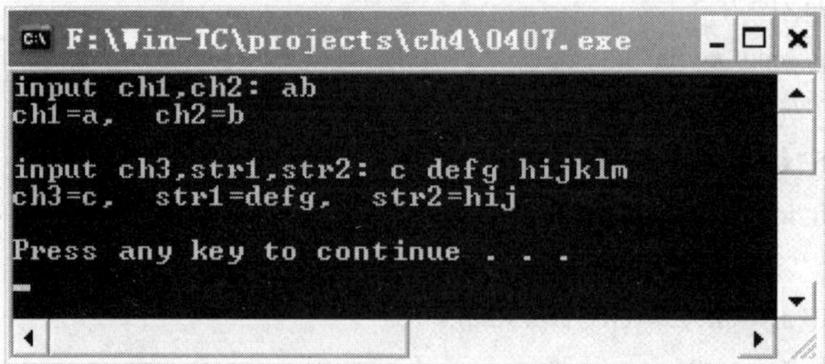

图4.7　例4-7运行结果

代码说明：

✧ 第05行，这一行要求输入变量ch1，ch2的值，格式控制字符串为"%c%c%*c"，最后的%*c用来跳过一个字符。因为利用scanf()函数输入字符时，所有空白字符、转义字符都将作为有效字符被接收。图4.7中的输入是ab，然后回车，这样a，b和回车都进入输入数据缓冲区，如果没有%*c跳过一个字符的话，到程序08行执行时，ch3将得到回车符。

✧ 第08行，格式控制字段间有空格，这个空格属于普通字符，必须照原样输入，这样也起到了分隔数据项的作用。格式控制字段%3s有宽度限制，所以按照宽度截取到字符串"hij"。读取字符串时，连续读取字符，直至遇到空白符或达到指定宽度时结束。

4.2.6 示例 8：混合数据类型的读取

【例 4-8】 输入一学生的学号(7 位数字)、生日(年-月-日)、性别(M：男，F：女)及三门功课(语文、数学、英语)的成绩，现要求计算该学生的总分和平均分，并将该学生的全部信息输出(包括总分、平均分)。

```
01  main ()
02  {
03      unsigned long no;                       /*学号*/
04      unsigned int year, month, day;          /*生日(年、月、日)*/
05      unsigned char sex;                      /*性别 */
06      float chinese, math, english;           /* 语文、数学、英语成绩*/
07      float total, average;                   /*总分、平均分 */
08
09      printf ("input the student's message (Seperated by Tab):\n");
10      printf ("NO\tYYYY-MM-DD\tSEX\tCHINESE\tMATH\tENGLISH: \n");
11      scanf ("%7ld\t%4d-%2d-%2d\t%c\t%f\t%f\t%f",
12      &no, &year, &month, &day,&sex, &chinese, &math, &english);
13
14      total = chinese + math + english;       /* 计算总分*/
15      average = total / 3;                    /* 计算平均分*/
16
17      printf ("\nNO\tBirthday\tSex\tChinese\tMath\tEnglish\tTotal\tAverage\n");
18      printf ("%ld\t%d-%02d-%02d\t%c\t%.1f\t%.1f\t%.1f\t%.1f\t%.1f\n\n",
19      no, year, month, day, sex,chinese, math, english, total, average);
20
21      system("pause");
22  }
```

运行结果如图 4.8 所示。

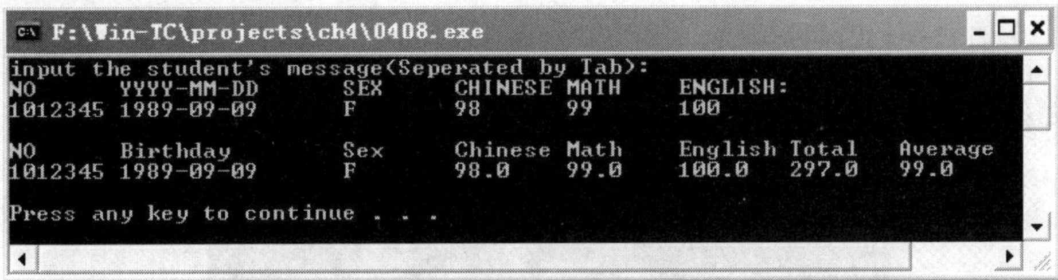

图 4.8 例 4-8 运行结果

代码说明：

✧ 第 10 行要求以 '\t' 作为输入数据的分隔符，从键盘输入时按 Tab 键。按一次 Tab 键，光标移至 $8 \times i + 1$ 列的位置(i = 光标当前所在列/8+1)。

✧ 第 09、16、17 行中，也利用‘\t’使输出的数据左对齐。

技巧

良好的编程风格除了缩进、注释之外，还有空行。在适当的位置空行可以使程序层次分明，更加清晰易懂。

4.3　字符输出函数 putchar()

4.3.1　putchar()的格式

字符输出函数 putchar()的一般形式如下：

putchar(ch);

其中 ch 可以是字符变量、字符常量和表达式，功能是在标准输出设备(即显示器屏幕)上输出一个字符。

putchar 是 C 语言的标准库函数，使用时必须加编译预处理命令 #include "stdio.h" 或 #include <stdio.h>。

4.3.2　示例 9：利用 putchar 函数输出字符

【例 4-9】　利用 putchar 函数输出字符。

```
#include <stdio.h>
main()
{   char c1,c2;
    c1='a' ; c2='b' ;
    putchar(c1);putchar(c2);
    putchar('\n');
    putchar(c1-32);putchar(c2-32);
    putchar('\n');
    system("pause");
}
```

运行结果如图 4.9 所示。

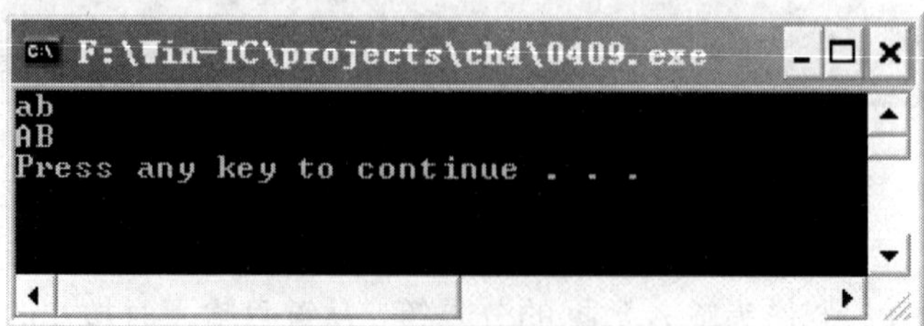

图 4.9　例 4-9 运行结果

4.4　字符输入函数 getchar()

4.4.1　getchar()的格式

字符输入函数 getchar()的一般形式如下：

getchar();

其功能是从键盘读一字符，并返回读取字符的 ASCII 码值。输入时以回车符为输入结束条件；输入多个字符时，返回第一个字符的值。

getchar()是 C 语言的标准库函数，使用时必须加编译预处理命令 #include "stdio.h" 或 #include <stdio.h>。

4.4.2　示例 10：利用 getchar 函数输入字符

【例 4-10】　利用 getchar 函数输入字符。

```
#include <stdio.h>
main()
{
   char ch1,ch2;
   printf("Please input ch1 and ch2:\n");
   ch1=getchar( );
   ch2=getchar( );
   printf("%c %d\n",ch1,ch1);
   printf("%c %d\n\n",ch2-32,ch2-32);
   system("pause");
}
```

运行结果如图 4.10 所示。

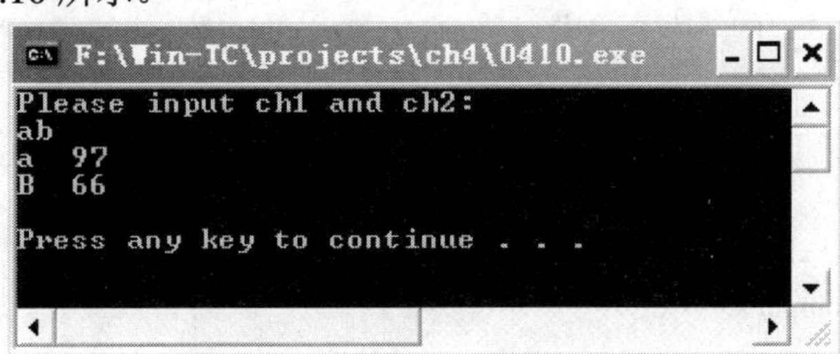

图 4.10　例 4-10 运行结果

4.5　案 例 学 习

前面学习了基本输入输出函数，下面将通过两个具体的案例来学习这些函数的应用。

学习 C 语言，不仅要熟练掌握其语言本身的特点、语法规则，还要掌握分析问题、解决问题的方法，就是锻炼分析、分解，最终归纳整理出算法的能力。以下的两个案例同时也给出了顺序结构程序设计的分析方法。

4.5.1　案例一

【例 4-11】　交换变量值。从键盘输入整型变量 a，b 的值，输出交换前和交换后的值。

程序设计的分析：在计算机中交换变量 a 和 b 的值，不能只写两个赋值语句 a=b; b=a;，因为当执行 a=b; 后，a 和 b 中都是 b 的值了，执行 b=a; 后，b 的值没有变化，这样就丢掉了 a 原来的值。为了不丢掉 a 变量中的原值，需要再定义一个中间变量 c 来暂存 a 变量的原值。所以，正确的交换方法是：c=a; a=b; b=c;。

另外一种办法也可以不用定义中间变量 c，而是用运算的方法：a=a+b; b=a-b; a=a-b; 来交换 a 和 b 的值。

这两种算法的流程图如图 4.11 所示。

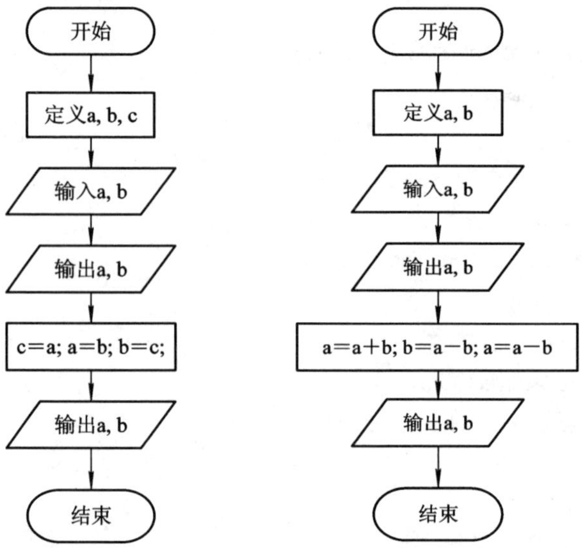

(a) 算法一　　(b) 算法二

图 4.11　用流程图描述的交换变量值

算法一程序如下：

```
main()
{ int a,b,c;
 printf("\ninput a,b: ");
 scanf("%d,%d",&a,&b);
 printf("\nBefore exchange:a=%d    b=%d\n",a,b);
 c=a; a=b; b=c;
 printf("After exchange: a=%d    b=%d\n\n",a,b);
 system("pause");
}
```

运行结果如图 4.12 所示。

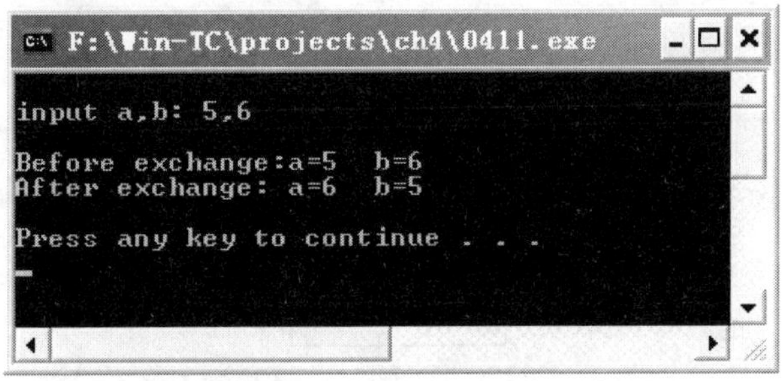

图 4.12　例 4-11 算法一的程序运行结果

算法二程序如下：

```
main()
{ int a,b;
   printf("\ninput a,b: ");
   scanf("%d,%d",&a,&b);
   printf("\nBefore exchange:a=%d    b=%d\n",a,b);
   a=a+b ; b=a-b ; a=a-b ;
   printf("After exchange: a=%d    b=%d\n\n",a,b);
   system("pause");
}
```

运行结果如图 4.13 所示。

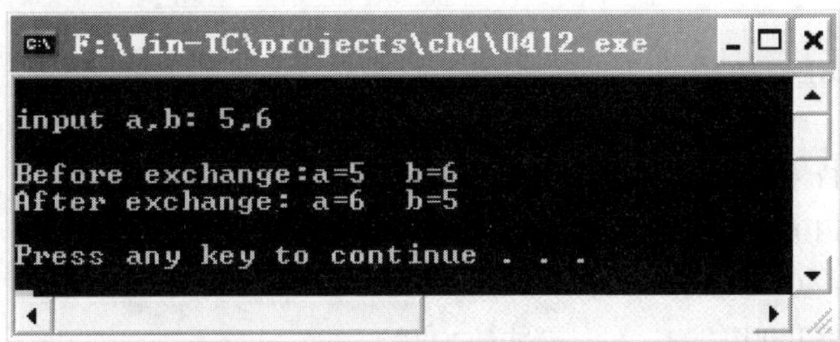

图 4.13　例 4-11 算法二的程序运行结果

4.5.2　案例二

【例 4-12】　从键盘任意输入一个四位整数，要求正确地分离出它的个位、十位、百位和千位数，并分别在屏幕上输出。

程序设计的分析：本例要求设计一个从四位整数中分离出它的个位、十位、百位和千位数的算法。例如，输入的是 4567，则输出的分别是 4，5，6，7，最低位数字可用对 10 求余的方法得到，如 4567%10=7，最高位的千位数字可用对 1000 整除的方法得到，如 4567/1000=4，中间位的数字既可通过将其变换为最高位后再整除的方法得到，如(4567%1000)/100=5，也可通过将其变换为最低位再求余的方法得到，如(4567/100)%10=5。

根据以上的分析，该算法的流程图如图 4.14 所示。

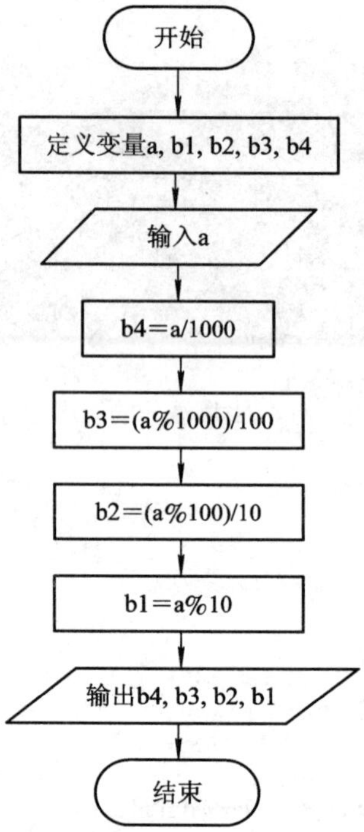

图 4.14　例 4-12 的算法

下面是本例的源程序：

```
main ()
{
    int a,b1,b2,b3,b4;              /*变量定义*/
    printf ("\nplease input an integer a: ");          /*提示用户输入一个整数*/
    scanf ("%d", &a);               /*输入一个整数*/
    b4=a/1000;                      /*用整除方法计算最高位*/
    b3=a%1000/100;                  /*计算百位*/
    b2=a%100/10;                    /*计算十位*/
    b1 = a % 10;                    /*用求余数法计算最低位*/
    printf ("\n%6d%6d%6d%6d\n\n",b4,b3,b2,b1);      /*输出结果*/
    system("pause");
}
```

运行结果如图 4.15 所示。

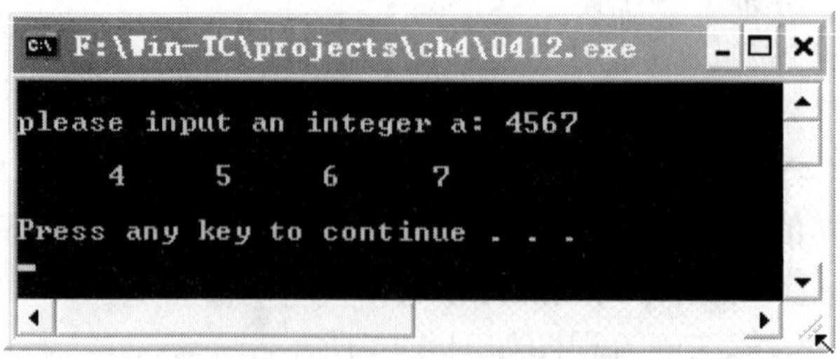

图 4.15　例 4-12 运行结果

本章小结

本章主要介绍了 C 语言的基本输入输出函数，包括格式化输入输出函数和单个字符的输入输出函数。对于格式化输入输出函数，重点要掌握如何写出正确的格式控制字符串，这也是本章的一个难点。对于各种数据的输入输出，本章都给出了简单的程序示例。另外本章还通过最后的两个案例给出了顺序结构程序设计的分析方法。

第5章　选择结构程序设计

选择结构是三种基本控制结构之一。在大多数程序中都会包含选择结构，它的作用是根据判断所指定的条件是否满足，决定从给定的两组或多组操作中选择哪一组操作。

设计选择结构程序，要考虑两个方面的问题：一是在C语言中如何来表示条件，二是在C语言中实现选择结构用什么语句。在C语言中表示条件，一般用关系表达式或逻辑表达式，实现选择结构用if语句或switch语句。

5.1　引　例

【例5-1】　输入两个数，输出其中较大的数。程序流程如图5.1所示。

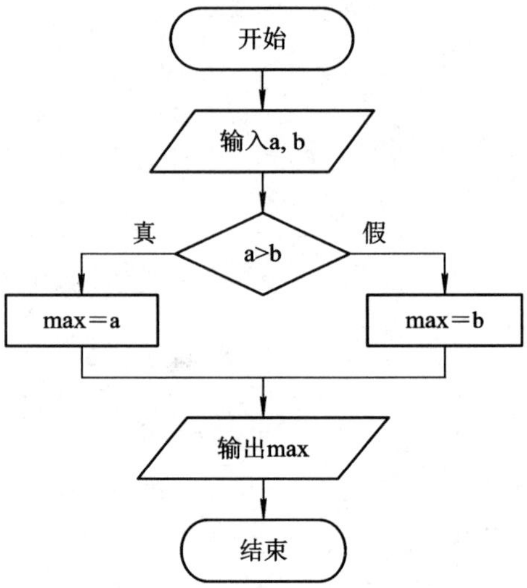

图5.1　例5-1算法流程

例5-1的源程序如下：

```
main()
{
    int a,b,max;                          /*定义整型变量a,b,max */
    printf("input two numbers: ");        /*显示提示信息*/
    scanf("%d %d",&a,&b);                 /*输入任意两个整数a,b */
    if(a>b)                               /*判断条件*/
```

```
07          max=a;                          /* a>b，max=a */
08      else
09          max=b;                          /*否则，a≤b，则执行 max=b */
10      printf("max=%d",max);               /*输出 max 的值*/
11  }
```

运行结果如图 5.2 所示。

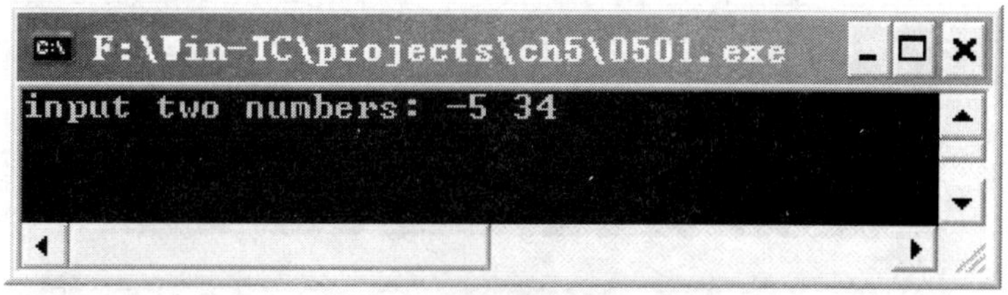

(a) 输入数 a 和 b

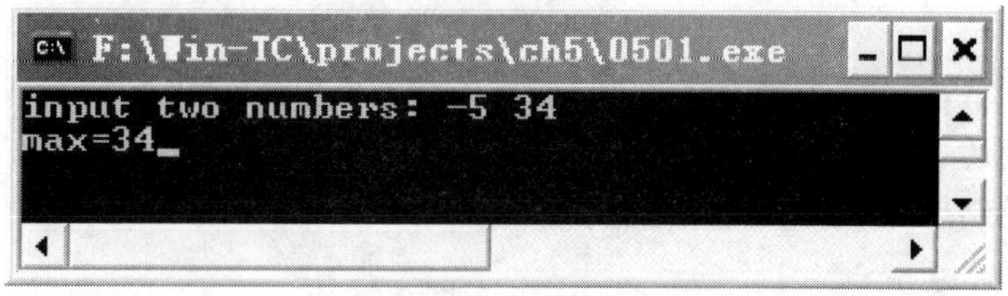

(b) 输出较大数 max

图 5.2　例 5-1 运行结果

代码说明：第 06～09 行是一条 C 选择结构语句，其中 a>b 是关系表达式，符号“>”是关系运算符。程序的执行取决于条件 a 是否大于 b，如果 a>b，则 max=a，否则 max=b。

【例 5-2】　输入三角形的三条边长，求三角形面积。

```
#include  <math.h>
main()
{
    float a,b,c,s,area;
    printf("input three sides: ");          /*显示提示信息*/
    scanf("%f,%f,%f",&a,&b,&c);             /*输入三角形的三条边*/
    if(a+b>c&&a+c>b&&b+c>a)                 /*判断能否构成三角形*/
    {       /*条件成立，以下复合语句求面积并输出结果*/
      s=1.0/2*(a+b+c);
      area=sqrt(s*(s-a)*(s-b)*(s-c));       /*sqrt()：求平方根库函数*/
      printf("a=%7.2f, b=%7.2f, c=%7.2f\n",a,b,c);
      printf("area=%7.2f\n",area);
      }
      else
          printf("No straingle!");          /*条件不成立，输出相关信息*/
}
```

运行结果如图 5.3 所示。

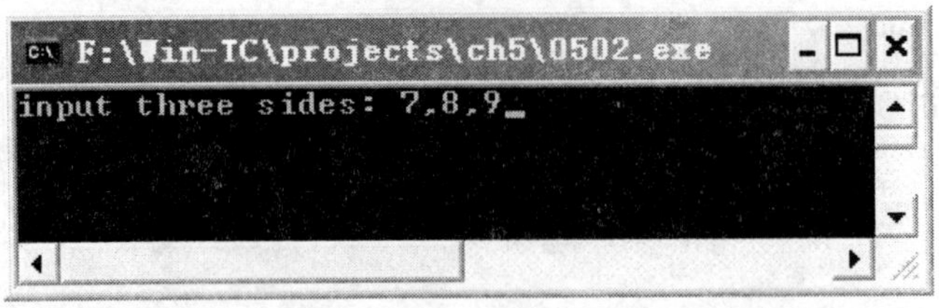

(a) 输入三条边长

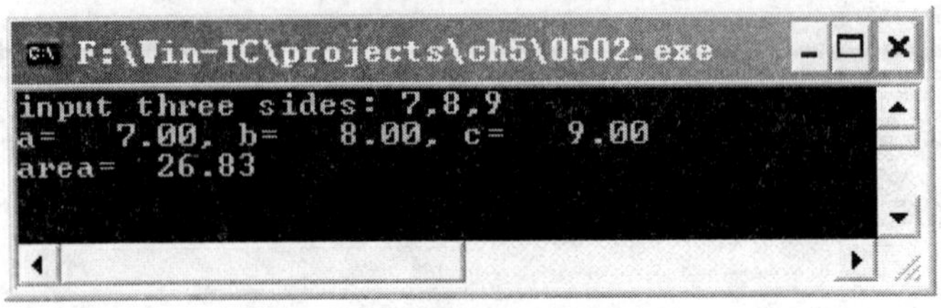

(b) 求得面积 area

图 5.3　例 5-2 运行结果

代码说明：第 07～15 行是一条 C 语句，a+b>c && a+c>b && b+c>a 是判断输入的三条边长值中任意两边之和是否大于第三边的逻辑表达式，&&是逻辑运算符。程序的执行取决于这一表达式的结果是“真”还是“假”。

5.2　if 语句

C 语言提供了 3 种形式的 if 语句：单分支 if 语句、双分支 if 语句和多分支 if 语句。

5.2.1　单分支 if 语句

语句格式：

if(表达式) 语句

注意：if 后面的语句若为多条语句构成时，必须写成复合语句形式(即将语句用花括号括起来)。

单分支 if 语句的执行过程如图 5.4 所示。

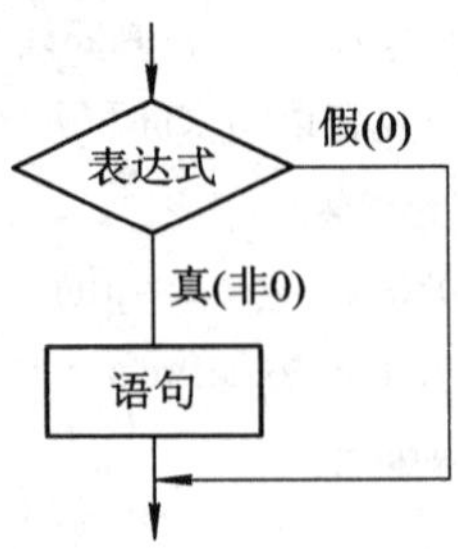

图 5.4　单分支选择结构

【例 5-3】　输入两个整数，按照由小到大的顺序输出这两个数。

```
main()
{
```

```
    int  a,b,t;
    printf("input two numbers: ");
    scanf("%f %f",&a,&b);
    if(a>b)              /*如果 a>b，两数交换*/
    {                    /*以下三条语句实现交换*/
        t=a;
        a=b;
        b=t;
    }
    printf("%5.2f,%5.2f\n",a,b);   /*按照由小到大的顺序输出*/
}
```

程序运行结果如图 5.5 所示。

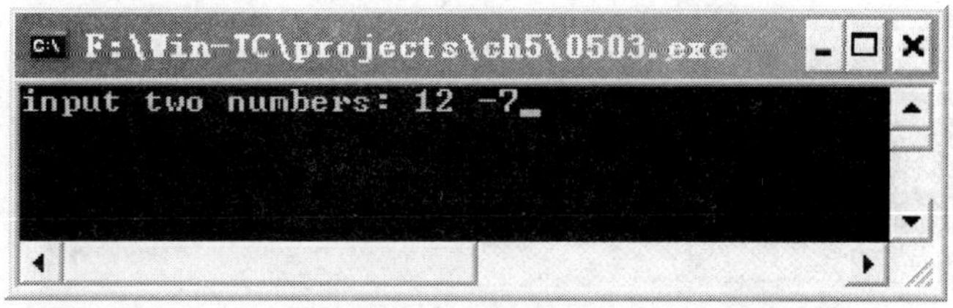

(a) 输入数 a, b

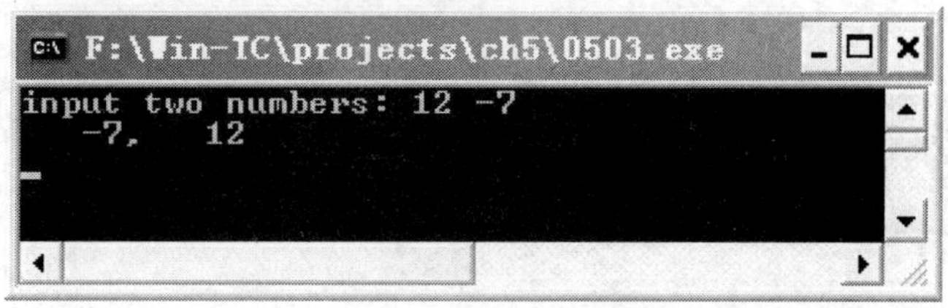

(b) 输出结果

图 5.5　例 5-3 运行结果

5.2.2　双分支 if 语句

语句格式：

if(表达式)语句 1 else 语句 2

双分支 if 语句的执行过程如图 5.6 所示。

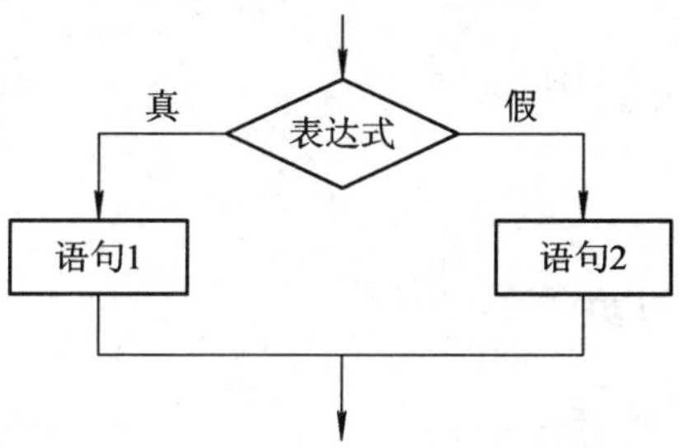

图 5.6　双分支选择结构

【例 5-4】　从键盘上输入一个正整数，判断其奇偶性。

```
main()
{
    int num;
    printf("input a number: ");
    scanf("%d",&num);
    if(num%2==0)                              /*判断是否为偶数*/
        printf("%d is even number.\n",num);   /*输出偶数*/
    else
        printf("%d is odd number.\n",num);    /*输出奇数*/
}
```

运行结果如图 5.7 所示。

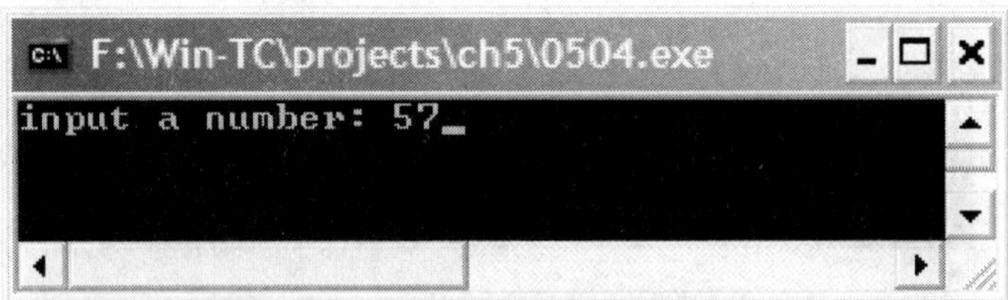

(a) 输入正整数

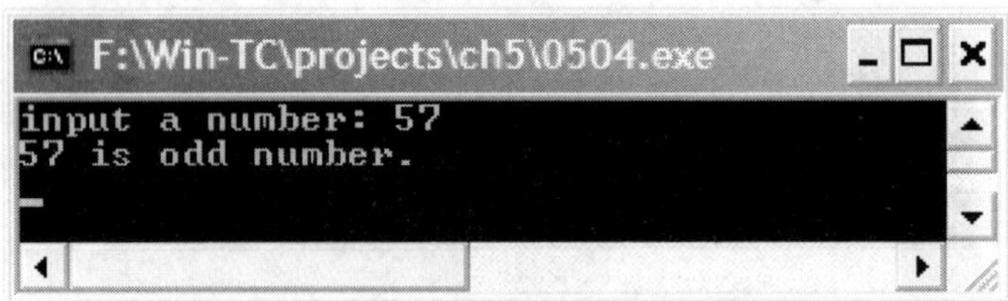

(b) 判断结果

图 5.7　例 5-4 运行结果

注意：语法格式中，语句 1 和语句 2 若为多条语句构成时，必须写成复合语句形式(即语句必须用花括号括起来)。

5.2.3　多分支 if 语句

语句格式：

```
if(表达式 1) 语句 1
else if(表达式 2) 语句 2
else if(表达式 3) 语句 3
   ⋮
else if(表达式 m) 语句 m
else 语句 n
```

多分支 if 语句的执行过程如图 5.8 所示。

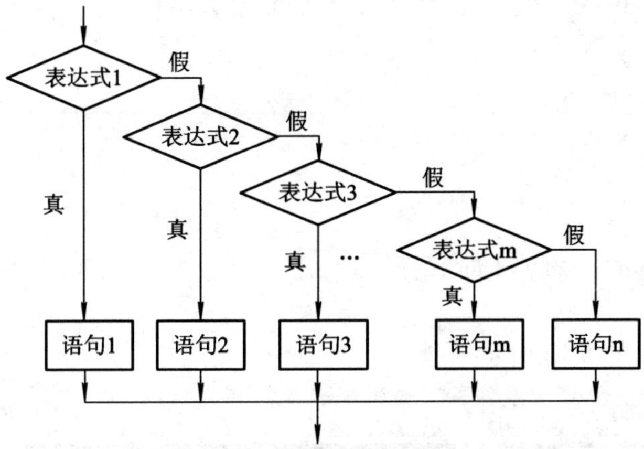

图 5.8　多分支选择结构

【例 5-5】　有一个函数定义如下，编一程序，输入一个 x 值，输出 y 值。

$$y=\begin{cases}-1 & x<0\\ 0 & x=0\\ 1 & x>0\end{cases}$$

算法流程图如图 5.9 所示。

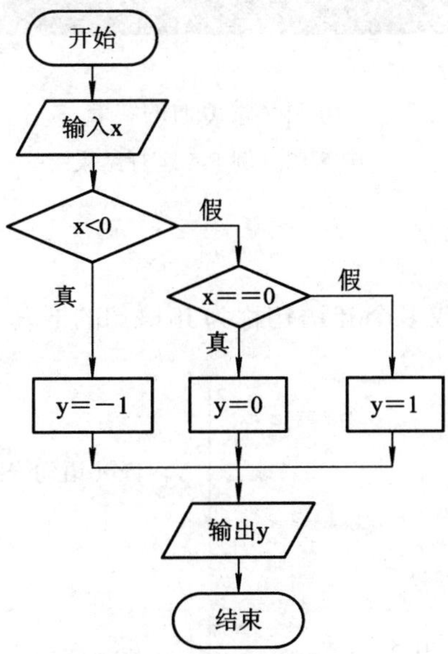

图 5.9　例 5-5 流程图

根据流程图编程如下：

```
main()
{   int x,y;
    printf("input a number: ");
    scanf("%d",&x);
```

```
    if(x<0)                    /*若 x<0，则 y=-1*/
        y=-1;
    else if(x==0)              /*若 x=0，则 y=0*/
        y=0;
    else
        y=1;                   /*若 x>0，则 y=1*/
    printf("x=%d,y=%d\n",x,y);
}
```

程序运行结果如图 5.10 所示。

(a) 输入为 34 时的结果

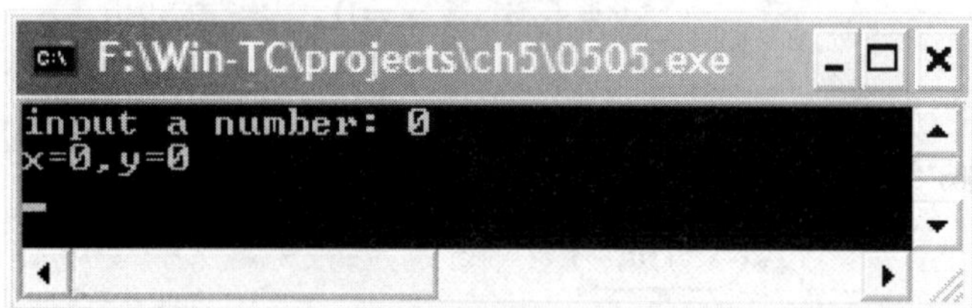

(b) 输入为 0 时的结果

图 5.10　例 5-5 运行结果

5.2.4　if 语句的嵌套

在 if 语句中又包含一个或多个 if 语句称为 if 语句的嵌套。一般形式如下：

```
if(表达式 1)
    if(表达式 2)          ┐
        语句 1            │
    else                  │  内嵌 if 语句
        语句 2            ┘
else
    if(表达式 3) 语句 3   ┐  内嵌 if 语句
    else 语句 4           ┘
```

注意：if 语句嵌套时，else 子句与 if 的匹配原则为与在它上面、距它最近、且尚未匹配的 if 配对。

技巧

为明确匹配关系，避免匹配错误，将内嵌的 if 语句一律用花括号括起来。如下所示：

```
if(表达式 1)
    { if(表达式 2)
         语句 1
    else                    ┐
         语句 2              │ 内嵌 if 语句
    }                       ┘
else
    { if(表达式 3)  语句 3   ┐
      else  语句 4           │ 内嵌 if 语句
    }                       ┘
```

【例 5-6】　将例 5-5 的阶梯函数采用 if 语句的嵌套格式编程。

方法一：

```
main()
{
     int x,y;
     printf("input a number: ");
     scanf("%d",&x);
     if(x<=0)
          if(x<0)
               y=-1;            /*若 x<0,则 y=−1*/
          else
               y=0;             /*若 x=0,则 y=0*/
     else
          y=1;                  /*若 x>0,则 y=1*/
     printf("x=%d, y=%d\n",x,y);
}
```

方法二：

```
main()
{
     int x,y;
     printf("input a number: ");
     scanf("%d",&x);
     if(x<0)
          y=-1;                 /*若 x<0,则 y=−1*/
     else
          if(x==0)
               y=0;             /*若 x=0,则 y=0*/
          else
               y=1;             /*若 x>0,则 y=1*/
```

```
    printf("x=%d, y=%d\n",x,y);
}
```

5.3　？：运算符实现分支结构

在例 4-1 中，有以下 if 语句：

```
if(a>b)                    /*判断条件*/
    max=a;                 /*如果 a>b，则执行 max=a */
else
    max=b;                 /*如果 a≤b，则执行 max=b */
```

当被判别的表达式的值为“真”或“假”时，都执行一个赋值语句且向同一个变量赋值时，可以用一个条件运算符来处理：

```
max=(a>b) ? a : b;         /*如果 a>b，将 max=a，否则 max=b */
```

【例 5-7】　从键盘上输入一个字符，如果它是大写字母，则把它转换成小写字母输出；否则，直接输出。

```
main()
{
    char ch;
    printf("Input a character: ");
    scanf("%c",&ch);                          /*输入一个字符*/
    ch=(ch>='A' && ch<='Z') ? (ch+32) : ch;   /*ch 为大写字母，则转换为小写字母，
                                              /*其他字符不变*/
    printf("ch=%c\n",ch);
}
```

程序运行结果如图 5.11 所示。

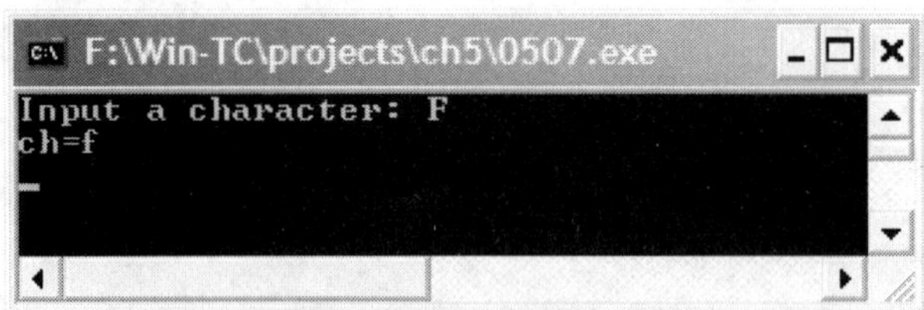

图 5.11　例 5-7 运行结果

5.4　switch 语句

【例 5-8】　从键盘上输入一个百分制成绩 score，按下列原则输出其等级：

score≥90，等级为 A；

80≤score＜90，等级为 B；

70≤score＜80，等级为 C；

60≤score＜70，等级为 D；

score＜60，等级为 E；

score＜0 或 score>100，等级为 F。

分析题意，此题加上错误输入，共有六个分支，如果采用多分支选择结构 if 语句，则程序如下：

```
main()
{
    int  score;
    char grade;
    printf("input a score(0-100): ");
    scanf("%d", &score);
    if  (score>100 || score<0)
        grade='F';
    else if  (score>=90)
        grade='A';               /*score≥90，等级为 A*/
    else if  (score>=80)
        grade='B';               /*80≤score<90，等级为 B*/
    else if  (score>=70)
        grade='C';               /*70≤score<80，等级为 C*/
    else if  (score>=60)
        grade='D';               /*60≤score<70，等级为 D*/
    else
        grade='E';               /*score<60，等级为 E*/
    printf("score=%d, grade=%c\n", score, grade);
}
```

程序运行结果如图 5.12(a)所示。

上面的程序冗长而且分支较多，可读性降低，不便于理解。C 语言提供了 switch 语句直接处理多分支选择，程序如下：

```
main()
{
    int  score, grade;
    printf("input a score(0-100): ");
    scanf("%d", &score);
    grade = score/10;        /*将成绩整除 10，转化成 switch 语句中的 case 标号*/
    switch (grade)
    {
        case 10:
        case 9: printf("grade=A\n"); break;   /*score≥90，等级为 A*/
        case 8: printf("grade=B\n"); break;   /*80≤score<90，等级为 B*/
```

```
            case 7: printf("grade=C\n"); break;    /*70≤score<80，等级为 C*/
            case 6: printf("grade=D\n"); break;    /*60≤score<70，等级为 D*/
            case 5:
            case 4:
            case 3:
            case 2:
            case 1:
            case 0: printf("grade=E\n"); break;    /*score<60，等级为 E*/
            default: printf("The score is out of range!\n");    /*显示输入成绩不正确*/
        }
}
```

运行结果如图 5.12 所示。

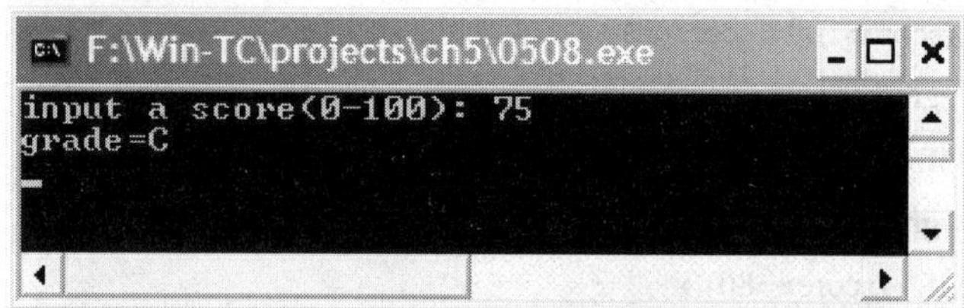

(a) 输入为 75 的结果

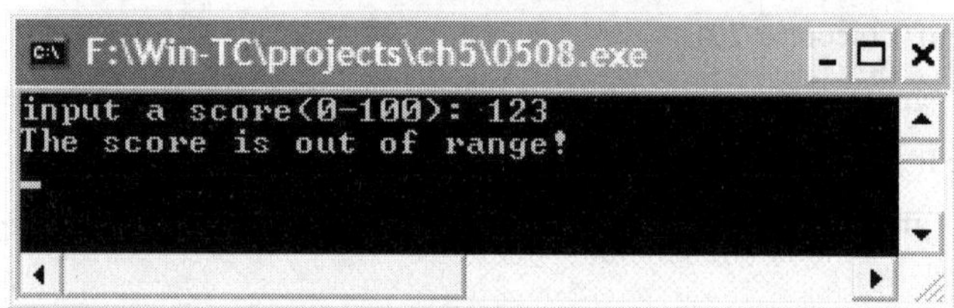

(b) 输入为 123 的结果

图 5.12　例 5-8 运行结果

1．switch 语句的一般形式

```
switch(表达式)
{
    case    常量表达式 1：语句 1；break；
    case    常量表达式 2：语句 2；break;
     ⋮
    case    常量表达式 n ：语句 n；break；
    [default：语句 n+1；]
}
```

2．执行过程

(1) 当 switch 后面表达式的值与某个 case 后面的常量表达式的值相同时，就执行该 case 后面的语句(组)；当执行到 break 语句时，跳出 switch 语句，转向执行 switch 语句的下一条，如图 5.13 所示。

(2) 如果没有任何一个 case 后面的常量表达式的值与表达式的值匹配，则执行 default 后面的语句(组)；然后，再执行 switch 语句的下一条。

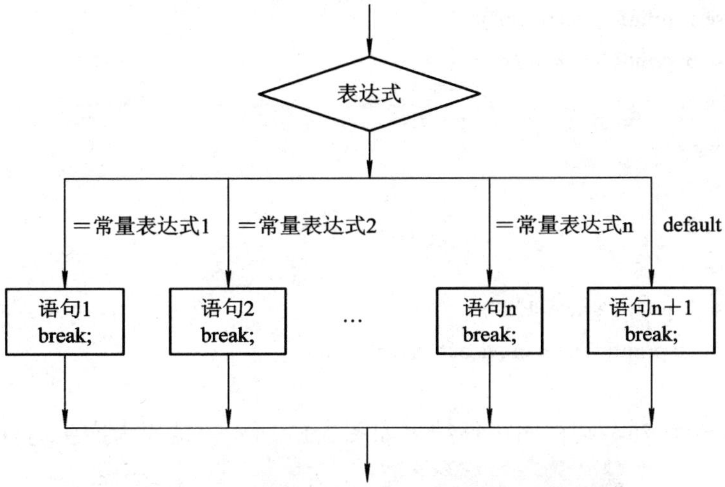

图 5.13　含有 break 语句的 switch 语句的执行过程

3．说明

(1) switch 后面的表达式，可以是 int、char 和枚举型中的一种。

(2) 每个 case 后面常量表达式的值必须各不相同，否则会出现相互矛盾的现象(即对表达式的同一个值，有两种或两种以上的执行方案)。

(3) case 后面的常量表达式仅起语句标号的作用，并不进行条件判断。系统一旦找到入口标号，就从此标号开始执行，不再进行标号判断，执行过程如图 5.14 所示，所以必须加上 break 语句，以便结束 switch 语句。

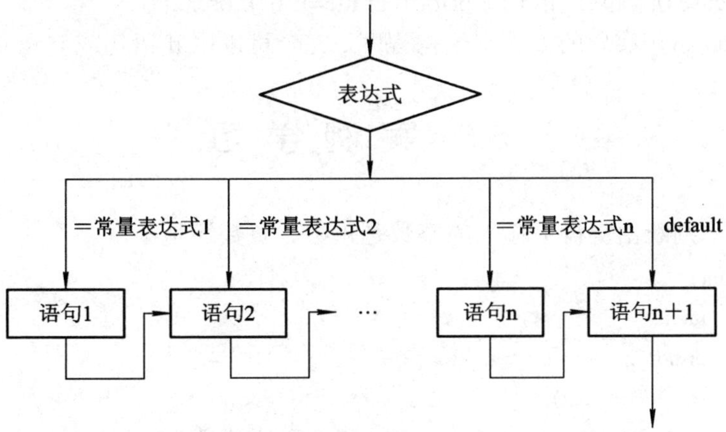

图 5.14　不含有 break 语句的 switch 语句的执行过程

注意：如果去掉例 5-8 程序中的所有 break 语句，程序段代码如下：

```
switch (grade)
{
    case 10:
    case 9: printf("grade=A\n");
    case 8: printf("grade=B\n");
```

```
        case 7: printf("grade=C\n");
        case 6: printf("grade=D\n");
        case 5:
        case 4:
        case 3:
        case 2:
        case 1:
        case 0: printf("grade=E\n");
        default: printf("The score is out of range!\n");
    }
```

此时，输入成绩 75，则程序运行结果如图 5.15 所示。请思考产生这种结果的原因。

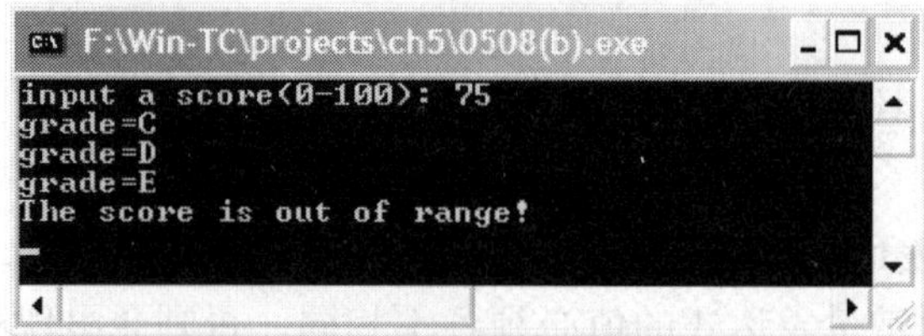

图 5.15　去掉例 5-8 程序中的所有 break 语句，且输入的成绩为 75 时的运行结果

(4) 多个 case 子句，可共用同一语句(组)。

例如，在例 5-8 中有“case 10: ”和“case 9: ”共用语句“printf("grade=A\n"); break;”，“case 5:”～“case 0: ”共用语句“printf("grade=E\n"); break;”。

(5) 用 switch 语句实现的多分支结构程序，完全可以用 if 语句或 if 语句的嵌套来实现。

5.5 案 例 学 习

【例 5-9】 判断由键盘上输入的整数是正数、负数还是零。

```
main()
{     int x;
      printf("input a number: ");
      scanf("%d",&x);
      if(x!=0)                          /*x!=0，条件为真*/
            if (x>0)                    /*x>0，条件为真*/
                  printf("x>0\n");
            else                        /*x<0，条件为真*/
                  printf("x<0\n");
      else                              /*x==0，条件为真*/
            printf("x=0\n");
}
```

程序运行结果如图 5.16 所示。

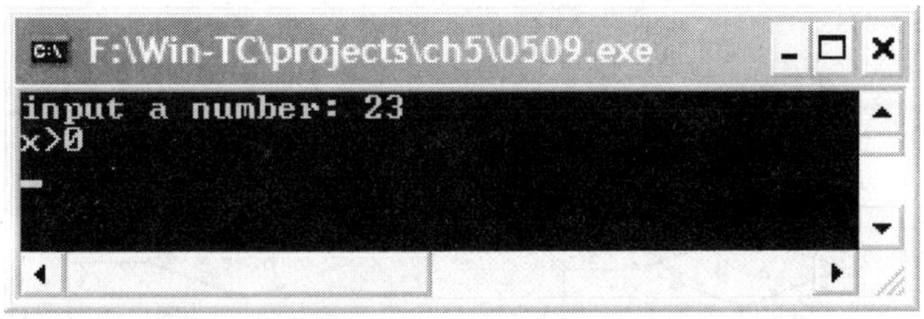

(a) 输入为 23 时的结果

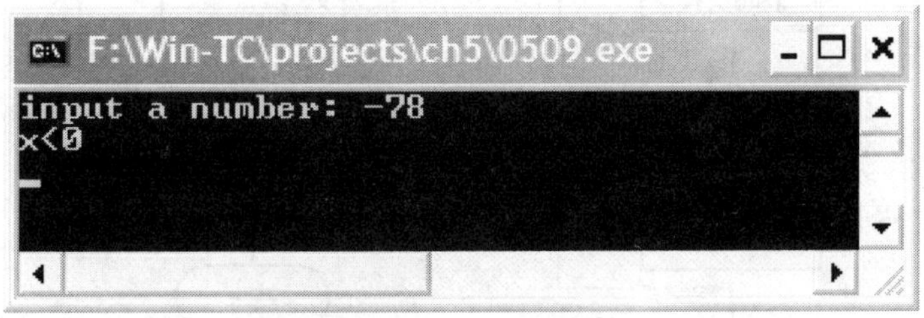

(b) 输入为−78 时的结果

图 5.16　例 5-9 运行结果

【例 5-10】　从键盘上输入三个整数，求其中最大值和最小值。

```
main()
{
      int   x,y,z,max,min;
      printf("input three numbers: ");
      scanf("%d %d %d",&x,&y,&z);
      max=x;min=x;
      if (max<y) max=y;                 /*max 为 x 和 y 中的大数*/
          else if (min>y) min=y;        /*min 为 x 和 y 中的小数*/
      if (max<z) max=z;                 /*max 为 x、y 和 z 中的大数*/
          else if (min>z) min=z;        /*min 为 x、y 和 z 中的小数*/
      printf("max=%d   min=%d\n", max, min);
}
```

程序运行结果如图 5.17 所示。

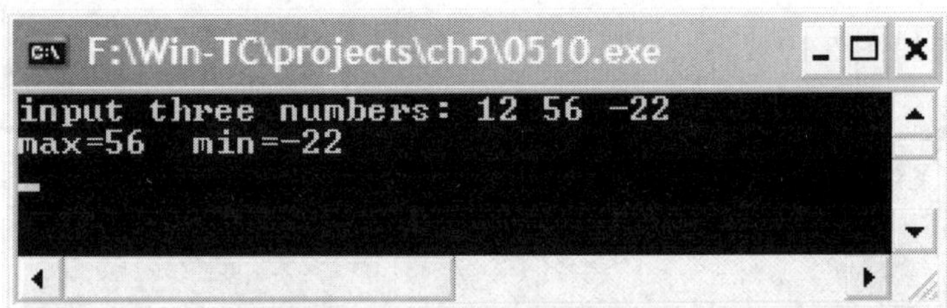

图 5.17　例 5-10 运行结果

【例 5-11】　输入任意三个整数 a、b、c，按从小到大的顺序输出。

算法流程图如图 5.18 所示。

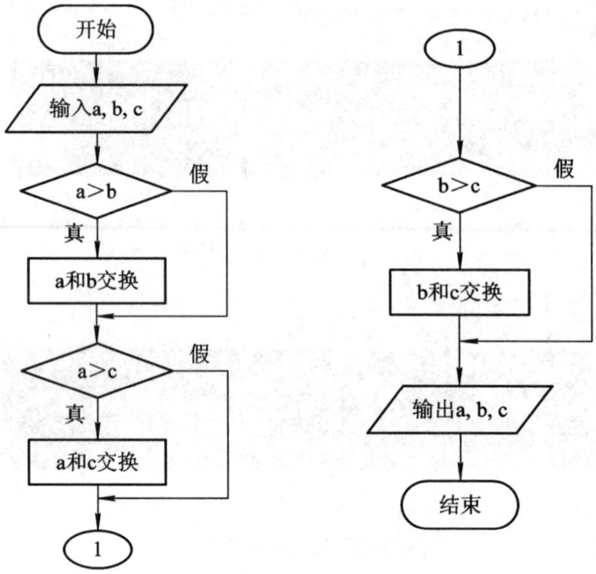

图 5.18　例 5-11 流程图

根据流程图写出程序：

```
main()
{
      int a,b,c,temp;
      printf("Please input three numbers:");
      scanf("%d,%d,%d",&a,&b,&c);
      if (a>b)
            {temp=a;a=b;b=temp;}          /*a≤b*/
      if (a>c)
            {temp=a;a=c;c=temp;}          /*a≤b，且 a≤c*/
      if (b>c)
            {temp=b;b=c;c=temp;}          /*a≤b≤c*/
      printf("Three numbers after sorted: %d,%d,%d\n",a,b,c);
}
```

程序运行结果如图 5.19 所示。

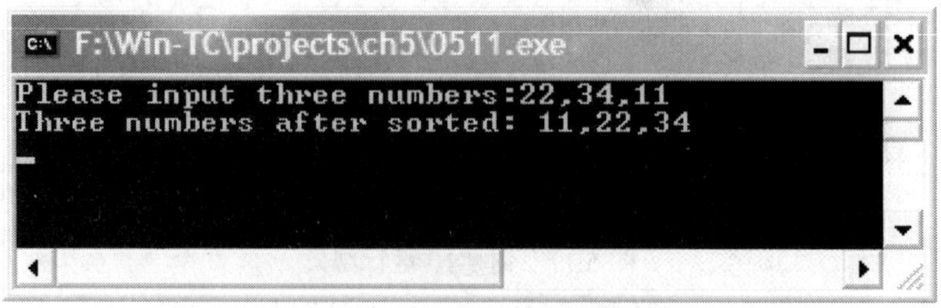

图 5.19　例 5-11 运行结果

【例 5-12】　已知某公司员工的底薪为 500 元，某月所接工程的利润 profit(整数)与利润提成的关系如下(计量单位：元)，编程计算员工工资。

profit＜1000　　没有提成；
1000≤profit＜2000　　提成 10%；
2000≤profit＜5000　　提成 15%；
5000≤profit＜10000　　提成 20%；
10000≤profit　　提成 25%。
员工工资＝底薪＋提成

算法设计要点：为使用 switch 语句，必须将利润 profit 与提成的关系，转换成某些整数与提成的关系。分析本题可知，提成的变化点都是 1000 的整数倍(1000，2000，5000，…)，如果将利润 profit 整除 1000，则：

profit＜1000　　对应 0
1000≤profit＜2000　　对应 1
2000≤profit＜5000　　对应 2，3，4
5000≤profit＜10000　　对应 5，6，7，8，9
10000≤profit　　对应 10，11，12，…

程序代码如下：

```
main()
{   long  profit;
    int  grade;
    float  salary=500;
    printf("Input profit: ");
    scanf("%ld", &profit);
    grade= profit / 1000;   /*将利润整除 1000，转化成 switch 语句中的 case 标号*/
    switch(grade)
    {   case  0: break;                          /*profit<1000 */
        case  1: salary += profit*0.1; break;    /*1000≤profit<2000 */
        case  2:  case  3:
        case  4: salary += profit*0.15; break;   /*2000≤profit<5000 */
        case  5:
        case  6:
        case  7:
        case  8:
        case  9: salary += profit*0.2; break;    /*5000≤profit<10000 */
        default: salary += profit*0.25;          /*10000≤profit */
    }
    printf("salary=%.2f\n", salary);
}
```

程序运行结果如图 5.20 所示。

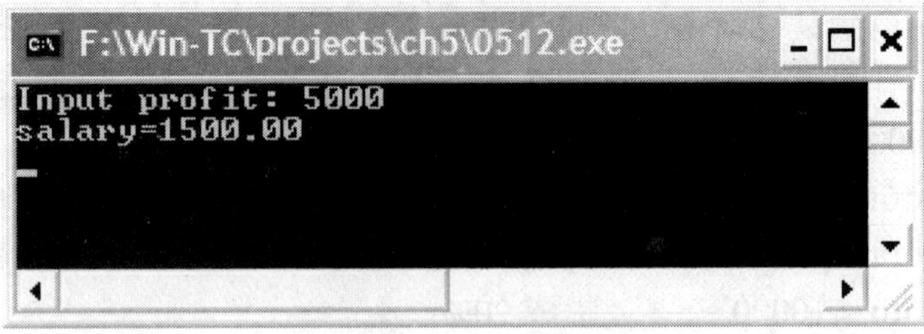

图 5.20　例 5-12 运行结果

【例 5-13】　求一元二次方程 $ax^2+bx+c=0$ 的解($a\neq0$)。

算法分析：方程有以下几种可能。

(1) $a=0$，不是二次方程。

(2) $b^2-4ac=0$，有两个相等实根。

(3) $b^2-4ac>0$，有两个不等实根。

(4) $b^2-4ac<0$，有两个共轭复根。

据此编写程序如下：

```
#include  <math.h>
main()
{
      float a,b,c,disc,x1,x2,p,q;
      printf("Please input a,b,c:");
      scanf("%f,%f,%f", &a, &b, &c);
      if (fabs(a)<=1e-6)                          /*a=0 的情况，fabs()：求绝对值库函数*/
            printf("is not a quadratic\n");       /*输出不是二次方程*/
      else
            {
             disc=b*b-4*a*c;
             if (fabs(disc)<=1e-6)                /*disc=0 的情况*/
                  printf("x1=x2=%7.2f\n", -b/(2*a));  /*输出两个相等的实根*/
             else if (disc>1e-6)                  /*disc>0 的情况*/
                  { x1=(-b+sqrt(disc))/(2*a);     /*求出两个不相等的实根*/
                    x2=(-b-sqrt(disc))/(2*a);
                    printf("x1=%7.2f,x2=%7.2f\n", x1, x2);
                  }
             else                                 /*disc<0 的情况*/
                  { p=-b/(2*a);                   /*求出两个共轭复根*/
                    q=sqrt(-disc)/(2*a);
                    printf("x1=%7.2f + %7.2f i\n", p, q); /*输出两个共轭复根*/
                    printf("x2=%7.2f - %7.2f i\n", p, q);
                  }
            }
}
```

程序运行结果如图 5.21 所示。

(a) disc=0 时的结果

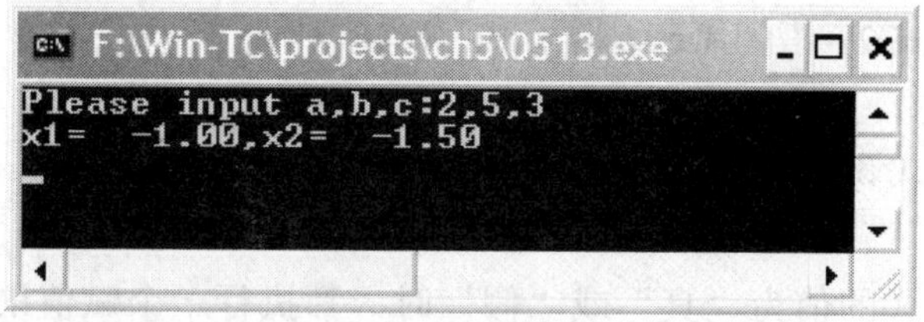

(b) disc>0 时的结果

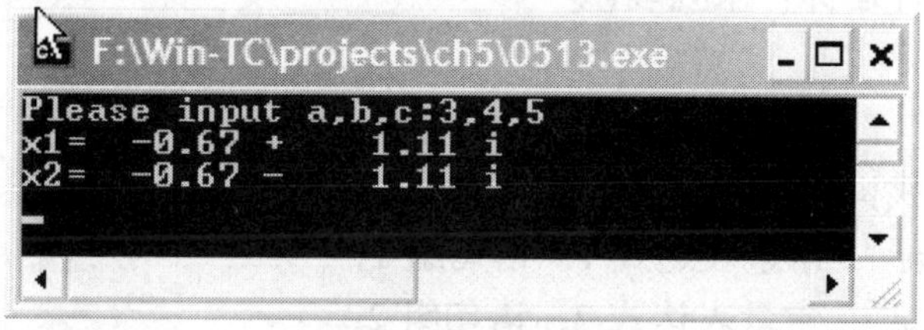

(c) disc<0 时的结果

图 5.21　例 5-13 运行结果

代码说明：

✧ 第 11 行，用 disc 代表 b^2-4ac，先计算 disc 的值，以减少以后的重复计算。

✧ 第 07 行和第 12 行，由于实数在计算机中存储时，经常会有一些微小误差，因此不能直接进行如下判断：“if (a==0) …”、“if (disc==0) …”，因为这样可能会出现本来是零的量，由于上述误差而被判别为不等于零而导致结果错误。所以判断一个数是否为 0 的方法是：判断该数的绝对值是否小于一个很小的数(例如 10^{-6})，如果小于此数，就认为该数等于 0。

思考题：如果将系数 a、b、c 定义成整数，能否直接判断 disc 是否等于 0？

本章小结

在 C 语言中，用 if 语句或 switch 语句来实现选择结构。

1．if 语句的 3 种格式以及嵌套格式

(1) 单分支 if 语句。语句格式：

if(表达式)语句

(2) 双分支 if 语句。语句格式：

if(表达式)语句 1 else 语句 2

(3) 多分支 if 语句。语句格式：

if(表达式 1) 语句 1

```
else if(表达式 2) 语句 2
else if(表达式 3) 语句 3
  ⋮
else if(表达式 m) 语句 m
else 语句 n
```

(4) if 语句的嵌套。语句格式：

```
if(表达式 1)
    if(表达式 2) 语句 1 else 语句 2
else
    if(表达式 3) 语句 3 else 语句 4
```

2．?：运算符

当被判别的表达式的值为“真”或“假”时，都执行一个赋值语句且向同一个变量赋值时，可以用一个条件运算符来处理。

3．switch 语句

一般形式：

```
switch(表达式)
    {  case  常量表达式 1：语句组 1；
       case  常量表达式 2：语句组 2；
        ⋮
       case  常量表达式 n：语句组 n;
       [default：语句组 n+1；]
    }
```

在使用 switch 语句解决多分支选择结构时，一定要根据题意决定是否和 break 语句配合使用。

第 6 章　循环结构程序设计

循环结构是结构化程序设计的基本控制结构之一，它和顺序结构、选择结构共同作为各种复杂程序的基本构造单元。

在实际问题中，常常需要进行大量的重复处理，循环结构可以只写很少的语句，而让计算机反复执行，从而完成大量重复的计算。

6.1 引　例

【例 6-1】　求 1～100 的累计和。

分析：根据已有的知识，可以用“1+2+…+100”来求解，但显然很繁琐。现在换个思路来考虑：首先设置一个累计器 sum，其初值为 0，利用 sum += n 来计算(n 依次取 1，2，…，100)，只要解决以下 3 个问题即可：

(1) 将 n 的初值置为 1；

(2) 每执行 1 次 sum += n 后，n 增 1；

(3) 当 n 增到 101 时，停止计算，此时，sum 的值就是 1～100 的累计和。程序流程如图 6.1 所示。

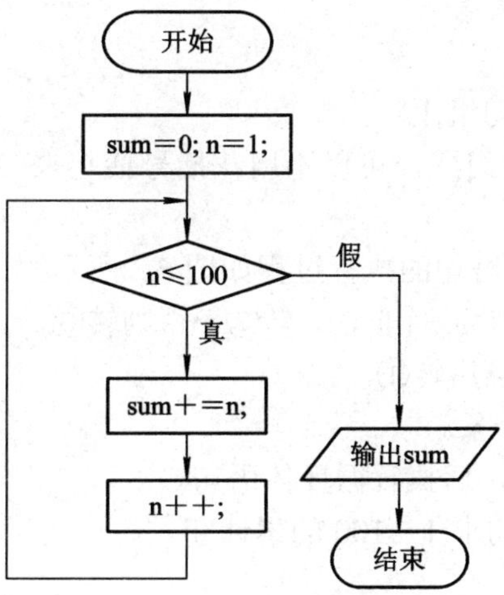

图 6.1　例 6-1 流程图

根据已有的知识，单独实现每一步都不难。但是，由于需要经常使用这种重复计算结构(称为循环结构)，C 语言提供了 3 条循环语句来实现，以简化并规范循环结构程序设计。

在 C 语言中，可用以下语句实现循环：

(1) for 语句。

(2) do-while 语句。

(3) while 语句。

(4) goto 语句和 if 语句构成循环。

使用 goto 语句实现求解 1～100 累计和的程序如下：

```
01  main()
02  {
03      int  sum=0, n=1;               /*定义并初始化循环控制变量，以及累计器*/
04      loop:  sum += n;  n++;         /* loop: 为语句标号*/
05      if (n<=100)  goto  loop;       /*如果 n≤100，则转向 loop 所在的语句行执行*/
06      printf("sum=%d\n", sum);       /*输出 sum 的值 */
07  }
```

代码说明：第 04 行中的“loop:”为语句标号(格式：标号: 语句行)，其命名遵循标识符命名规则。

goto 语句格式：

goto　标号;

功能：使系统转向标号所在的语句行执行。

注意：结构化程序设计方法主张限制使用 goto 语句。因为滥用 goto 语句，将会导致程序结构无规律、可读性差。后面的例题也不再采用此方法。

6.2　while 语句

(1) 语句格式：

while　(表达式)

　　　{循环体语句组;}

循环体如果只有一条语句组成，可以不用花括号括起来(即不用写成复合语句形式)。

(2) 执行过程。while 循环语句的执行过程如图 6.2 所示。

① 求解表达式，如果其值为真(非 0)，转②；否则转③。

② 执行循环体语句组，然后转①。

③ 执行 while 语句的下一条。

(3) 特点：先判断表达式，后执行循环体语句。

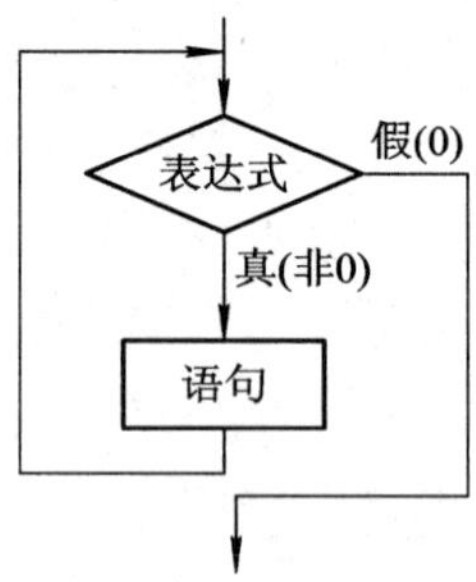

图 6.2　while 循环语句流程图

【例 6-2】　用 while 语句求 1～100 的累计和。

```
main()
{
    int  sum=0, n=1;          /*定义并初始化循环控制变量以及累计器*/
    while( n<=100 )
        { sum += n;           /*实现累加*/
```

```
            n++;            /*循环控制变量 n 增 1*/
        }
    printf("sum=%d\n",sum);
}
```

程序运行结果如图 6.3 所示。

图 6.3　例 6-2 运行结果

【例 6-3】　用 while 语句求 n!。

分析：根据阶乘的数学定义可知，n!=n*(n−1) *(n−2) *(n−3) *…*2*1= n*(n−1)！。由此可知，有如下分析过程：

1! = 1

2! = 2*1 = 2*1!

3! = 3*2*1 = 3*2!

4! = 4*3*2*1 = 4*3!

⋮

n! = n*(n−1)*(n−2)*…*2*1 = n*(n−1)!

令 s=1，i 从 1 逐步增加，反复执行 s=s*i，直到 i 等于 n，即可得到 n!。

程序流程图如图 6.4 所示。

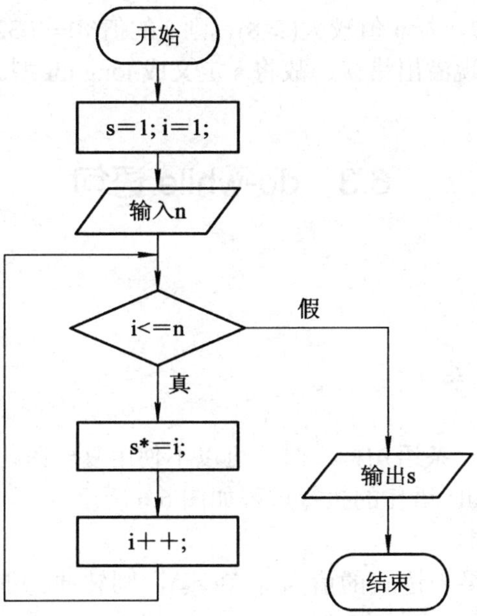

图 6.4　例 6-3 流程图

根据流程图编程如下：

```
01  main()
02  {
03      int n,i=1;
04      long int s=1;                   /*求乘积时，乘积 s 应赋初值 1 */
05      printf("please input n:");
06      scanf("%d",&n);
07      while(i<=n)
08       {
09          s*=i;
10          i++;                        /*循环控制变量 i 增 1*/
11       }
12      printf("%d!=%ld\n", n, s);      /* %ld 表示输出长整型变量*/
13  }
```

程序运行结果如图 6.5 所示。

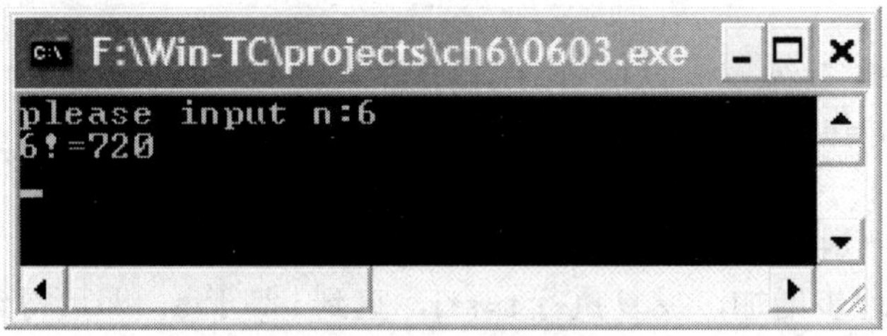

图 6.5　例 6-3 运行结果

代码说明：第 04 行中，若 n 值较大(≥8)，则 s 的值(8!=40320)就会超出 int 型数值存储范围，此时数据溢出，出现溢出错误，故将 s 定义成 long int 型。

6.3　do-while 语句

(1) 语句格式：

```
do
    {循环体语句组;}
while  (表达式);
```

当循环体语句组仅由一条语句构成时，可以不使用复合语句形式。

(2) 执行过程。do-while 语句的执行过程如图 6.6 所示。

① 执行循环体语句组。

② 判断表达式。如果表达式的值为非 0(真)，则转向①继续执行；否则，转向③。

③ 执行 do-while 的下一条语句。

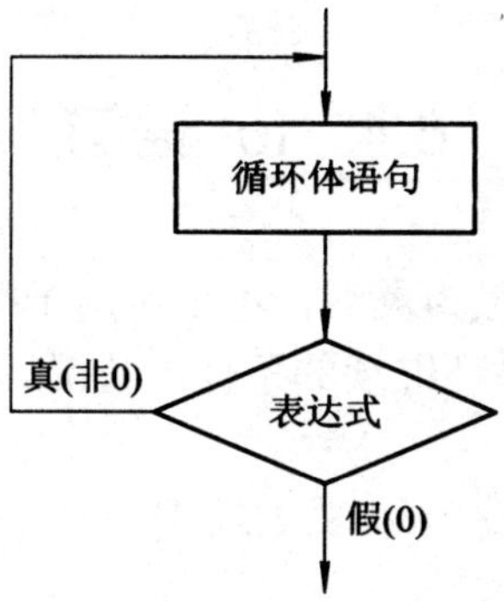

图 6.6 do-while 循环语句流程图

(3) 特点：先执行循环体语句组，然后再判断循环条件，因此循环体至少被执行一次。

【例 6-4】 用 do-while 语句求解 1～100 的累计和。

```
main()
{
    int  sum=0, n=1;            /*定义并初始化循环控制变量以及累计器*/
    do
     { sum += n;                /*实现累加*/
          n++;                  /*循环控制变量 n 增 1*/
     }
    while(n<=100);
    printf("sum=%d\n",sum);
}
```

【例 6-5】 用 do-while 语句求 n!。

编程如下：

```
main()
{
    int n,i=1;
    long int s=1;               /*求乘积时，乘积 s 应赋初值 1*/
    printf("please input n:");
    scanf("%d",&n);
    do
    {
        s*=i;
        i++;                    /*循环控制变量 i 增 1*/
    }
    while(i<=n);                /* ";"不可省 */
    printf("%d!=%ld\n", n, s);  /* %ld 表示输出长整型变量*/
}
```

6.4　for 语句

在 3 条循环语句中，for 语句最为灵活，不仅可用于循环次数已经确定的情况，也可用于循环次数虽不确定，但给出了循环继续的条件的情况。

(1) 语句格式：

for ([表达式 1]；[表达式 2]；[表达式 3])
　　{ 循环体语句组；}

当循环体语句组仅由一条语句构成时，可以不使用复合语句形式。

(2) 执行过程。for 语句的执行过程如图 6.7 所示。

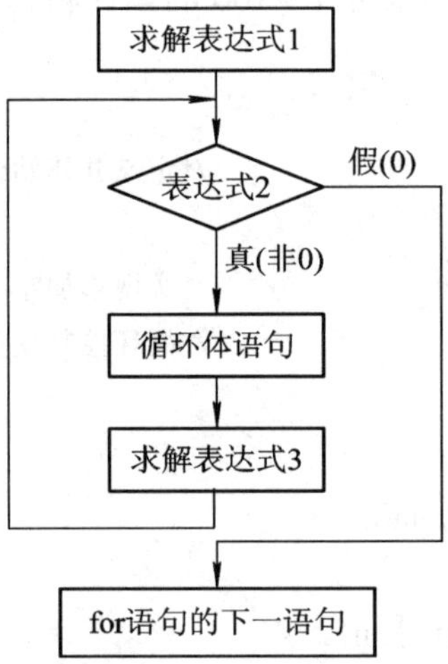

图 6.7　for 循环语句流程图

① 求解表达式 1。

② 求解表达式 2。该表达式的值为逻辑量，如果其值为“真”(非 0)，执行③；否则，转至④。

③ 执行循环体语句组，并求解表达式 3，然后转向②。

④ 执行 for 语句的下一条语句。

【例 6-6】　用 for 语句求解 1～100 的累计和。

```
main()
{
    int i,sum=0;                    /*将累加器 sum 初始化为 0*/
    for(i=1; i<=100; i++)           /*实现累加，循环结束时 i=101*/
        sum += i;
    printf("sum=%d\n",sum);
}
```

【例 6-7】 用 for 语句求 n!。

```
main()
{
      int n,i=1;
      long int fact=1;                        /*求乘积时，乘积 fact 应赋初值 1*/
      printf("please input n:");
     scanf("%d",&n);
        for(i=1; i<=n; i++)
             fact *= i;
      printf("%d!=%ld\n", n, fact);          /* %ld 表示输出长整型变量*/
}
```

(3) 说明。

① 表达式 1、表达式 2 和表达式 3 均可缺省，甚至全部缺省，但其间的分号“;”绝对不能省略。例如可将例 6-6 中的 for 语句改写成以下几种形式：

方法一：

```
i=1;                              /*循环变量赋初值部分提前*/
for( ; i<=100; i++)               /*省略表达式 1*/
     sum += i;
```

方法二：

```
for(i=1; i<=100; )                /*省略表达式 3*/
     {
     sum += i;
     i++;                         /*表达式 3，作为循环体的一部分*/
     }
```

方法三：

```
/*省略表达式 1 和表达式 3*/
     i=1;                                        i=1;
     for( ; i<=100; )                            while ( i<=100 )
     {                        相当于             {
          sum += i;                                  sum += i;
          i++;                                       i++;
     }                                           }
```

方法四：

```
for(i=1; ; i++; )                 /*省略表达式 2*/
   { if (i>100)   break;          /*如果 i>100，结束循环*/
     sum += i;
   }
/*注：break 语句将在 6.7 节介绍，若无此语句，循环将无休止地进行下去*/
```

方法五：

```
/*省略表达式 1、表达式 2 和表达式 3*/
    i=1;
    for( ; ; )
    {
        if (i>100)   break;
        sum += i;
        i++;
    }
```

相当于

```
    i=1;
    while (1 )
    {
        if (i>100)   break;
        sum += i;
        i++;
    }
```

② 当循环体语句组仅由一条语句构成时，可以不使用复合语句形式，如例 6-6、例 6-7 所示。

③ 表达式 1 既可以是给循环变量赋初值的赋值表达式，也可以是与此无关的其它表达式(如逗号表达式)。

例如：

```
for ( sum=0; i<=100; i++)
    sum += i;
for (sum=0,i=1; i<=100; i++)
    sum += i;
```

④ 表达式 2 部分是一个逻辑量，除一般的关系(或逻辑)表达式外，也允许是数值(或字符)表达式。

6.5 几种循环的比较

通过前面的讲解可知，对于同一个问题，往往既可以用 while 语句来解决，也可以用 do-while 语句或者 for 语句来解决，一般情况下它们可以互相代替。但 C 语言为我们提供了三种循环语句，我们就必须搞清楚它们之间的区别，以便根据具体情况，灵活使用。

1．while 语句和 do-while 语句的区别

两者的重要区别在于：执行循环体时，对作为循环条件的表达式求值和验证的时间不同。while 语句先判断循环条件是否满足，然后再执行循环体语句，故循环体语句有可能一次都不被执行；而 do-while 语句先执行循环体语句，然后再判断循环条件是否满足，故循环体语句至少被执行一次。例如下面的程序，分别用 while 语句和 do-while 语句实现。

【例 6-8】 用 while 语句编写程序，写出其运行结果。

```
main()
{
    int   sum=0, n=101;          /*定义并初始化循环控制变量 n=101*/
    while( n<=100 )              /* n>100，表达式为假，不再执行循环体 */
        { sum += n;
          n++;
```

```
    }
    printf("sum=%d, n=%d\n",sum,n);
}
```

程序运行结果如图 6.8 所示，程序开始定义并初始化循环控制变量 n=101，故第一次循环条件就不满足，表达式为假，不再执行循环体，所以执行结果 sum=0，n=101。

图 6.8　例 6-8 运行结果

【例 6-9】　用 do-while 语句编写程序，写出其运行结果。

```
main()
{
    int  sum=0, n=101;                 /*定义并初始化循环控制变量，n=101*/
    do                                 /*循环体被执行 1 次 */
      { sum += n;
        n++;
      }
    while( n<=100 );                   /* n>100，表达式为假，不再执行循环体 */
    printf("sum=%d, n=%d\n",sum,n);
}
```

程序运行结果如图 6.9 所示。

图 6.9　例 6-9 运行结果

通过以上的分析可以看出，do-while 语句比较适用于处理无论条件是否成立，先执行一次循环体语句组的情况。

2．for 语句的强大功能

for 语句可以在表达式 1 中实现循环变量的初始化；而用 while 和 do-while 循环时，循环变量初始化的操作应在 while 和 do-while 语句之前完成。

for 循环可以在表达式 3 中包含使循环趋于结束的操作，甚至可以将循环体中的操作全部放到表达式 3 中；而在 while 循环和 do-while 循环中，只在 while 后面的括号内指定循环条件，为了使循环能正常结束，应在循环体中包含使循环趋于结束的语句(如 i++，或 i=i+1 等)。

由此可知 for 语句的功能更强，凡用 while 语句和 do-while 语句能实现的，用 for 语句都能实现，而且更简洁。

3．3 种语句在程序设计中的选择

3 种语句选用的一般原则如下：

(1) 如果循环次数在执行循环体之前就已确定，一般用 for 语句；如果循环次数是由循环体的执行情况确定的，一般用 while 语句或者 do-while 语句。

(2) 当循环体至少执行一次时，用 do-while 语句；如果循环体可能一次也不执行，则选用 while 语句。

6.6 循环嵌套

1. 循环嵌套的概念

一个循环体内又包含另一个完整的循环结构，称为循环嵌套。一个循环外面仅包围一层循环叫二重循环；一个循环外面包围两层循环叫三重循环；一个循环外面包围多层循环叫多重循环。

2. 循环嵌套的基本形式

三种循环(while 循环、do-while 循环和 for 循环)可以互相嵌套。

下面几种都是合法的形式：

```
(1) while( )
      { …
        while ( )
          {… }
        …
      }
```

```
(2) do
      { …
        do
          {… }
        while ();
      }
    while();
```

```
(3) for( ; ; )
      { …
        for ( ; ; )
          {… }
        …
      }
```

```
(4) while()
      { …
        do
          {…}
        while ( );
        …
      }
```

```
(5) for( ; ; )
      { …
        while ( )
          {… }
        …
      }
```

```
(6) do
      { …
        for ( ; ; )
          {… }
        …
      }
    while();
```

3. 循环嵌套的执行过程

由于内层循环作为外层循环的循环体，因此只有内层循环循环结束后，外层循环的循环变量才进行一次补偿的增加，即外层循环每执行一次，内层循环执行一遍。例如下面的程序段，语句 a++; 被执行了 12 次(外循环 3 次，每一次外循环，内循环要执行 4 次)。

```
for (i=0; i<=2; i++)
{
    for (j=1; j<=4; j++)
        a++;
}
```

下面列举几道循环嵌套的典型例题。

【例 6-10】　编程输出以下形式的正三角形：

```
        *
      * * *
    * * * * *
  * * * * * * *
* * * * * * * * *
```

分析：本题需要用二重循环结构来实现，其中外层循环控制图形的打印行数(本题打印 5 行)，循环体由三部分构成：每一行的空格部分、图形部分以及回车换行部分。空格部分和图形部分分别采用循环语句(即内循环)实现。程序流程图如图 6.10 所示。

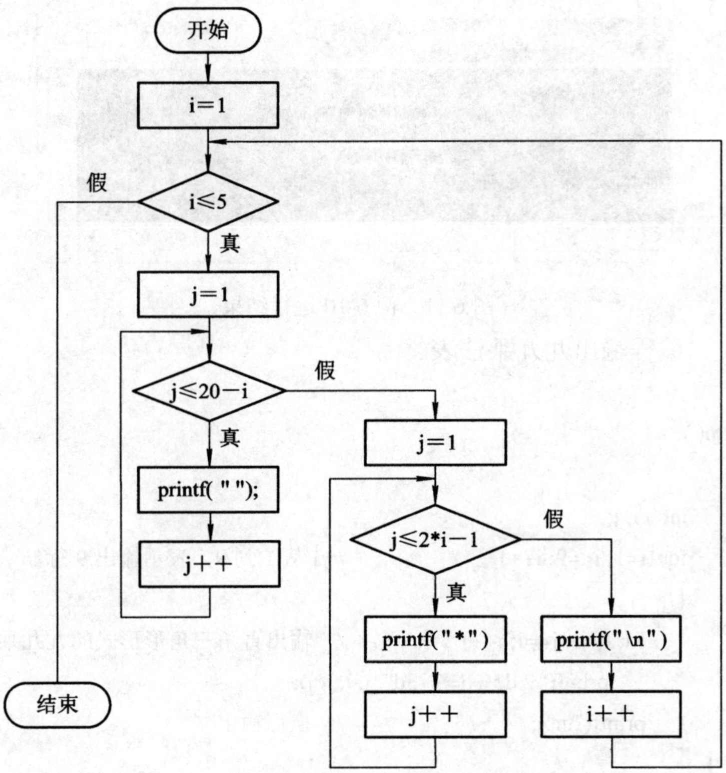

图 6.10　例 6-10 流程图

```
main()
{
    int  i, j;
    for (i=1; i<=5; i++)            /* i 从 1 到 5，表示输出 5 行*/
    {
        for (j=1; j<=20-i; j++)     /*输出每一行的空格*/
            printf( " " );
        for (j=1; j<=2*i-1; j++)    /*输出每一行的“*”*/
            printf( "*" );
```

```
10          printf("\n");                    /*换行输出，此语句丢失将在一行内输出*/
11      }
12  }
```

代码说明：

✧ 第 06～07 行，输出每行空格，由于空格数后一行比前一行少 1，为了使图形输出在屏幕的中心位置(设中心位置在第 20 列)，可以得出第 i 行的空格数为 20-i，故输出空格的内循环为 for (j=1; j<=20-i; j++)　printf(" ");。

✧ 第 08～09 行，输出每行星星图案，可以得出第 i 行的“*”数为 2*i-1 个，故输出“*”的内循环为 for (j=1; j<=2*i-1; j++)　printf("*");。

程序运行结果如图 6.11 所示。

图 6.11　例 6-10 运行结果

【例 6-11】　编程输出九九乘法表。

编程如下：

```
main( )
{
    int   i, j;
    for (i=1; i<=9; i++)                /* i 从 1 到 9，表示输出 9 行*/
    {
        for (j=1; j<=i; j++)            /* 输出直角三角形形式的九九乘法表*/
            printf("%d*%d=%-3d", j, i, i*j);
        printf("\n");                   /* 换行输出*/
    }
}
```

程序运行结果如图 6.12 所示。

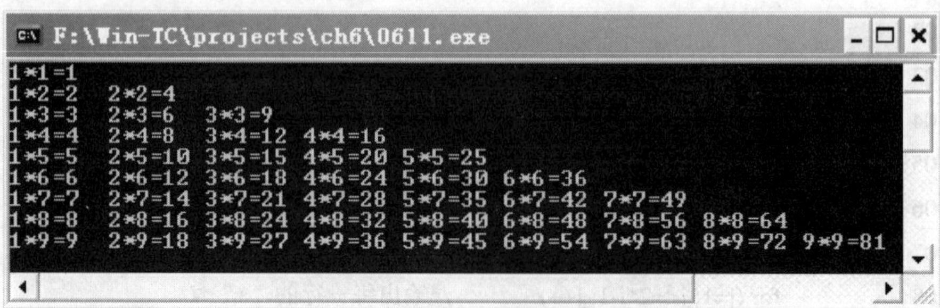

图 6.12　例 6-1 运行结果

代码说明：第 06～07 行，输出直角三角形形式的九九乘法表，其中“%-3d”表示输出占 3 列，靠左对齐。

6.7　break 和 continue 语句

为了使循环控制更加灵活，C 语言提供了 break 语句和 continue 语句。

1．语句格式

```
break;
continue;
```

2．功能

(1) break：在 switch 语句中用来使流程跳出 switch 结构，执行 switch 后面的语句；在循环体内，迫使所在循环体立即终止，即结束循环，转向执行循环体后面的语句。

(2) continue：结束本次循环，即跳过循环体中下面尚未执行的语句。对于 for 循环，转向循环变量增量表达式 3 的计算；对于 while 和 do-while 循环，转向循环继续条件的判定。

注意：

✧ break 能用于循环语句和 switch 语句中，continue 只能用于循环语句中。

✧ 循环嵌套时，break 和 continue 只影响包含它们的最内层循环，与外层循环无关。

【例 6-12】　设圆半径为 1～10 之间的正整数，面积小于 200，输出所有满足条件的圆面积。

分析题意，画出程序流程图如图 6.13 所示。

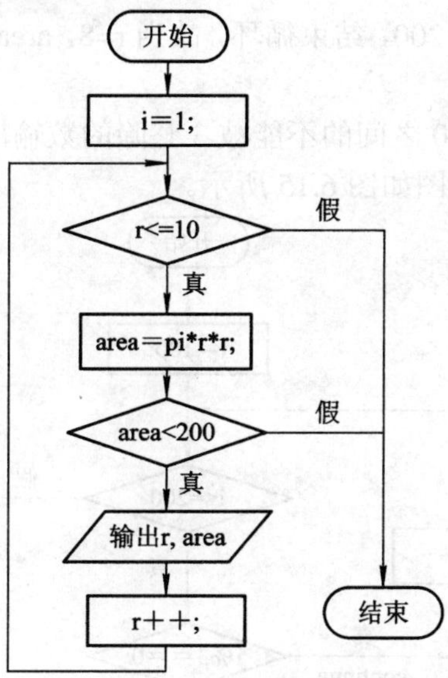

图 6.13　例 6-12 流程图

根据流程图编写程序如下：

```
#define  PI 3.1415926
main()
```

```
03  {
04          int r;
05          float area;
06          for(r=1; r<=10; r++)
07          {
08              area=PI*r*r;
09              if (area>=200)    break;          /*area>=200，结束循环*/
10              printf("r=%d, area=%6.2f\n",r,area);
11          }
12  }
```

程序运行结果如图 6.14 所示。

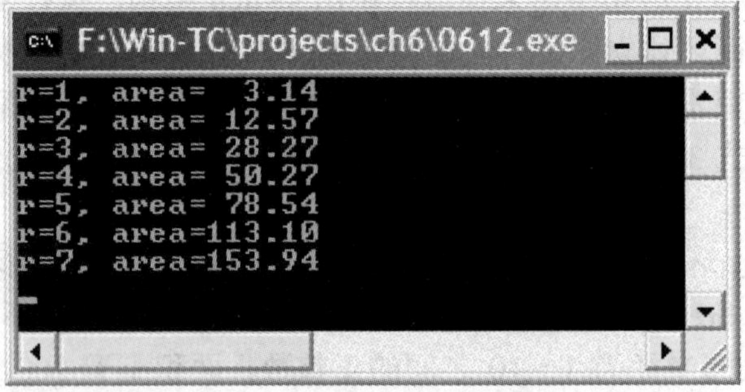

图 6.14　例 6-12 运行结果

代码说明：第 06～11 行，r 从 1 到 10，for 循环本应该执行 10 次(循环结束时 r=11)，但由于在第 09 行，如果 area≥200，结束循环，故当 r=8，area=201.06≥200 时，跳出循环(循环结束时 r=8)。

【例 6-13】　把 100～200 之间的不能被 3 整除的数输出。

分析题意，画出程序流程图如图 6.15 所示。

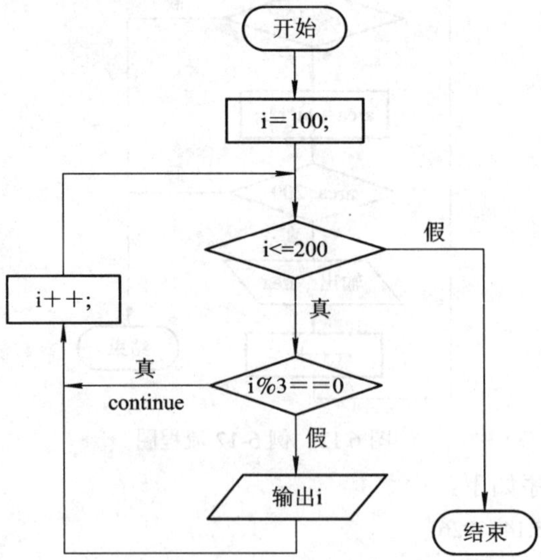

图 6.15　例 6-13 流程图

根据流程图编写程序如下：

```
01  main()
02  {
03        int   i;
04        for(i=100; i<=200; i++)
05        {   if(i%3==0)   continue;
06            printf("%d   ",i);
07        }
08  }
```

代码说明：第 05 行，如果 i 能被 3 整除，执行 continue 语句，结束本次循环(即跳过 printf 函数语句)，只有 i 不能被 3 整除时才执行 printf 函数。

此程序段也可以不使用 continue 语句，改写为以下形式：

```
main()
{
      int   i;
      for(i=100; i<=200; i++)
          if ( i%3 != 0)   printf("%d   ",i);
}
```

6.8 案例学习

【例 6-14】 $\sum_{n=1}^{20} n!$(即求 1!+2!+3!+4!+⋯+20!)。

方法一：采用二重循环，外循环求 20 项之和，内循环求出每一项的阶乘。程序如下：

```
main()
{
      long int   sum=0,t;                /*t 中存放每一项的值*/
      int i,j;
      for(i=1; i<=20; i++ )              /*循环 20 次，计算 20 项之和*/
      {   t=1;
          for(j=1; j<=i; j++ )
              t=t*j;
          sum=sum+t;                     /*将该项加入 sum 中*/
      }
      printf("sum=%ld\n", sum);
}
```

方法二：由于 $a_1 = 1$，$a_n = n * a_{n-1}$ $(n>1)$，故采用单循环结构。程序如下：

```c
main()
{
        long int    sum=0,t=1;                /*t 中存放每一项的值*/
        int i;
        for (i=1; i<=20; i++ )                /*循环 20 次，计算 20 项之和*/
        {    t=t*i;
             sum=sum+t;                       /*将该项加入 sum 中*/
        }
        printf("sum=%ld\n", sum);
}
```

可见，方法二采用单循环结构，程序执行时间短，运行效率高，所以方法二优于方法一。程序运行结果如图 6.16 所示。

图 6.16　例 6-14 运行结果

【例 6-15】　求 Fibonacci 数列的前 20 项，以及这 20 项之和。

该数列的生成方法为：$f_1=1$，$f_2=1$，$f_n=f_{n-1}+f_{n-2}\,(n\geqslant 3)$，即从第 3 项开始，每一项等于前 2 项之和。解此题的算法流程如图 6.17 所示。

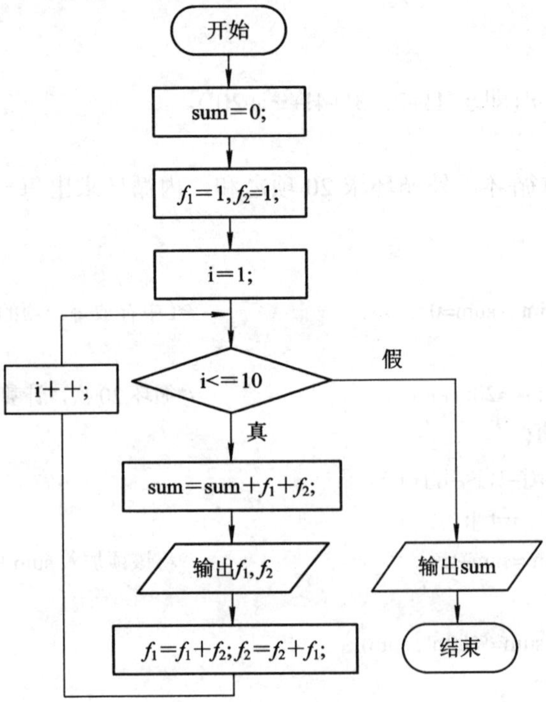

图 6.17　例 6-15 流程图

根据流程图编程如下：

```
01  main()
02  {
03       long int   sum=0;                  /*定义并初始化 sum */
04       long int   f1=1,f2=1;              /*定义并初始化数列的前 2 个数*/
05       int i;
06       for(i=1; i<=10; i++ )              /*1 组 2 个，10 组 20 个数*/
07       {
08          sum=sum+f1+f2;                  /*将当前的 2 个数加入 sum 中*/
09          printf("%10ld%10ld", f1, f2);
10          if(i%2==0) printf("\n");        /*输出 2 次(4 个数)，换行*/
11          f1 += f2; f2 += f1;             /*计算下 2 个数*/
12       }
13       printf("sum=%ld\n", sum);
14  }
```

程序运行结果如图 6.18 所示。

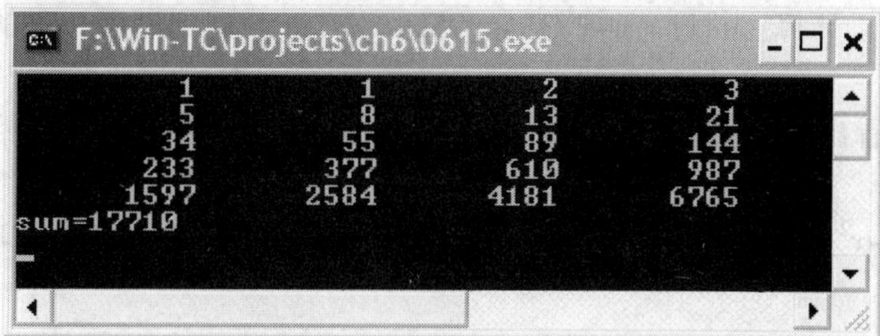

图 6.18　例 6-15 运行结果

代码说明：第 09 行，输出当前的 2 个数，“%10ld”表示输出长整型数(本题可以不将变量定义成长整型数，但若要输出数列的前 30 项或者更多项，则必须将其定义成长整型数)，该数占 10 列。

【例 6-16】　求 a，–aa，aaa，–aaaa，aaaaa，… 数列的前 *n* 项之和。

分析：可以看出数列的每一项都是由其前一项按照一定的方法得到的。可将数列描述为：

$$f_1 = a，f_n = (-1)^{n-1} *(10 * f_{n-1} + a)\ (n>1)$$

程序如下：

```
main()
{
     float   sum=0, f;                  /*sum 表示数列和，f 表示数列中的每一项*/
     int a, n, i, p;                    /*n 表示数列的项数，p 表示符号的变化*/
     printf("please input a and n:");
     scanf("%d,%d", &a, &n);
     f=a;                               /* f 存放第一项的值*/
```

```
    p=1;                        /*第一项 p 的符号为正*/
    for(i=1;i<=n;i++)
    {
       sum=sum+p*f;             /*累加求和*/
       p=-p;                    /*下一项与前一项的符号相反*/
       f=10*f+a;                /*求下一项的值*/
    }
    printf("sum =%.0f\n",sum);
}
```

程序运行结果如图 6.19 所示。

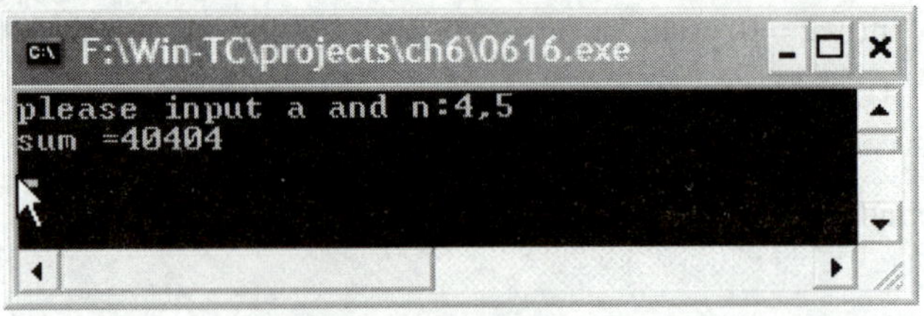

图 6.19　例 6-16 运行结果

【例 6-17】　计算 $\sin(x) = x - x^3/3! + x^5/5! - x^7/7! + \cdots$ 直到最后一项的绝对值小于 10^{-7} 时为止。

分析：可以看出数列的每一项都是由其前一项按照一定的方法得到的。可将数列描述为：

$t_1 = x$，$t_n = (-x^2)/((n-1) \times n) \times t_{n-2}$ (n 为奇数，n>1)，该数列只有奇数项，即 n 的值依次为 1,3,5,7 …。

程序如下：

```
#include <math.h>
main()
{
     float  sum=0, t, x, n=1;
     printf("please input x:");
     scanf("%f", &x);
     t=x;
     do
     {
        sum=sum+t;                  /*累加求和*/
        n=n+2;                      /*该数列只含有奇数项*/
        t=t*(-x*x)/((n-1)*n);       /*求下一项的值*/
     }
     while(fabs(t)>=1e-7);          /*fabs()：求绝对值函数*/
     printf("sin(%f)=%f\n", x, sum);
}
```

程序运行结果如图 6.20 所示。

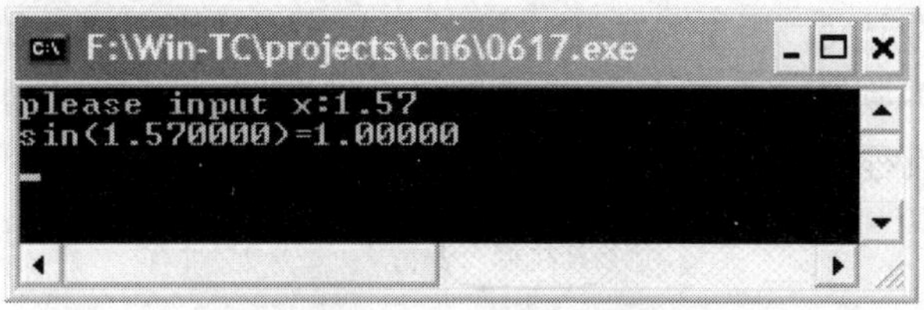

图 6.20　例 6-17 运行结果

代码说明：

✧ x 的值应为弧度，即 $\sin(1.57)=\sin\left(\frac{\pi}{2}\right)=\sin(90°)=1$。

✧ 第 07～13 行，题目中并未具体给出有多少项进行累加，而是给出了累加的最后一项的绝对值小于 10^{-7}，因此循环条件可改为|t|>=1e−7。

【例 6-18】　找出 1000 以内的所有水仙花数。

分析：水仙花数是每一位的立方和等于本身的三位数，如 153 满足 $1^3+5^3+3^3=153$，就是水仙花数。

算法：令 $m\in[100,1000)$，a、b、c 分别为 m 的百位、十位和个位，如果 m==a*a*a+b*b*b+c*c*c 成立，则为水仙花数，输出该数。

程序如下：

```
main()
{
      int   m,a,b,c;
      for (m=100; m<1000; m++ )
      {
          a=m/100;                            /*分解出百位*/
          b=m%100/10;                         /*分解出十位*/
          c=m%10;                             /*分解出个位*/
          if(a*a*a+b*b*b+c*c*c==m)            /*如果是水仙花数，则输出该数*/
                printf("%8d", m);
      }
}
```

程序运行结果如图 6.21 所示。

图 6.21　例 6-18 运行结果

【例 6-19】　判断某一正整数是否为素数。

分析：所谓素数就是除了 1 和它本身，再无别的约数的正整数(即数学上的质数)。

算法：根据素数的定义，用 2～(n−1)之间的每一个数去整除 n，如果都不能被整除，则表示该数是一个素数。判断一个数是否能被另一个数整除，可通过判断它们整除的余数是否为 0 来实现，算法流程图如图 6.22 所示。

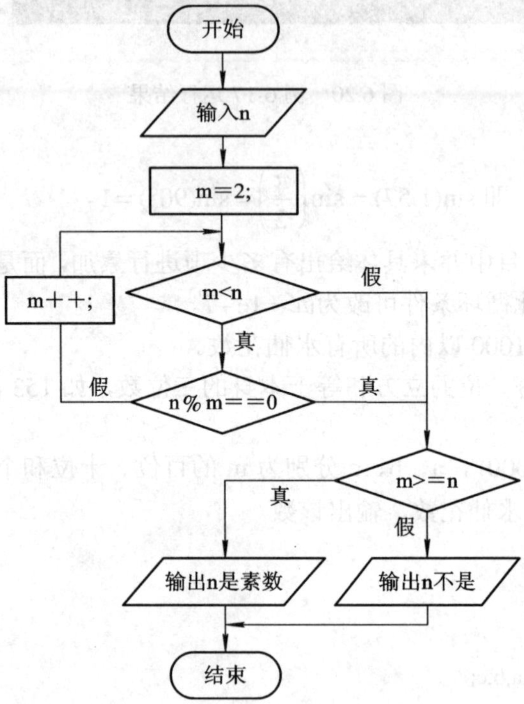

图 6.22　例 6-19 流程图

根据流程图编写程序如下：

```
main()
{
        int n,m;
        printf("please input n:");
        scanf("%d",&n);
        for(m=2;m<=n; m++)           /*循环：判断整数 n 是否是素数*/
            if(n%m==0) break;        /* n 不是素数，强行结束循环，执行下面的 if 语句*/
        if( m >= n)                  /*若 m>=n，循环正常结束，则 m 是素数，否则不是*/
          printf("Yes!\n");
        else
          printf("No!\n");
}
```

改进算法：用[2～$\sqrt{n}$]之间的每一个数去整除 n，如果都不能被整除，则表示该数是一个素数。程序如下：

```
01  #include <math.h>
02  main( )
03  {       int n,m,t,flag=1;              /*flag 为标识 m 是否素数的标识变量*/
04          printf("please input n:");
05        scanf("%d",&n);
06        t=(int)sqrt(n);                  /* t 为 sqrt(n)的整数部分*/
07        for(m=2;m<=t; m++)               /*循环：判断整数 n 是否是素数*/
08            if(n%m==0)
09            {     flag=0;
10                  break;
11            }
12        if( flag==1)                     /*若 flag == 1，则 m 是素数，否则不是*/
13            printf("Yes!\n");
14        else
15            printf("No!\n");
16  }
```

程序运行结果如图 6.23 所示。

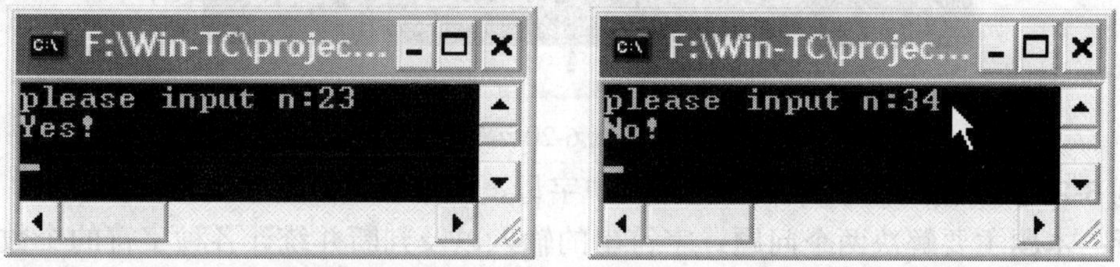

(a) n = 23　　　　(b) n = 34

图 6.23　例 6-19 运行结果

代码说明：第 08～11 行，如果 n 不是素数，则令 flag=0，强行结束循环，执行下面的 if 语句。

【例 6-20】　找出 100～200 间的所有素数。

算法：采用二重循环，外循环 n 从 100 循环到 200，内循环判断每一个 n 是否为素数。

程序如下：

```
#include <math.h>
main()
{
      int n,m,t,flag,count=0;                      /* count 统计素数个数*/
      printf("The all prime numbers are(100--200):\n");
      for(n=100;n<=200;n++)
      {
          flag=1;
          t=(int)sqrt(n);                          /* t 为 sqrt(n)的整数部分*/
          for(m=2;m<=t; m++)                       /*循环：判断整数 n 是否为素数*/
```

```
            if(n%m==0)
            {    flag=0;
                 break;
            }
        if( flag==1)                          /*若 flag == 1，则 m 是素数*/
        {    printf("%8d",n);
             count++;                         /*素数的个数加 1*/
             if (count%5==0) printf("\n");    /*每行输出 5 个素数*/
        }
    }
}
```

程序运行结果如图 6.24 所示。

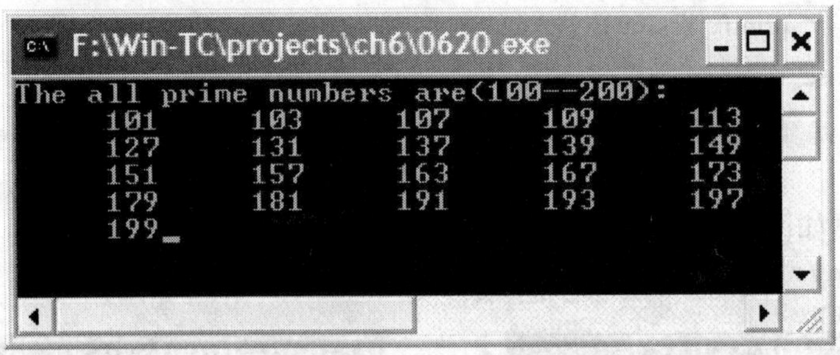

图 6.24　例 6-20 运行结果

【例 6-21】　输入一字符串，统计其中字母、数字以及其他字符的个数。

分析：本题主要解决两个问题：字符串的输入以及判断并统计各种字符的个数。

方法：利用 getchar()函数输入一个判断一个然后统计一次的方法完成题目的要求。字符变量 c 存放输入的各个字符，整型变量 letter、number 和 other 用于统计字母、数字以及其他字符的个数。

程序如下：

```
main()
{
        int   letter=0, number=0, other=0;    /*定义各变量并赋初值 0*/
        char c;                               /*字符变量 c 存放输入的逐个字符*/
        c=getchar();
        while (c!='\n')                       /*输入回车('\n')时，结束*/
        {
            if(c>='a' && c<='z' || c>='A' && c<='Z')
                letter++;                     /*若为字母，则 letter 加 1*/
            else
                if(c>='0' && c<='9')
                    number++;                 /*若为数字，则 number 加 1*/
                else
```

```
15                  other++;                          /*否则，则 other 加 1*/
16          c=getchar();                              /*输入下一字符*/
17          }
18          printf("The letter : %d\n The number : %d \n ", letter, number);
19          printf("The other : %d\n ", other);      /*输出结果*/
20      }
```

程序运行结果如图 6.25 所示。

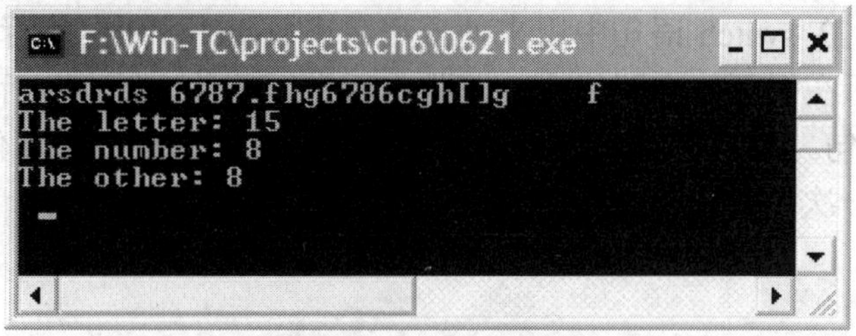

图 6.25　例 6-21 的运行结果

代码说明：第 03 行，变量 letter，number，other 分别统计字母、数字以及其他字符的个数。

本 章 小 结

本章主要讲述了循环算法的构成，while、do-while 和 for 语句的基本语法格式及其应用，break 和 continue 语句以及循环的嵌套等内容。通过对大量例题的分析和算法实现，逐步了解和掌握了循环算法的基本思想和程序设计过程。

本章主要语句小结如下：

1．while 语句

(1) 语句格式：

```
while(表达式)
    语句;
```

(2) 执行过程：先计算表达式的值，若值为真(非 0)，则执行循环体语句，否则退出循环。

2．do-while 语句

(1) 语句格式：

```
do
    语句;
while(表达式)
```

(2) 执行过程：先执行一次循环体语句，然后判断表达式的值，若值为真(非 0)，则继续执行循环体，否则终止循环。do-while 语句的循环体至少被执行一次。

3．for 语句

(1) 语句格式：

for ([表达式 1]; [表达式 2]; [表达式 3])

语句;

(2) 执行过程：先处理表达式 1，然后判断表达式 2，如果表达式 2 为真(非 0)，则执行循环体语句，然后执行表达式 3，再重新判断表达式 2；如果表达式 2 为假(0)，则跳出循环。

注意：以上三种语句格式中，循环体如包含一个以上的语句，则必须用{ }括起来，组成复合语句。

4．break 和 continue 语句

(1) break 语句。在 switch 语句中用来使流程跳出 switch 结构，执行 switch 后面的语句；在循环体内，迫使所在循环体立即终止，即跳出所在循环体，转向执行循环体后面的语句。

(2) continue 语句。该语句的功能是：结束本次循环，即跳过循环体中下面尚未执行的语句，接着进行下一次是否执行循环的判定。

第7章　数　组

前面各章所讲述的整型、实型和字符型数据都是单一的数据类型，在程序设计语言中，我们把这种数据类型称为基本数据类型，同样，基本数据类型所对应的变量我们称为简单变量。在 C 语言程序设计中要对每个简单变量进行单独定义，并且各变量之间没有必然的内在联系。这种简单数据类型使用方便、容易理解，但在处理大量成批同类型数据时(如进行学生成绩的统计、图像数据的处理、公司职员信息管理)，显得力不从心，因为需要定义的变量数目异常多。而在我们现实生活和具体的应用中，却经常存在这样大量的具有相同数据类型的数据，因此本章将集中分析与讨论具有相同数据类型的批量数据处理技术。

7.1　数组概述

在程序设计和应用系统开发过程中，为了处理方便，提高编程的效率，我们把具有相同数据类型的若干变量按特定有序的形式组织起来，存储在计算机内存中。这些按序排列的同类数据元素的集合称为数组。数组是各种程序设计语言中非常重要的内容，数组的引入极大地提高了程序设计的效率和灵活性。

7.1.1　数组的引入及优点

为了体会引入数组的优点，让我们先来看两个具体的例子。

【例 7-1】　从键盘上随机输入 3 个整数，求 3 个数的和。

方法一：可以定义 3 个整型变量，每个变量存储一个整数，再定义第 4 个整型或实型变量来存储 3 个整数的和，最后输出第 4 个变量的值即可。

程序源码如下：

```
#include<stdio.h>
main()
{
int a1, a2,a3;                      /*定义 3 个变量 a1,a2, a3, 用来存放 3 个整数*/
int sum;                            /*定义 sum 变量存放 3 个变量的和*/
scanf("%d%d%d ",&a1,&a2,&a3);
                                    /*实现从键盘上输入 3 个数存入 3 个变量*/
sum=a1+a2+a3;                       /*计算 3 个变量的和并放入 sum 变量*/
printf("sum=%d\n",sum);             /*输出 sum 变量的值*/
}
```

现在让我们将题目做一扩展，假设在键盘上要输入的不是3个数，而是10个数，我们又该怎么做呢？

一种很自然的想法就是定义10个变量，然后求10个变量的和。由于程序源码与求3个数的和基本相同，故这里不再给程序源代码，请读者自己完成并调试。

接下来我们继续讨论以上问题，前面我们提到，求10个数的和我们还可以用定义10个变量的方法来实现，如果我们对问题继续扩展，求100个数的和，甚至让我们求上万个数的和，那是否也能用以上的方法来做呢？

稍加思考，我们可得到答案，用这种方法来求上万个数的和肯定是不可取的，因此，必须另辟蹊径。

方法二：用循环语句来解决以上问题。

通过分析我们发现，由于在上述求和的过程中，每个数只使用一次，也就是说，在求和的过程中，虽然数较多，但每个数在计算过程中只使用一次。因此我们可以考虑只定义一个变量，用后面输入的值来覆盖前面变量的值，这样可以避免定义过多的变量。程序源码如下：

```
#include<stdio.h>
main()
{
        int a1;             /*定义a1变量，用于存放从键盘输入的整数*/
        int sum=0;          /*定义变量用于存放10个变量的和，并初始化为0*/
        int i;              /*定义循环变量i*/
        int n=10;
        for(i=1;i<=n;i++)
        {
            scanf("%d",&a1);
            sum=sum+a1;
        }
        printf("sum=%d\n",sum);
}
```

运行结果如图所示7.1所示。

图7.1　求10个数的和的运行结果

以上程序是计算10个数的和，但如果我们将以上程序中n的值改为100，则可以求得100个数的和，甚至更多。

由以上例题我们可以看出，对于在数据处理过程中只使用一次的变量，我们可以使用循环语句来减少变量定义的个数。但如果不是只使用一次，则无法用这种方法来实现，如例 7-2 所示。

【例 7-2】 从键盘上输入 3 个数，由小到大进行排序输出。

分析：对于从键盘上输入 3 个数并由小到大排序的问题，在第 5 章的例 5-11 已经做过介绍，其解决办法也是定义 3 个变量，同时定义 1 个临时变量用来实现值的交换。

```
main()
{
    int a,b,c,temp;
    printf("Please input three numbers:");
    scanf("%d,%d,%d",&a,&b,&c);
    if (a>b)
        {temp=a;a=b;b=temp;}            /*a≤b*/
    if (a>c)
        {temp=a;a=c;c=temp;}            /*a≤b，且 a≤c*/
    if (b>c)
        {temp=b;b=c;c=temp;}            /*a≤b≤c*/
    printf("Three numbers after sorted: %d,%d,%d\n",a,b,c);
}
```

程序运行效果如图 7.2 所示。如果我们从键盘上输入 3 个整数：7，5，2，则程序运行结果如图 7.3 所示。

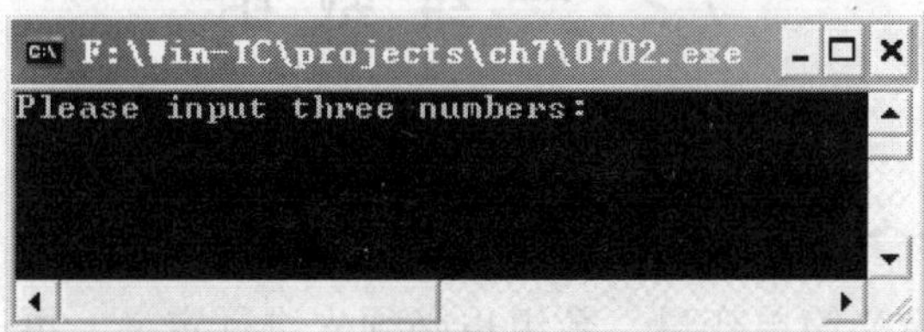

图 7.2　例 7-2 运行效果

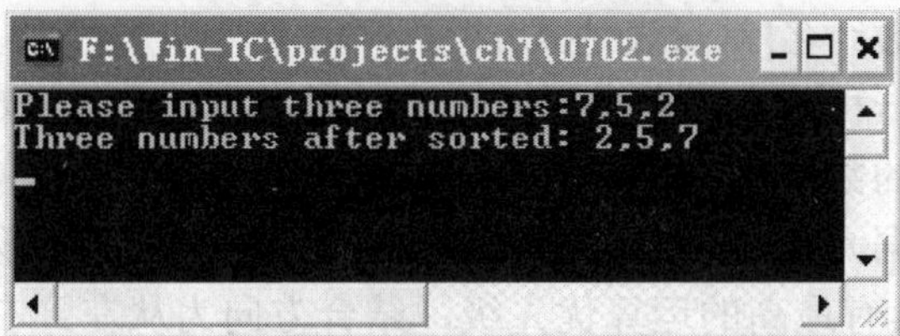

图 7.3　例 7-2 运行结果

同样，我们对例 7-2 再进行扩展，如果我们要排序的数不是 3 个，而是 10 个或 100 个，按照前面的思路分析，则必须定义 10 个或者 100 个变量用于存入需要排序的数，那么能不能像例 7-1 的第二种方法一样，用循环语句来克服定义变量数目多的不足，经过分析，我们发现不能这样做，原因是在排序的过程中，有些变量可能要再次使用，而循环语句在输入第二个值时，前一个值会被后面的值所覆盖。也就是说，变量在得到第二个值时，第一个值再也找不见了，这些值当再次用到时就无法找到，那么这种问题如何解决呢？C 语言中给我们提供了数组这种构造类型用于高效地解决这类问题。

综合分析以上两个引例可以得出，要解决以上问题，必须明确两个基本问题：第一，可以一次性开辟多个连续的存储空间，避免了简单数据类型中逐个定义变量的繁琐；第二，数组中定义的各数组元素可以在数据处理过程中多次使用，即第一次使用完后还可能再次使用，也就是不能用覆盖技术来实现数据的输入。而数组正好迎合以上需求，很好地解决了以上两个问题，故它在程序设计中有着广泛的应用，这也是引入数组的两大优点。

7.1.2　C语言中数组的分类

C语言中数组的分类较为简单，一般根据数组元素的数据类型和数组的维数来分类。

(1) 根据数组元素的数据类型分类。在C语言中，数组属于构造数据类型，即是由同类基本数据类型组合而成的。一个数组可以分解为多个数组元素，这些数组元素可以是基本数据类型或是构造类型。因此按数组元素的数据类型不同，数组可分为数值数组、字符数组、指针数组、结构数组等各种类别。本章主要介绍数值数组，字符数组将在第 8 章中专门介绍。

(2) 根据数组的维数分类。在C语言中，按数组的维数，数组可分为一维数组、二维数组和高维数组。一维数组指的是只有一个下标的数组，而二维数组则具有两个下标，高维数组具有三个或三个以上的下标。本章我们重点讨论一维数组和二维数组，对高维数组只简单介绍其基本概念。

7.2　一 维 数 组

7.2.1　一维数组的定义

在C语言中，如同定义简单变量，数组也必须先进行定义，再进行使用。

一维数组具有一个下标，其一般定义形式如下：

　　类型说明符　数组名[常量表达式];

类型说明符是任意一种基本数据类型或构造数据类型，或已经定义过的某种数据类型。

数组名是用户定义的数组标识符，用来表示数组的名称。

常量表达式表示数据元素的个数，也称为数组的长度。其值必须为整型数值。

[]为下标运算符，具有最高的运算优先级，结合方向为从左到右。

例如，下面定义了 3 个不同类型的数组。

(1) int a[10]; 定义了一个整型数组 a。数组长度为 10，即含有 10 个数组元素；数组中每个数组元素的数据类型为基本整型；整个数组一共设定为 20 个字节的连续存储空间。

(2) float b[20]; 定义了一个单精度数组 b。数组长度为 20，即含有 20 个数组元素；数组中每个数组元素的数据类型为单精度浮点型；整个数组一共设定为 80 个字节的连续存储空间。

(3) char c[20]; 定义了一个字符数组 c。数组长度为 20，即含有 20 个数组元素；数组中每个数组元素的数据类型为字符型；整个数组一共设定为 20 个字节的连续存储空间。

关于一维数组的定义还需强调以下几点：

(1) 数组的类型说明符指的是数组元素值的类型。对于同一个数组，其所有数组元素的数据类型都必须是相同的。

例如：int a[10];

本条语句中，int 指 a[0]…a[9]这 10 个数组元素所对应的存储空间中只能存放整型数值。

(2) 数组名为自定义标识符，只要满足标识符的书写规定就行，但在程序设计过程中一般要求做到见名识义。

例如，在定义存放学生成绩的数组时，我们一般将其定义为 score[20]，而不定义为 a[20]，这样通过数组名很容易知道数组所表示的含义，便于程序的修改和多人合作。

(3) 在同一程序段中命名数组名时，应避免数组名与其他变量名相同，例如：

```
main()
{
int a;
float a[10];
…
}
```

是错误的，因为在这段程序中已经有名为 a 的变量了，不能将数组名命名为 a。

(4) 方括号中的常量表达式表示数组元素的个数，如 a[5]表示数组 a 有 5 个元素，但是数组下标应从 0 开始计算。

例如：a[5]数组中的 5 个数组元素分别为 a[0]、a[1]、a[2]、a[3]、a[4]。

(5) 不能在方括号中用变量表示数组元素的个数，但是方括号中的表达式可以是符号常数或常量表达式。

```
#define FD 5
main()
{
    int a[3+2] , b[7+FD];
        …
}
```

该程序中的表达式是合法的，但是下述说明方式是错误的。

```
main ()
{
    int n=5;
    int a[n];
    …
}
```

(6) 允许在同一个类型说明中，说明多个数组和多个变量，即具有相同类型的数组可以在一条语句中定义，例如：

```
int a,b,c,d,k1[10],k2[20];
```

(7) 在存储属性上，数组与普通变量相同，可以在数组定义时用 auto、static、register

进行修饰限制。例如，可以定义以下数组：

```
static int a[10];
```

关于存储属性的问题，在第 9 章中将详细讨论。

(8) C 语言不做数组边界检查，编程时必须认真核对上、下界以免越界。数组一旦越界，将会覆盖其他数据或程序代码，后果难以预料。

【例 7-3】 以下数组定义语句中，错误的是( )。

A．int a[4]={1,2,3,4}　　　B．char *a[5];

C．char str[6];　　　D．int n=5, a[n];

分析：下标不能是变量，故答案为 D。

7.2.2 一维数组的初始化

当系统为所定义的数组在内存中开辟一块连续的存储单元时，这些存储单元中并没有确定的值，我们将给数组元素赋初值称为数组元素的初始化。在 C 语言中我们通常可以用以下三种方式来初始化数组。

1．一次性初始化

一次性初始化指在定义一维数组时，在后面大括号中给出每个数组元素的值，也就是在定义数组时按顺序对数组元素赋以初值。例如：

```
int     a[5]={1,2,3,4,5};
float   b[6]={4.2 , 2.3 , 1.0 , 6.3 , 7.4 , 9.1};
char    c[3]={'a', 'b', 'c'};
```

注意：

(1) 如果初始数据不完整，可以只给部分元素赋初值，这种情况称为不完全初始化。例如：

```
int a[8]={2,5,6,9};
```

(2) 在以上数组定义语句中，数组有 8 个元素，但只给前 4 个元素进行了初始化，后 4 个数组元素没有赋初值。

(3) 如果仅定义数组而不提供初值，那么数组的所有元素的值都是不确定的，但是，一旦进行初始化，系统将自动对没有初始值的元素赋初值 0。

(4) 在对数组全部元素赋初值时，可以不明确说明数组的长度，此时，系统会根据初值的个数自动测试并设置数组的长度。例如：

```
int a[ ]={1 , 2 , 3 , 4 , 5};
```

数组 a 的长度为 5。

2．逐元素初始化

逐元素初始化指在定义完一维数组后，对其数组元素分别进行初始化。例如：

```
int a[5];
a[0]=1;a[1]=2;a[2]=3;a[3]=4;a[4]=5;
char c[3];
c[0]= 'a';
```

```
c[1]= 'b';
c[2]= 'c';
```

这种初始化数组的方法和第一种方式一般适合于较简单的数组。

3．用循环语句初始化

用循环语句初始化指用定义的循环变量来控制数组的下标，对数组元素进行初始化的过程。例如：

```
int i;
for(i=0; i<10;i++)
    a[i]=i+1;
```

或者

```
for(i=0;i<10;i++)
    scanf("%d", &a[i]);
```

注意：这种初始化的方法特别适合对整型数组的处理，另外字符数组也可以用这种方式来赋值。例如，

```
char a[6];
for(i=0,i<6;i++)
    a[i]=97+i;
```

以上方法各有其优点，在程序设计的过程中，可以根据需要来选择初始化的方法。

【例 7-4】 以下程序的输出结果是( )。

```
#include<stdio.h>
void main( )
{
  int p[7]={5,6,7,8,16,17,18};
  int i=0,j=0;
  while(i<7&&p[i]%2==1)
      j+=p[i++];
  printf("%d\n", j);
}
```

A. 5　　　　B. 6　　　　C. 15　　　　D. 16

分析：本题主要考查对循环条件的验证，故答案为A。

7.2.3 一维数组的引用

从数组的定义可以看出，对于一维数组，由于各元素在内存中的存储空间是连续的且字节数相同，因此各元素之间是等间距的，这样就可以对所有连续的数组元素用一个连续的整数序列进行编号，以识别各元素在整个数组中的位置，这一整数序列称为下标。数组名和下标构成了数组元素。

数组元素是组成数组的基本单元，也可以看做是一种简单变量，其标识方法为：数组名[下标]，下标表示了元素在数组中的顺序号。

数组元素的一般形式可表示为

数组名[下标]

其中下标只能为整型常量或整型表达式，如为小数时，C 编译器将自动取整。例如：

```
a[5];
a[i+j];
a[i++];
```

都是合法的数组元素。

数组元素通常也称为下标变量，必须先定义数组，才能使用下标变量。在 C 语言中只能逐个地使用下标变量，而不能一次引用整个数组。

例如，输出有 10 个元素的数组必须使用循环语句逐个输出各下标变量：

```
for(i=0; i<10; i++)
    printf("%d",a[i]);
```

而不能用一个语句输出整个数组，下面的写法是错误的：

```
printf("%d",a);
```

下同通过几个例子来说明一维数组的引用。

【例 7-5】　一维数组元素的赋值和输出。

```
#include<stdio.h>
main()
{
  int i,a[10];
  for(i=0;i<=9;i++)
      a[i]=i;
  for(i=9;i>=0;i--)
      printf("%d ",a[i]);
}
```

从上面的例子可以看出，利用下标作循环变量，可以很方便地实现对数组元素的输入与输出，这也是以后程序设计中经常用到的方法。

【例 7-6】　一维数组元素的赋值和输出。

```
main()
{
    int i,a[10];
    for(i=0;i<10;)
        a[i++]=2*i+1;
    for(i=0;i<=9;i++)
        printf("%d ",a[i]);
    printf("\n%d %d\n",a[5.2],a[5.8]);
}
```

本例用第一个循环语句给 a 数组各元素送入奇数值，然后用第二个循环语句输出各个奇数。在第一个 for 语句中，表达式 3 被省略了，在下标变量中使用了表达式 i++，用以修改循环变量。当然第二个 for 语句也可以这样处理，C 语言允许用表达式表示下标。程序中最后一个 printf 语句输出了两次 a[5]的值，可以看出当下标不为整数时将自动取整。

【例 7-7】 读取 10 个整数存入数组，找出其中的最大值以及最大值所对应的下标。

分析：根据题意，可以定义一个包含 10 个整数的数组 a 和一个用于存放最大值的变量 max。用 scanf()函数从键盘上输入数组元素的值，可以认为第一个元素为最大值，然后依次比较后面的元素，如果比 max 的值大，则用此值替换 max 的值。

(1) 寻找最大值。

```
#include<stdio.h>
main()
{
    int a[10];
    int i,max;
    for(i=0;i<10;i++)
       scanf("%d", &a[i]);
    max=a[0];
    for(i=1;i<10;i++)
        if(a[i]>max)
           max=a[i];
    printf("max=%d\n", max);
}
```

(2) 最大值所对应的下标。

分析：另定义一个变量 m 用来存储最大值最对应的下标，m 初始值为 0，每当最大值改变，则修改下标的值。程序可修改为：

```
#include<stdio.h>
main()
{
    int a[10];
    int i,m,max;
    for(i=0;i<10;i++)
        scanf("%d", &a[i]);
    max=a[0]; m=0;
    for(i=1;i<10;i++)
      if(a[i]>max)
          {
            max=a[i];
            m=i;
          }
    printf("max=%d , m=%d\n", m);
}
```

【例 7-8】 编写程序，用冒泡法对 10 个数按照由小到大的顺序排序。

分析：冒泡法是计算机中经常使用的方法，其基本原理是依次比较相邻的两个数，将小数放在前面，大数放在后面。即首先比较第 1 个和第 2 个数，将小数放前，大数放后。然后比较第 2 个数和第 3 个数，将小数放前，大数放后，如此继续，直至比较最后两个数，将小数放前，大数放后，此时最大数被排在了最后。重复以上过程，仍从第一对数开始比较(因为可能由于第 2 个数和第 3 个数的交换，使得第 1 个数不再小于第 2 个数)，将小数放前，大数放后，一直比较到最大数前的一对相邻数，将小数放前，大数放后，第二趟结束，在倒数第二个数中得到一个新的最大数。如此下去，直至最终完成排序。

由于在排序过程中总是小数往前放，大数往后放，相当于气泡往上升，所以称作冒泡排序。程序源码如下：

```
#include <stdio.h>
#define N 10
void main( )
{
 int s[N],flag,temp;
 int k,i,j;
 printf("输入 10 个整数：\n");
 for(k=0;k<N;k++){
      printf("s[%d]=",k);
      scanf("%d",&s[k]);
 }
 for(i=0;i<N-1;i++)          /*冒泡排序*/
 {
      flag=0;
      for(j=1;j<N-i;j++)
          if(s[j-1]>s[j]){
               temp=s[j];
               s[j]=s[j-1];
               s[j-1]=temp;
               flag=1;
          }
      if(!flag) break;
 }
 printf("\n 排序后数组为:\n");
 for(j=0;j<N;j++)
      printf("s[%d]=%d\n",j,s[j]);
}
```

【例 7-9】 用数组求出 Fibonacci 数列前 20 项之和。

分析：问题的数学模型请参阅例 6-15。在这里定义了一个一维整型数组来实现对 Fibonacci 数列的存储。

```
main()
{
    int fib[21];                        /*定义一维数组 fib，存放 fibonacci 数列*/
    int i;
    int sum=0;                          /*定义整型变量 sum 并初始化*/
    fib[1]=1; fib[2]=1;                 /*初始化部分数组元素*/
    sum+=fib[1]+fib[2];                 /*累加 fib 数列中前两个数*/
    for(i=3;i<=20;i++)                  /*计算 fib 数列中第 3～20 个数的数值*/
    {
        fib[i]=fib[i-1]+fib[i-2];
        sum=sum+fib[i];                 /*累加 fib 数列中的数*/
     }
    for(i=1;i<=20;i++)                  /*输出数列中各数*/
    {
        printf("%8d",fib[i]);
        if(i%5==0)                      /*每输出 5 个数，输出一个换行*/
            printf("\n");
    }
    printf("\nsum=%d\n",sum);
}
```

7.3 二维数组

7.3.1 二维数组的定义

前面介绍的数组只有一个下标，如 a[4]、b[5]、c[6]，我们称这样的数组为一维数组，其数组元素也称为单下标变量。在实际问题中有很多量是二维的，因此 C 语言允许构造二维数组。二维数组元素有两个下标，以标识它在数组中的位置，如可以定义 a[3][4]这样的数组。

另外，二维数组也可以这样理解，二维数组的每一个元素由类型相同的一维数组组成，即二维数组是数组元素为一维数组的一维数组。换句话说，数组是用于按顺序存储同类型数据的数据结构。如果有一个一维数组，它的每一个元素是类型相同的一维数组时，就形成了一个二维数组数组，如图 7.4 所示。

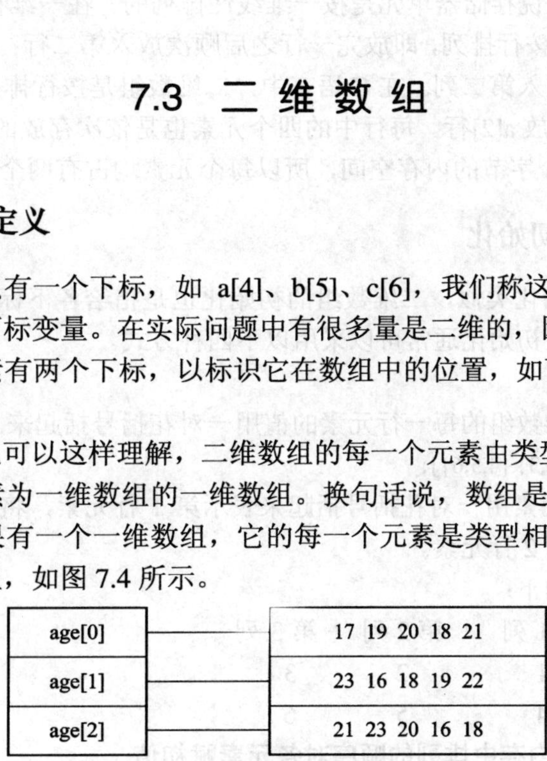

图 7.4　二维数组示意图

例如：在图 7.4 中，当一维数组 age 的各元素 age[0], age[1], age[2]又分别是一个一维数组时，便可以用一个二维数组来描述数组 age。

数组 age 的定义为：

```
int age[3][5];
```

可以把 age 看做一个有 3 个元素的一维数组，而一维数组中的每个元素又各是一个大小为 5 的 int 型一维数组。通常形象地将二维数组的第一个下标称为行下标，第二个下标称为列下标，在内存中数组元素是顺序连续存放的。

对一维数组来说，要先存放下标为 0 的元素，再存放下标为 1 的元素，依次类推；对二维数组来说，要先存放第一行，再存放第二行，依次类推。二维数组定义的一般形式为：

类型说明符　数组名[常量表达式 1][常量表达式 2]

其中常量表达式 1 表示第一维下标的长度，常量表达式 2 表示第二维下标的长度。例如：

```
int  a[3][4];
```

声明了一个三行四列的数组，数组名为 a，其下标变量的类型为整型。该数组的下标变量共有 3×4 个，即

a[0][0],a[0][1],a[0][2],a[0][3]

a[1][0],a[1][1],a[1][2],a[1][3]

a[2][0],a[2][1],a[2][2],a[2][3]

二维数组在概念上是二维的，即其下标在两个方向上变化，下标变量在数组中的位置也处于一个平面之中，而不是像一维数组一样只是一个向量。但是，实际的硬件存储器却是连续编址的，也就是说存储器单元是按一维线性排列的。在一维存储器中存放二维数组，可有两种方式：一种是按行排列，即放完一行之后顺次放入第二行；另一种是按列排列，即放完一列之后再顺次放入第二列。在 C 语言中，二维数组是按行排列的，即先存放 a[0]行，再存放 a[1]行，最后存放 a[2]行。每行中的四个元素也是依次存放的。由于将数组 a 声明为 int 类型，该类型占两个字节的内存空间，所以每个元素均占有两个字节。

7.3.2　二维数组的初始化

与一维数组的初始化类似，二维数组的初始化也是指给各下标变量对应赋初值，根据不同的情况，二维数组初始化通常可以采用以下四种方式。

1. 按行赋初值

按行赋值指将二维数组的每一行元素的值用一对花括号括起来。

```
int a[2][3]={{1,2,3},{4,5,6}};
```

将 1，2，3 三个元素用一对花括号括起来表示第 1 行元素，将 4，5，6 三个元素用一对花括号括起来表示第 2 行元素。

初始化后的结果如下：

	第 1 列	第 2 列	第 3 列
第 1 行:	1	2	3
第 2 行:	4	5	6

2. 按数组元素在内存中排列的顺序对各元素赋初值

将各初始值全部连续地写在一个花括号内，在程序编译时会按数组在内存中的排列顺

序将各初始值分别赋给数组各元素，这种情况非常类似于一维数组中的一次性赋值。

```
int a[2][3]={1,2,3,4,5,6};
```

这条语句初始化后结果和前面按行赋初值的例子完全相同。

3．给部分元素赋初值

给部分元素赋初值也就是对二维数组中的一部分元素赋值，这时未赋值元素全部置 0。

```
int a[2][3]={{1},{4}};
```

初始化后结果如下：

	第 1 列	第 2 列	第 3 列
第 1 行:	1	0	0
第 2 行:	4	0	0

4．数组初始化时，行长度可省略，但列长度不能省略

```
int a[][3]={1,2,3,4,5,6,7};
```

结果如下：

	第 1 列	第 2 列	第 3 列
第 1 行:	1	2	3
第 2 行:	4	5	6
第 3 行:	7	0	0

```
int b[][4]={{1},{4,5}};
```

结果如下：

	第 1 列	第 2 列	第 3 列	第 4 列
第 1 行:	1	0	0	0
第 2 行:	4	5	0	0

但不能写成以下形式：

```
int a[2][]={1,2,3,4,5,6,7};
int b[2][]={{1},{4,5}};
```

【例 7-10】　以下数组定义中不正确的是( )。

A．int a[2][3]　　B．int b[][3]={0,1,2,3}

C．int c[100][100]={0}　　D．int d[3][]={{1,2}{1,2,3}{1,2,3,4}}

解析：二维数组初始化时，行长度可以省略，但列长度不能省略，故答案为 D。

7.3.3　二维数组的引用

二维数组的元素也称为双下标变量，其引用与一维数组的引用原理完全相同。二维数组引用的一般表示形式为：

数组名[下标][下标];

其中下标应为整型常量或整型表达式。例如，a[3][4]表示 a 数组第 4 行第 5 列的元素。

注意：下标变量和数组声明在形式上有些相似，但这两者具有完全不同的含义。数组声明的方括号中给出的是某一维的长度，即可取下标的最大值加 1；而数组元素中的下标是该元素在数组中的位置标识。前者只能是常量，后者可以是常量、变量或表达式。

【例 7-11】　定义一个二维数组，初始化并求其元素的最大值及其位置。

(1) 求二维数组的最大值。

分析：和求一维数组的最大值的思路一样，定义 max 变量用来存放最大值，然后依次扫描二维数组元素，如果后续元素比当前 max 的值大，则修改 max 的值。最后输出 max 变量的值。

程序源码如下：

```
#include<stdio.h>
main(){
int i,j,max;                    /*max 用来存储最大值*/
int a[2][3]={3,4,5,6,6,8};
max=a[0][0];
for(i=0;i<=1;i++)
    for(j=0;j<=2;j++)
        if (a[i][j]>max)
            max=a[i][j];
printf("%d",max);
getch();
}
```

(2) 求最大值的位置。

分析：定义两个变量 m,n 存储最大值元素的行下标和列下标，当 max 的值有变化时，修改 m 和 n 的值。最后输出 m 和 n 的值。

程序源码如下：

```
#include<stdio.h>
main()
{
    int i,j;            /*循环控制变量*/
    int m,n;            /*存储最大值的位置*/
    int max;            /*存储最大值*/
    int a[2][3]={3,9,5,6,6,8};
    max=a[0][0];   m=0;   n=0;
    for(i=0;i<=1;i++)
        for(j=0;j<=2;j++)
            if (a[i][j]>max)
            {   max=a[i][j];
                m=i;    n=j;
            }
    printf("a[%d,%d]=%d\n",m,n,max);
    getch();
}
```

【例 7-12】　一个学习小组有 5 个人，每个人有三门课的考试成绩。求全组各分科的平均成绩和各科总平均成绩。

	张	王	李	赵	周
Math	67	78	90	87	89
C	90	78	89	77	88
Foxpro	90	97	98	90	94

分析：可设一个二维数组 a[3][5]存放五个人三门课的成绩。再设一个一维数组 v[3]存放所求得各分科平均成绩，设变量 average 为全组各科总平均成绩。程序源码如下：

```
#include<stdio.h>
main()
{
  int i,j,s=0,average,v[3],a[3][5];
  for(i=0;i<3;i++)
  {
      printf("input course %d's score: \n",i);   /*提示输入第 i 门课成绩*/
     for(j=0;j<5;j++)
       { /*提示输入第 i 门课第 j 个学生的成绩*/
         printf("\tinput student %d's score: ",j);
         scanf("%d",&a[i][j]);
         s=s+a[i][j];                         /*累加第 i 门课的成绩到变量 s*/
       }
     v[i]=s/5;                                /*计算第 i 门课的平均分*/
     s=0;
  }
  average =(v[0]+v[1]+v[2])/3;
  printf("math:%d\nc languag:%d\ndbase:%d\n",v[0],v[1],v[2]);
  printf("total:%d\n", average );
}
```

运行结果见图 7.5。

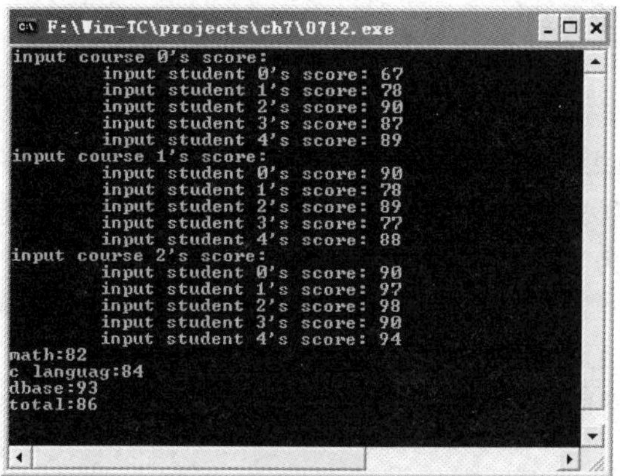

图 7.5　例 7-12 的运行结果

程序中首先用了一个双重循环。在内循环中依次读入某一门课程的各个学生的成绩，并把这些成绩累加起来，退出内循环后再把该累加成绩除以 5 送入 v[i]之中，这就是该门课程的平均成绩；外循环共循环三次，分别求出三门课各自的平均成绩并存放在 v 数组之中。退出外循环之后，把 v[0],v[1],v[2]相加除以 3 即得到各科总平均成绩。最后按题意输出各个成绩。

7.4 多维数组

我们将三维及三维以上的数组称为多维数组，和一维、二维数组不同的是，用以表示数组元素的下标有多个，如果是三维数组，则有三个用以表示下标的数。多维数组不是本书的重点，我们下面仅简单介绍其定义、初始化和引用。

7.4.1 多维数组的定义

多维数组的定义类似于二维数组的定义，其一般格式可表示为：

类型标识符 多维数组名[下标 1][下标 2] … [下标 n];

类型标识符、数组名及下标和一维、二维数组完全相同，这里不再重复。

注意：多维数组的存储顺序为最左边的下标变化最慢，越往右变化越快，最右边的下标变化最快。

这里我们以三维数组为例来说明多维数组。

```
int sal[20][25][50];
```

上面的定义表明数组 sal 具有 20 个 25 行和 50 列的表，这样数组的第 1 个元素所在的位置为 sal[0][0][0]，第 2 个元素为 sal[0][0][1]，第 3 个为 sal[0][0][2]，依此类推。

例如：数组元素 sal[10][20][30]所代表的意思为第 11 张表的第 21 行第 31 列。

7.4.2 多维数组的初始化

多维数组的初始化和二维数组的初始化方法完全相同，下面以三维数组为例介绍多维数组初始化。

① 例如，有以下三维数组：

```
int a[3][2][3];
```

对其可初始化：

```
int a[3][2][3]={{{1,2,3},{4,5,6}},{{7,8,9},{10,11,12}},{{13,14,15},{16,17,18}}};
```

由于第一维的大小为 3，所以可以认为 a 数组由 3 个二维数组(此处每个二维数组为一页)组成，每个二维数组为 2 行 3 列，如图 7.6 如示。

② 由于多维数组和二维数组一样，采用线性分配空间，也可对其进行如下初始化：

```
int a[3][2][3]={1,2,3,4,5,6,7,8,9,10,11,12,13,14,15,16,17,18};
```

即将三维数组中全部元素连续写在一个花括号内，按元素在内存中的排列顺序依次给各数组元素赋初值。

1	2	3
4	5	6

第一页

7	8	9
10	11	12

第二页

13	14	15
16	17	18

第三页

图 7.6　多维数组初始化示意图

③ 也可以省略第一维的大小，上面的定义也可改写为：

```
int a[][2][3]={1,2,3,4,5,6,7,8,9,10,11,12,13,14,15,16,17,18};
```

系统会根据初值个数，算出第一维的大小为 2。

以上三种方法，第一种方法概念清楚、含义明确，尤其在初始值比较多的情况下不易出错，也不必一个一个去数，只需要找到相应行的数据即可。在分行初始化时，由于给出的初值已清楚地表明了行数和各行中元素的值，因此第一维的大小也可以不定义。

例如以下三维数组：

```
int a[][3][2]={{{1,2},{3},{5}},{{0,7},{8},{10}}};
```

显然这是一个大小为 $2\times3\times2$ 的三维数组，其各元素值如图 7.7 所示。

1	2
3	0
5	0

第一页

0	7
8	0
10	0

第二页

图 7.7　多维数组初始化示意图

7.4.3　多维数组的引用

多维数组是对一维数组与二维数组的扩展，其引用基本原理与一、二维数组完全相同。多维数组引用格式可表示为：

多维数组名[下标 1][下标 2][下标 3]…[下标 n]

其中下标的取值范围类似于二维数组，并且多维数组的元素同样可以赋值和出现在表达式中。例如：

```
x[i][j][k]=45+2*k;
```

由于多维数组维数的增大，采用下标变量对其元素进行描述时，势必采用多层循环，加大了程序的时间复杂度，不利于程序的运行，因此，一般情况下可采用降维的方法简化多维数组带来的复杂性，同时降低了算法的错误率。

7.5 案例学习

【例 7-13】　在二维数组 a 中选出各行最大的元素组成一个一维数组 b。

本题的编程思路是，在数组 a 的每一行中寻找最大的元素，找到之后把该值赋予数组 b 中相应的元素即可。

```
#include<stdio.h>
main( )
{    int a[][4]={{3,16,87,65},{4,32,11,108},{10,25,12,27}};
     int b[3];
     int i,j,l;
     for(i=0;i<=2;i++)
     { l=a[i][0];
        for(j=1;j<=3;j++)
             if(a[i][j]>l) l=a[i][j];
        b[i]=l;
     }
     printf("\narray a:\n");
     for(i=0;i<=2;i++)
     {   for(j=0;j<=3;j++)
                printf("%5d",a[i][j]);
           printf("\n");
     }
     printf("\narray b:\n");
     for(i=0;i<=2;i++)
           printf("%5d",b[i]);
     printf("\n");
     getch();
}
```

运行结果见图 7.8。

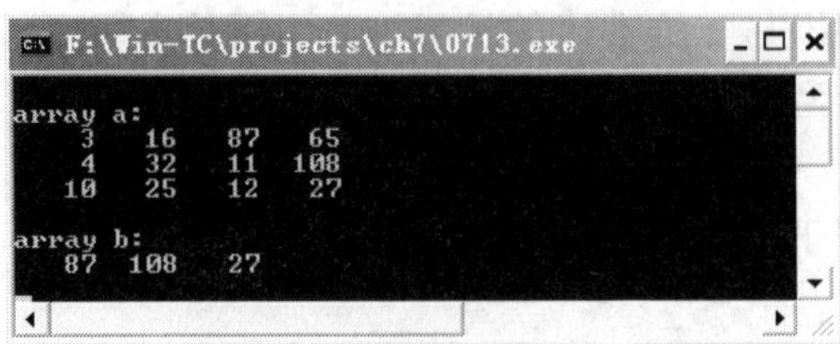

图 7.8　例 7-13 运行结果

【例 7-14】　有一个已经按由小到大顺序排好序的数组，现输入一个数，要求按原来排序的规律将它插入到数组中。

分析：首先判断此数是否大于最后一个数，然后再考虑插入中间的情况，插入此元素之后的数，依次后移一个位置。

```
#include<stdio.h>
main()
{
  int a[11]={1,4,6,9,13,16,19,28,40,100};
  int i,number;
  printf("original array is:\n");
  for(i=0;i<10;i++)                          /*输出原数组数据*/
      printf("%5d",a[i]);
  printf("\n");
  printf("insert a new number:");
  scanf("%d",&number);                       /*输入要插入的数据*/
  for(i=9;i>=0;i--)                          /*从后向前判断*/
  {   if(a[i]>number)                        /*如果 a[i]大于 number*/
              a[i+1]=a[i];                   /*a[i]向后移动一个位置*/
      else                                   /*如果 a[i]小于等于 number*/
              break;                         /*终止循环*/
   }
  a[i+1]=number;                             /*将 number 插入到 i+1 位置*/
  printf("after insert:\n");
  for(i=0;i<11;i++)                          /*输出插入数据后的结果*/
      printf("%5d",a[i]);
  getch();
}
```

运行结果如图 7.9 所示。

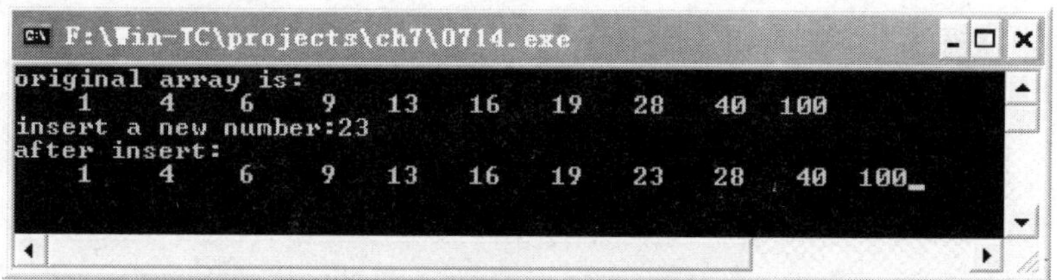

图 7.9　例 7-14 运行结果

【例 7-15】　有 15 个数由小到大按顺序存放在一个数组中，现输入一个数，要求用折半查找法找出该数在数组中是第几个元素，如果该数不在数组中，则打印出无此数。

分析：查找是在程序设计中最常用到的算法之一，假定要从 n 个整数中查找 x 的值是否存在，最原始的办法是从头到尾逐个查找，这种查找的方法称为顺序查找。这种方法效率低。假如要从 1000 个数据中查找某一个所需的数据，而该数据恰恰是最后一个，则需要取数据和比较数据 1000 次。对 n 个数据的平均取数和比较的次数为 n/2 次。 折半查找的速度有所改进，但是只适用于已排好序的数列。其基本思路是：先检索中间的一个数据，看它是否为所需的数据，如果不是，则判断要找的数据是在中间数的哪一边，下次就在这个范围内查找。

```
#include<stdio.h>
void main()
{     /*定义变量，分别表示查找区间的下界、上界和中间位置*/
      int left,right,mid;
      int i;
      int num[15]={1,4,9,14,25,36,47,58,79,110,211,312,613,1114,3015},x;
      for(i=0;i<15;i++)                      /*输出数组内容*/
          printf("%5d",num[i]);
      printf("\nplease input a number:");
      scanf("%d",&x);                        /*输入要查找的数值*/
      left=0;right=14; mid=(left+right)/2;   /*变量赋初值*/
      /*整个区间未查找完，并且还未找到要查找的数值*/
      while(left<=right&&x!=num[mid])
      {
          if(num[mid]>x)                     /*中间位置数值大于 x*/
               right=mid-1;                  /*待查区间上界更新*/
          else                               /*中间位置数值小于 x*/
               left=mid+1;                   /*待查区间下界更新*/
          mid=(left+right)/2;                /*待查区间中间位置更新*/
      }
      if(left<=right&&x==num[mid])           /*查找成功*/
            printf("%d's index is %d\n",x,mid);
      else                                   /*查找失败*/
            printf("not exist\n");
      getch( );
}
```

本章小结

本章主要讲述了数组的基本概念及特性，一维数组、二维数组及多维数组的定义及引用。数组是程序设计中最常用的数据结构，它的引入极大地提高了程序设计的效率和灵活性。

数组根据其元素值的类型可分为数值数组(整型和实型)、字符数组、指针数组与结构数组等。根据其维数可分为一维数组、二维数组和多维数组。

数组类型声明由类型说明符、数组名和数组长度(数组元素个数)三部分组成，数组元素又称为下标变量。数组的类型是指下标变量取值的类型。

对数组的赋值可以用数组初始化、输入函数动态赋值和赋值语句赋值三种方法实现。对数值数组不能用赋值语句整体赋值、输入输出，而必须用循环语句逐个对数组元素进行操作。

本章重点为一维数组及二维数组的定义与引用，在数组定义的基础上，利用循环结构和数组的特性，通过一些实例分析概述了数组应用的基本理论与方法。本章的难点在于二维数组的定义与引用。

第 8 章　字符数组与字符串

在第 7 章介绍数组的时候讲到，数组根据其元素的类型，可分为数值数组、字符数组等。如果某数组的数组元素为字符型数据，则称该数组为字符数组。C 语言将数组的元素类型扩展到字符型以后，极大地提高了语言的灵活性和数据的处理能力。同时，由于 C 语言本身没有设置一种专门的数据类型来定义字符串变量，因此字符串的处理与存储完全依赖于字符数组而实现，但字符数组又不完全等价于字符串变量，它们又有着本质的区别。本章将详细讨论字符数组的有关概念、字符数组的定义、字符数组的实现与存储、字符串的概念、字符串的结构、字符串与字符数组的区别及字符串的简单应用等内容。

8.1　字符数组的定义

用来存放字符常量的数组称为字符数组，字符数组的定义形式与前面介绍的数值型数组的定义形式十分类似，其一般形式可表示为：

char 数组名[常量表达式]

其中：

char 表示数组的数组元素为字符型。

数组名表示数组的名称，可以是任意合法的标识符，一般命名时要求见名识义。

常量表达式表示数组元素的个数，常称为字符数组的下标。

例如：如果要定义一个能容纳 10 个元素的字符数组 c，则可以将其定义为以下形式：

```
char c[10];
```

这里，char 表示数组元素为字符类型。c 表示数组的名称。10 表示数组元素的个数，也就是 c 数组内有 10 个字符类型的元素，通常我们也称为下标，其取值为 0，…，9。

如果要定义一个含有 20 个元素的字符数组 st，则可以将其定义为以下形式：

```
char st[20];
```

字符数组在定义和使用过程中还需要注意以下问题：

(1) 由于字符型和整型有时在 C 语言中通用，即字符型通常用其 ASCII 码表示，故也可以用字符的 ASCII 码来表示字符，在输出时用格式控制符“%c”来输出字符。

例如，可以这样来定义：

```
int c[20];
```

但这时每个数组元素占 2 个字节的内存单元。

【例 8-1】　以下程序的输出结果是( )。

```
#include<stdio.h>
main()
{
    char ch1,ch2;
    ch1='A'+5-'3';
    ch2='A'+'5'-'3';
    printf("%d,%c\n",ch1,ch2);
    getch();
}
```

A. 67, C　　B. 19, C　　C. B, C　　D. C, C

答案：B。

解析：首先看'A' + 5 − '3'，'A' 的 ASCII 码为 65，5 为普通数字，'3'的 ASCII 码为 51，所以 ch1 为 ASCII 码为 65 + 5 − 51 = 19 的字符。

再看'A'+'5'-'3'，'A'、'5'、'3' 都为字符，其 ASCII 码分别为 65、53、51，所以 ch2 为 ASCII 码为 65 + 53 − 51 = 67 的字符，即 'C'。

(2) 字符数组也可以定义为二维或多维数组。例如：

```
char c[5][10];
```

即定义了一个二维字符数组，其数组元素为字符型，数组名为 c，其结构为 5 行 10 列。和数值型数组一样，数组 c 也可以看成是由 5 个含有 10 个数组元素的一维字符数组组成的数组。

```
char d[2][3][2];
```

定义了一个三维字符数组，数组名为 d。同样，数组 d 也可以看成是由 2 个 3 行 2 列的二维字符数组组成的数组。

8.2　字符数组的初始化

字符数组的初始化指在定义字符数组以后对其数组元素进行赋值。和数值型数组一样，字符型数组的初始化也可以分为一次性赋值、逐元素赋值和用循环语句赋值。但字符型数组除了以上三种方式外，还可以用字符串常量赋值，下面将详细讨论字符型数组的初始化方法。

1. 一次性赋值

和数值数组一次性赋值一样，字符数组一次性赋值是指在定义数组的过程中，在一对大括号中分别给出数组元素的值。

【例 8-2】　一次性赋值实例。

```
#include <stdio.h>
main()
{
    int i;
    char c[10]={'c', ' ', 'p', 'r', 'o', 'g', 'r', 'a','m'};
```

```
    for(i=0;i<10;i++)
        printf("%c",c[i]);
    getch();
}
```

程序运行结果如图 8.1 所示。

图 8.1　例 8-2 运行结果

以下定义了一个一维字符数组，其有 10 个数组元素，赋值后各元素的值如图 8.2 所示。

数组C数据	下标
c	0
□	1
p	2
r	3
a	4
g	5
r	6
a	7
m	8
\0	9

图 8.2　数组内容图示

其中 c[9]未赋值，由系统自动追加为空字符。

当对全体元素赋初值时也可以省去长度说明，例如：

```
char c[ ]={'c', ' ', 'p', 'r', 'o', 'g', 'r', 'a', 'm'};
```

这时 c 数组的长度自动定为 9。

2．逐元素赋值

和数值数组一样，字符数组的逐元素赋值指在定义字符数组后，分别对字符数组的每一个元素分别赋值。

【例 8-3】　逐元素赋值实例。

```
#include <stdio.h>
main()
{
    int i;
    char c[10];
    c[0]='c';    c[1]=' ';    c[2]='p';    c[3]='r';    c[4]='o';
```

```
    c[5]='g';    c[6]='r';    c[7]='a';    c[8]='m';
    for(i=0;i<9;i++)
        printf("%c",c[i]);
    getch( );
}
```

虽然赋值形式不同，但在计算机中的存储结果与一次性赋值完全相同。程序运行结果如图 8.3 所示。

图 8.3　例 8-3 运行结果

3．用循环语句赋值

【例 8-4】　定义一字符数组，用循环语句实现对字符数组赋值。

```
01  #include <stdio.h>
02  main()
03  {
04      int   i ;
05      char a[3];
06      for(i=0;i<3;i++)
07          a[i]=97+i;
08      for(i=0;i<3;i++)
09          printf("%c",a[i]);
10      getch();
11  }
```

程序运行结果如图 8.4 所示。

图 8.4　例 8-4 运行结果

代码说明：第 06～07 行，通过循环语句给字符数组元素赋值。由于字符的 ASCII 码对应的是整数，因此也可以对字符数组元素赋字符对应的 ASCII 码值。a[0]=97，a[1]=98，a[2]=99，即 a[0]= 'a'，a[1]= 'b'，a[2]= 'c'。

4．字符串常量赋值

由于字符串是由字符形成的序列，因此也可以用字符串对字符数组进行初始化(有关字符串的详细内容在本章后面讨论)。

例如：

```
char str[10]={"china"};
```

其在内存中的存储形式 str[0]为'c' str[1]为'h', str[2]为'i', str[3]为'n', str[4]为'a'。

但是如果我们用 char str[10]={ 'c', 'h', 'i', 'n', 'a'};，则初始化的结果和上面字符串常量赋值的形式完全一样，这样在内存中就无法区分存储的是普通字符还是字符串。为了能将两种初始化的形式区分开来，系统在存储的字符串末尾加入一个标识性的字符'\0'，作为两者之间的区别，该字符被称为字符串结束标记。因此，上面用字符串初始化的过程，除了以上 5 个元素外，还有一个元素用来存储字符串结束标记'\0'，共使用了 6 个元素，而存储普通字符常量只用了 5 个元素。

下面用一个实例来说明二者的区别。

【例 8-5】　从键盘上输入一个国家的首都，然后在屏幕上显示。

```
01  #include<stdio.h>
02  main()
03  {
04      char cap[10];
05      printf("enter the capital of your country: ");
06      scanf("%s",cap);
07      printf("%s is the capital of your country",cap);
08      getch();
09  }
```

代码说明：

✧ 第 04 行是动态初始化开始的地方，它向编译器说明需要建立一个可以容纳 10 个元素的字符数组。

✧ 第 06 行是在第 04 行说明语句的基础上将用户输入的值放到数组中。

✧ 第 07 行检索数组并且将值在屏幕上显示出来。

运行程序，同时在键盘上输入“Beijing”，则程序运行结果如图 8.5 如示。

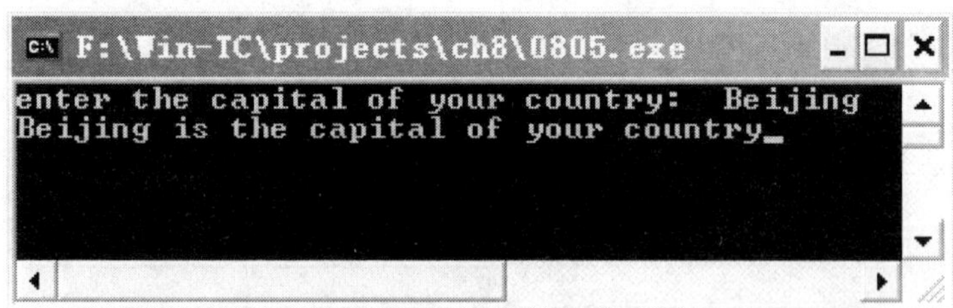

图 8.5　例 8-5 运行结果

字符数组的初始化需要注意以下几点：

(1) 对于字符串的存储也可以采用以下两种形式进行初始化。

```
char str[10]="china";        /*去掉花括号，字符串是一个整体*/
char str[]="china";          /*可以不说明长度，实际是 6 个元素*/
```

(2) 如果定义的数组长度小于字符串长度，则只取数组长度之前的字符进行存储，且按普通字符对待。

【例 8-6】　以下说法正确的是( )。

A．已定义 char c[]={"china"};，要将所有的字符输出的语句是：printf("%s",&c);

B．已定义 char c[]={"china"};，要将所有的字符输出的语句是：printf("%s",c[0]);

C．'a'和"a"所占的存储空间是不一样的

D．'a'和"a"所占的存储空间是一样的

答案：C。

解析：在选项 A 中，输出格式“%s”要求输出项是地址，而定义的是字符数组，数组名 c 就是整个字符数组的首地址，所以正确的输出语句为 printf("%s",c);。

在选项 B 中，c[0]为字符数组的第一个元素，不是地址，但是它所在的地址为字符数组的首地址。c[0]的地址为&c[0]，所以正确的输出语句为 printf("%s",&c[0]);。

在选项 C 中，因为"a"为字符串，所以在末尾有结束标志"\0"，而'a'为单个字符，没有结束标志。故"a"占用两个字节，而'a'占用一个字节。

8.3　字符数组的引用

8.3.1　字符数组的引用格式

字符数组的引用格式与普通数组完全相同，其一般形式可表示为：

字符数组名[下标];

注意：

(1) 和数值数组一样，字符数组的下标引用从 0 开始。

(2) 如果是二维数组或高维数组，则有两个或两个以上的下标。

【例 8-7】　以下程序的输出结果为( )。

```
#include<stdio.h>
main()
{
    char ch[7]={"65ab21"};
    int i;
    int s=0;
    for(i=0;ch[i]>= '0'&&ch[i]<='9'; i+=2)
        s=10*s+ch[i]- '0';
    printf("%d,%c\n",s,s+60);
    getch();
}
```

A. 0, <　　　B. 5, A　　　C. 6, B　　　D. 7, C

答案：C。

代码说明：

✧ 语句 for(i=0;ch[i]>='0'&&ch[i]<='9'; i+=2)的作用是找到一个在偶数位上的数字字符，

然后进行后续操作。

✧ 语句 s=10*s+ch[i]- '0'; 的作用是将找到的这个字符进行数字求和。

✧ 此题的本意是要找到偶数位上的数字字符，然后转换成数字进行求和。

✧ i=0,ch[0]是数字字符'6'，所以执行语句 s=10*s+ch[i]-'0'; 后 s 的值为 6。然后 i=2, ch[2]是字符'a'，不满足循环条件，退出循环。执行语句 printf("%d,%c\n",s,s+60);，所以输出结果为 6，ASCII 码为 66 的字符为 'B'。

将数字字符转换成数字有两种形式：

(1) 将数字字符减去 48；

(2) 将数字字符减去'0'字符，以%d 的形式输出。

【例 8-8】 有 3 个字符串 s1, s2 和 s3，其中 s1="abcdef";，s2="12345"; 用字符数组实现将 s1 的内容复制到 s3 中，再将 s2 的内容添加到 s3 的后面，最后输出字串 s3。

解析：因为在 C 语言中没有关于字符串的变量，因此对于字符串的操作必须要用字符数组实现，故首先须定义三个字符数组，同时考虑到第三个字符串的长度要能容纳字符串 1 和字符串 2。程序源代码如下：

```
#include<stdio.h>
main( )
{
      int i;
      char s1[]="abcdef",s2[]="12345",s3[12];
      for(i=0;i<6;i++)
            s3[i]=s1[i];
      for(i=0;i<5;i++)
            s3[i+6]=s2[i];
      s3[i+6]='\0';
      printf("%s\n",s3);
      getch();
}
```

程序运行结果如图 8.6 所示。

图 8.6　例 8-8 运行结果

8.3.2　字符数组的输入与输出

通常，字符数组的输入与输出有两种常用方法：逐个字符操作与整串操作，下面我们分别讨论。

1. 逐个字符操作

用 scanf()函数结合格式控制符“%c”可实现逐个字符的输入，用 printf()函数结合格式控制符“%c”可实现逐个字符的输出。

【例 8-9】 逐个字符的输入实例。

```
01  #include<stdio.h>
02  main( )
03  {   int i;
04      char ch[10];
05      for(i=0;i<10;i++)
06          scanf("%c",&ch[i]);
07      for(i=0;i<10; i++)
08          printf("%c", ch[i]);
09      getch();
10  }
```

代码说明：

✧ 第 05～06 行，通过循环语句逐个为字符数组元素赋值。

✧ 第 07～08 行，通过循环语句将字符数组的每个数组元素输出。

运行结果如图 8.7 所示。

图 8.7 例 8-9 运行结果

2. 将整个字符串一次输入或输出

用 scanf()函数结合“%s”可实现字符串的输入，用 printf()函数结合“%s”可实现字符串的输出。

【例 8-10】 字符串的输入和输出。

```
#include<stdio.h>
main()
{
    char st[15];                  /*定义一维字符数组*/
    printf("input string:\n");
    scanf("%s",st);               /*从键盘上输入字符串，存储在字符数组中*/
    printf("%s\n",st);            /*输出字符串*/
    getch( );
}
```

程序运行结果如图 8.8 所示。

图 8.8　例 8-10 运行结果

代码说明：

✧ 第 06 行，输入字符串。用这种方式输入时，从键盘上输入的字符数一定要比数组定义的实际长度少。系统自动在最后一个字符后放入'\0'字符作为字符串结束标志。

✧ 第 07 行，输出字符串。系统从指定位置开始逐个输出字符，直到遇到字符串结束标志'\0'为止。

注意：

(1) 在 scanf()和 printf()中都用了数组名 st，但没有用地址运算符&。这是因为"%s"是直接控制字符串的，只要求某个字符串的起始地址作为参数。

(2) 用"%s"结合 scanf()函数进行输入字符串时，输入的字符串不能含有空格或制表符。当遇到空格或制表符时就认为输入结束。例如：

当执行 scanf("%s",ch);，从键盘上输入"good morning"时，ch 的值为"good"而不是"good morning"。解决这一弊端的方法是对输入长度加以限定，如以上语句可改为：

```
scanf("%13s", ch);
```

这样可以很好地解决以上问题。

前面提到，在 C 语言中可以定义二维或高维字符数组，二维与高维字符数组的引用与数值型数组没有两样，下面就以二维字符数组为例来说明其原理。

【例 8-11】　二维字符数组引用实例。

```
#include <stdio.h>
main()
{
    int i;
    char country[3][8];
    for(i=0;i<3;i++) {
        printf("please input name of %d's country:   ",i);
        gets(country[i]);
    }
    printf("results of input \n");
    for(i=0;i<3;i++)
        puts(country[i]);
    getch();
}
```

程序运行结果如图 8.9 所示。

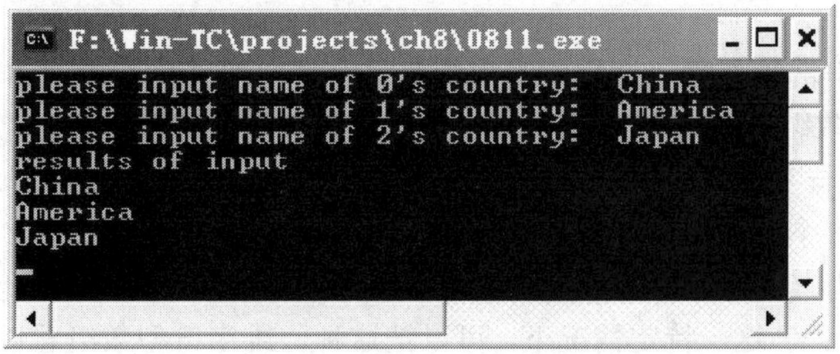

图 8.9　例 8-11 运行结果

8.4 字　符　串

在 C 语言中，系统没有提供专门的字符串变量。因此，对于字符串的操作必须转化为已有的技术来实现。而 C 语言中通常用一个字符数组来存放字符串。对字符串的操作除了专门提供的字符串操作函数外，全部通过字符数组的操作与转化来实现。

8.4.1　字符串的基本概念

1．C 语言对字符串的约定

字符串指若干有效字符组成的序列。所谓有效字符是指系统允许使用的字符，不同的系统允许使用的字符是不相同的。C 语言中的字符串可以包括字母、数字、专用字符、转义字符等。例如，下面都是合法的字符串：

"china","basic","a+b=c","32.8"

在 C 语言中，字符串是借助于字符数组来存放与实现的，并规定 '\0' 作为字符串结束的标记，因此当把一个字符串存入一个数组时，也把结束符 '\0' 存入数组，并以此作为该字符串结束的标志。

2．C 语言中表示字符串常量的约定

虽然 C 语言中没有提供字符串数据类型，但却允许使用字符串常量。在前面的介绍中我们提到，字符串常量是由双引号括起来的一串字符，在表示字符串常量时，不需要人为地在其末尾加入 '\0'，例如：字符串常量“hello!”不必写成“hello!\0”，C 编译程序将自动完成这一工作，在末尾添加字符串结束标记 '\0'。

3．C 语言中字符串常量给出的是地址值

每一个字符串常量都分别占用内存中一串连续的存储空间，这些连续的存储空间实际上就是字符型一维数组。这些数组虽然没有名字，但 C 编译系统却以字符串常量的形式给出存放每一字符串的存储空间的首地址。不同的字符串具有不同的起始地址。也就是说：在 C 语言中，字符串常量被隐含处理成一个以 '\0' 结尾的无名字符型一维数组。因此，若有以下定义：

```
char s[10];
```

则以下赋值是不合法的：

```
s="hello";
```

因为，字符串常量在赋值过程中给出的是这个字符串在内存中所占的一串连续存储单元(无名一维字符数组)的首地址，而 s 是一个不可重新赋值的数组名。

4．字符数组与字符串的区别

字符数组的每个元素中可存放一个字符，但它并不限定最后一个字符应该是什么。而在 C 语言中，因为有关字符串的大量操作都与串结束标志 '\0' 有关，因此，在字符数组中的有效字符后面加上 '\0' 这一特定情况下，可以把这种一维字符型数组看做字符串变量，但它又不等同于一般的变量。如上所述，在字符数组内仅可以存放字符串，不能通过赋值语句将字符串常量或其他字符数组中的字符串直接赋值给字符串变量。可以这样说：字符串是字符数组的一种具体应用。

8.4.2　用一维字符数组存放字符串

1．用给一般数组赋初值的方式给一维字符数组赋初值

前面我们已经介绍了给一维数组赋初值的方法，包括一次性赋值、逐元素赋值及用循环语句赋值等，例如：

```
char str[10]={'s', 't', 'r', 'i', 'n', 'g', '! ', '\0'};
```

赋初值后，字符数组 str 中的内容如下所示：

s	t	r	i	n	g	!	\0	\0	\0

字符数组 str 共有 10 个元素，但 str 作为字符串，其长度为 7。此处赋初值时，人为地在最后一个有效字符后加入了串结束标志 '\0'。事实上只要所赋初值的字符个数少于数组元素的个数时，系统都将自动在其元素中加入 '\0'。因此，在以上赋初值时去掉最后的 '\0'，其效果是完全相同的。

如果一个字符数组用来作为字符串使用，那么在定义该字符数组时，数组的大小至少比它实际将要存放的最长字符串多一个元素，从而给在末尾存放字符串结束标记 '\0'留有空间。

当用赋初值的方式来定义字符数组大小时，这时定义应写成：

```
char str1[]={'s', 't', 'r', 'i', 'n', 'g', '! ', '\0'};
```

在此，定义的是一个包含 7 个字符的字符串，数组 str1 包含了 8 个元素(这时一定要人为地加入 '\0'，'\0' 占一个字符空间)。而在以下定义中：

```
char str2[]={'s', 't', 'r', 'i', 'n', 'g', '! '};
```

只是定义了一个有 7 个元素的字符数组 str2，因为所赋初值末尾没有串结束标志，因此，不能认为在 str2 中存放了字符串，所以这时不能将它当作字符串来使用。如果误将其当作字符串来进行操作，系统将要在其后的内存中找一个距离它最近的'\0'作为其结束标志，从而造成系统的错误。

2．在赋初值时直接赋字符串常量

前面我们提到，C 语言允许用字符串的方式对数组作初始化赋值。例如：

```
char c[]={'C', ' ' ,'p','r','o','g','r','a','m', '\0'};
```

这条对字符数组赋值的语句也可以改写为：

```
char c[]={"C program"};
```

或去掉{}改写为：

```
char c[]="C program";
```

数组 c 在内存中的实际存放情况为：

C		p	r	o	g	r	a	m	\0

'\0' 是由 C 编译系统自动加上的。由于采用了 '\0'标志，所以在用字符串赋初值时一般无需指定数组的长度，而由系统自行处理。

在用字符串给字符数组赋值时，要注意字符数组的大小，若定义为：

```
char str[7]="string! ";
```

则 7 个单元空间不够用，'\0' 将占用下一个不属于 str 的存储单元。虽然在侥幸的情况下也有可能得到正确结果，但实质上是不正确的，它很有可能破坏了其他的数据或程序代码，造成严重后果。

3．不可以用赋值语句给字符数组整体赋一串字符

当作字符串变量使用的字符数组，不能由赋值语句直接赋字符串常量。例如：

```
char mark[10];
mark="c program";                /*赋值不合法*/
```

以上赋值形式是不允许的，因为字符串常量给出的是地址值，而数组名 mark 是一个地址常量，不能被重新赋值。同理，以下赋值方式也是错误的：

```
char str1[10]="computer", str2[10];
str2=str1;                       /* 赋值不合法*/
```

4．给数组元素逐个赋字符值，最后人为加入串结束标志

利用目前学过的知识，在程序执行过程中，可以通过逐个给数组元素赋值的方式，达到给一维字符数组赋字符串的目的。例如：

```
char mark[10];
mark[0]= 'c';
mark[1]= ' ';
mark[2]= 'p';
mark[3]= 'r';
mark[4]= 'o';
mark[5]= 'g';
mark[6]= 'r';
mark[7]= 'a';
mark[8]= 'm';
mark[9]= '\0';
```

也可以通过给一维字符数组输入字符并在最后加 '\0' 的方式，给一维字符数组赋字符串，例如：

```
char mark[10];
int i;
for(i=0;i<9;i++)
    scanf("%c",&mark[i]);
mark[i]= '\0';
```

这时，需要从键盘上依次输入指定的字符，如从第一列输入：

```
c program<CR>
```

输入结束后，再给 mark[9]赋值串结束标志 '\0'，因为 scanf 函数无法从终端读入它。

使用上述方法给字符数组赋字符串显得很繁琐，操作起来很不方便。实际上，C 语言提供了专门用于给字符数组赋字符串的格式说明符和输入输出函数。

5. 用格式说明符%s 进行整串输入

在 scanf 函数中使用格式说明符%s 可以实现字符串的整体输入。函数调用形式如下：

```
scanf("%s",str_adr);
```

这里 str_adr 是地址值。调用此函数时，输入字符依次放入以这一地址为起点的存储单元中，并自动在末尾加'\0'。str_adr 可以是字符数组名、字符数组元素的地址或字符指针变量。例如：

```
char str[15];
scanf("%s",str);
```

执行以上 scanf 语句时，若从第一列开始输入：

```
PROGRAMMING<CR>
```

则输入字符串将从 str[0]开始依次放入数组 str 中，在最后一个字母 G 之后由系统自动加 '\0'。

注意：当输入字符串的长度超过字符数组所能容纳的字符个数时，系统并不报错，相当于下标越界，应注意避免发生这种情况。

6. 在 printf()函数中，使用格式说明符 %s 进行整串输出

函数调用形式如下：

```
printf("%s",str_adr);
```

这里 str_adr 是地址值，调用 printf()函数时，将从这一地址开始，依次输出存储单元中的字符，直到遇到第一个"\0"为止。'\0' 是结束标志，不在输出字符之列。输出结束后不自动换行。

8.5　常用字符串处理函数

C 语言提供了丰富的字符串处理函数，大致可分为字符串的输入、输出、合并、比较、转换、复制、搜索等。合理使用这些字符串处理函数可以大大减轻编程的负担，提高编程效率。用于输入输出的字符串函数，在使用前应包含头文件"stdio.h"，使用其它字符串函数则应包含头文件"string.h"。

下面介绍几个最常用的字符串处理函数。

8.5.1　字符串输出函数 puts

格式：

puts(字符数组名)

功能：把字符数组中的字符串输出到显示器上，即在屏幕上显示该字符串。

【例 8-12】　puts 函数应用示例。

```
#include<stdio.h>
main()
{
      char c[]="BASIC\ndBASE";
      puts(c);
      getch();
}
```

程序运行结果如图 8.10 所示。

图 8.10　例 8-12 运行结果

从程序中可以看出 puts 函数中可以使用转义字符，因此输出结果成为两行。puts 函数完全可以由 printf 函数取代，当需要按一定格式输出时，通常使用 printf 函数。

8.5.2　字符串输入函数 gets

格式：

gets(字符数组名)

功能：从标准输入设备键盘上输入一个字符串，存储到指定数组中。本函数得到一个函数值，即为该字符数组的首地址。

【例 8-13】　get 函数应用示例。

```
#include <stdio.h>
main( )
{
      char st[15];
      printf("input string:\n");
      gets(st);
      puts(st);
    getch();
}
```

如果在输入界面中输入 c program，则程序运行结果如图 8.11 所示。

图 8.11　例 8-13 运行结果

可以看出，当输入的字符串中含有空格时，输出仍为全部字符串。说明 gets 函数并不以空格作为字符串输入结束的标志，而只以回车作为输入结束标志，这一点与 scanf 函数不同。

技巧

scanf 中输入字符串时以空格、Tab 或回车作为字符串结束标志；gets 输入字符串时以回车作为字符串结束标志。

8.5.3　字符串连接函数 strcat

格式：

strcat (字符数组名 1，字符数组名 2)

功能：把字符数组 2 中的字符串连接到字符数组 1 中字符串的后面，并删去字符串 1 后的串标志'\0'。本函数返回值是字符数组 1 的首地址。

【例 8-14】　strcat 函数应用示例。

```
#include <stdio.h>
#include <string.h>
main()
{
    char st1[30]="My name is ";
    int st2[10];
    printf("input your name:\n");
    gets(st2);
    strcat(st1,st2);
    puts(st1);
    getch();
}
```

如果在输入界面中输入 zhangli，则程序运行结果如图 8.12 所示。

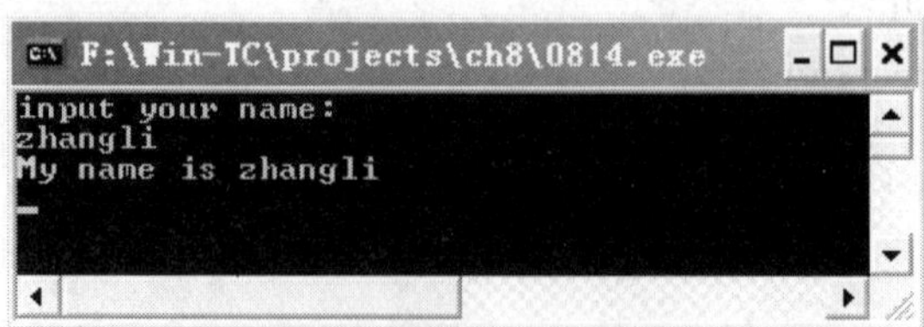

图 8.12　例 8-14 运行结果

要注意的是，字符数组 1 应定义足够的长度，否则不能全部装入被连接的字符串。

8.5.4　字符串拷贝函数 strcpy

格式：

　　strcpy (字符数组名 1，字符数组名 2)

功能：把字符数组 2 中的字符串拷贝到字符数组 1 中。串结束标志'\0'也一同拷贝。字符数组名 2 也可以是一个字符串常量。这时相当于把一个字符串赋予一个字符数组。

【例 8-15】　strcpy 函数应用示例。

```
#include <stdio.h>
#include <string.h>
main ()
{
    char st1[15],st2[]="C Language";
    strcpy(st1,st2);
    puts(st1);printf("\n");
    getch();
}
```

本函数要求字符数组 1 应有足够的长度，否则不能全部装入所拷贝的字符串。程序运行结果如图 8.13 所示。

图 8.13　例 8-15 运行结果

8.5.5　字符串比较函数 strcmp

格式：

　　strcmp(字符数组名 1，字符数组名 2)

功能：按照 ASCII 码顺序比较两个数组中的字符串，并由函数返回值返回比较结果。

　　字符串 1 = 字符串 2，返回值=0；

　　字符串 1>字符串 2，返回值>0；

　　字符串 1<字符串 2，返回值<0。

本函数也可用于比较两个字符串常量，或比较数组和字符串常量。

【例 8-16】　strcmp 函数应用示例。

```
#include <stdio.h>
#include <string.h>
main( )
{   int k;
    char st1[15],st2[]="C Language";
```

```
    printf("input a string:\n");
    gets(st1);
    k=strcmp(st1,st2);
    if(k==0) printf("st1=st2\n");
    if(k>0) printf("st1>st2\n");
    if(k<0) printf("st1<st2\n");
    getch();
}
```

程序运行结果如图 8.14 所示。

图 8.14　例 8-16 运行结果

本程序把输入的字符串和数组 st2 中的串进行比较，比较结果返回到 k 中，根据 k 值再输出结果提示串。当输入为 visual basic 时，由 ASCII 码可知，visual basic 大于"C Language"，故 k>0，输出结果 st1>st2。

8.5.6　测字符串长度函数 strlen

格式：

strlen(字符数组名)

功能：测字符串的实际长度(不含字符串结束标志'\0')并将其作为函数返回值。

【例 8-17】　strlen 函数应用示例。

```
#include <stdio.h>
#include <string.h>
main( )
{
    int k;
    char st[]="C language";
    k=strlen(st);
   printf("The lenth of the string is %d\n",k);
    getch();
}
```

程序运行结果如图 8.15 所示。

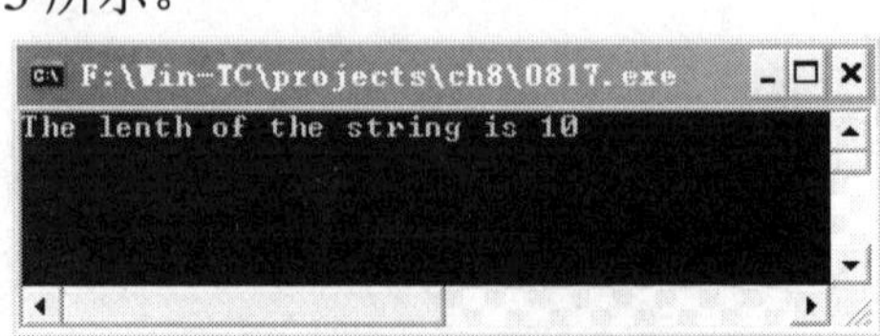

图 8.15　例 8-17 运行结果

8.6 案例学习

【例 8-18】 有 3 个字符串 s1,s2 和 s3，其中 s1="abcdef"；s2="12345"；用字符数组实现将 s1 的内容复制到 s3 中，再将 s2 的内容添加到 s3 的后面，最后输出字符串 s3。

本题涉及三个字符串，而字符串在 C 语言中没有专门的数据类型，因此，考虑定义三个字符数组 s1, s2 和 s3 来分别存储三个字符串，然后将 s1 和 s2 字符数组的内容依次添加到 s3 字符串中，最后加上字符串结束标记即可。程序源码如下：

```
#include <stdio.h>
main()
{   int i;
    char s1[]="abcdef",s2[]="12345",s3[12];
    for(i=0;i<7;i++)            /*将 s1 数组中的字符复制到 s3 中*/
        s3[i]=s1[i];
    for(i=0;i<5;i++)            /*将 s2 数组中的字符复制到 s3 中*/
        s3[i+6]=s2[i];
     s3[i+6]='\0';              /*添加字符串结束标志*/
     printf("%s\n",s3);
     getch();
}
```

程序运行结果如图 8.16 所示。

图 8.16　例 8-18 运行结果

代码说明：本程序要求的功能可以用字符串处理库函数实现。程序如下：

```
#include <stdio.h>
main()
{
     char s1[]="abcdef",s2[]="12345",s3[12];
     strcpy(s3,s1);      /*将字符串 s1 复制到数组 s3 中*/
     strcat(s3,s2);     /*将字符串 s2 连接到字符串 s3 后*/
     printf("%s\n",s3);
     getch();
}
```

【例 8-19】　输入一行字符，统计其中有多少个单词(单词间以空格分隔)，例如，输入 I am a boy，则有 4 个单词。

本题编程思路如下：单词的数目由空格出现的次数决定(连续出现的空格记为一次；一行开头的空格不算)，应逐个检测每一个字符是否为空格。

用 num 表示单词数(初值为 0)。word=0 表示前一字符为空格，word=1 表示前一字符不是空格，word 初值为 0。如果前一字符是空格，当前字符不是空格，则说明出现新单词，num 数加 1。程序源码如下：

```
#include <stdio.h>
main()
{
      char string[81];
      int i,num=0;
      int word=0;
      char c;
      gets(string);
      for(i=0;(c=string[i])!='\0';i++)
            if(c==' ')
                  word=0;
            else if(word==0)
                  {
                        word=1;
                        num++;
                  }
      printf("there are %d words in the line\n",num);
      getch();
}
```

程序运行结果如图 8.17 所示。

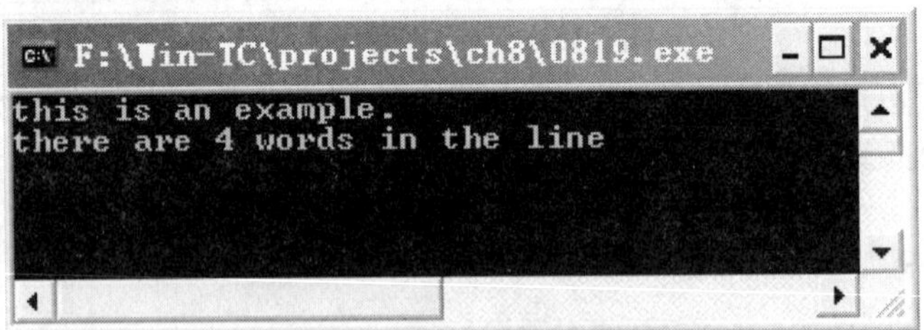

图 8.17　例 8-19 运行结果

【例 8-20】　输入五个字符串并按字母顺序排序输出。

本题编程思路如下：五个字符串应由一个二维字符数组来处理。用字符串比较函数比较各字符串的大小并排序，输出排序结果即可。程序源码如下：

```
#include<stdio.h>
#include<string.h>
```

```
03  main()
04  {    char st[20],cs[5][20];
05       int i,j,p;
06       printf("input country's name:\n");
07       for(i=0;i<5;i++)
08           gets(cs[i]);
09       printf("\n");
10       for(i=0;i<5;i++)
11          {    p=i;
12               strcpy(st,cs[i]);
13               for(j=i+1;j<5;j++)
14                     if(strcmp(cs[j],st)<0)
15                           {p=j;strcpy(st,cs[j]);}
16               if(p!=i)
17                     { strcpy(st,cs[i]); strcpy(cs[i],cs[p]); strcpy(cs[p],st); }
18               puts(cs[i]);
19          }
20     getch();
21  }
```

程序运行结果如图 8.18 所示。

图 8.18　例 8-20 运行结果

代码说明：

✧ 第 07～08 行，用 gets 函数输入五个字符串。上面说过 C 语言允许把一个二维数组按多个一维数组处理，本程序声明 cs[5][20]为二维字符数组，可将其分为五个一维数组 cs[0]，cs[1]，cs[2]，cs[3]，cs[4]，因此在 gets 函数中使用 cs[i]是合法的。

✧ 第 11～19 行，在 for 语句中又嵌套了一个 for 语句组成双重循环。这个双重循环完成按字母顺序排序的工作。在外层循环中把字符数组 cs[i]中的字符串拷贝到数组 st 中，并把下标 i 赋予 p。进入内层循环后，把 st 与 cs[i]以后的各字符串作比较，若有比 st 小者，则把该字符串拷贝到 st 中，并把其下标赋予 p。内循环完成后如果 p 不等于 i，说明有比 cs[i]

更小的字符串出现，因此交换 cs[i]和 st 的内容。至此已确定了数组 cs 的第 i 号元素的排序值，然后输出该字符串。在外循环全部完成之后即完成全部排序和输出。

【例 8-21】 输入三个字符串，输出其中的最大者。

本题可定义一个二维字符数组 str[3][20]存储三个字符串，再定义一个一维字符数组存储三个字符串中的最大者，借助本章中介绍的常用字符串函数可实现。程序源码如下：

```
#include <stdio.h>
main()
{     char string[20];
      char str[3][20];
      int i;
      for(i=0;i<3;i++)
            gets(str[i]);
      if(strcmp(str[0],str[1])>0)
            strcpy(string,str[0]);
      else
            strcpy(string,str[1]);
      if(strcmp(str[2],string)>0)
            strcpy(string,str[2]);
      printf("\nthe largest string is :\n%s",string);
      getch();
}
```

注意：C 语言中进行字符串比较不能使用关系运算符<，而用字符串处理函数 strcmp。

本章小结

本章主要讲述了字符数组、字符串的概念、原理与引用。

字符数组是 C 语言中的重要内容，它是对数值型数组在其元素类型上的推广。它是在程序设计过程中对字符型数据进行处理的重要工具，本章中主要对其基本概念、定义、初始化与引用作了详细介绍。

字符串是在程序设计过程中经常碰到的内容，在 C 语言中，没有专门提供处理字符串的数据类型，而是通过字符数组来实现字符串在计算机中的存储与处理。本章也通过大量的例题说明了其具体实现过程。

为了提高编程的效率，C 语言也提供了使用频率较高的专门的字符串处理函数。熟练掌握这些函数可以极大地提高字符串处理的效率。

第9章 函 数

9.1 概 述

在以前各章的学习过程中可以发现每个程序中只有一个主函数 main()，但在实际应用程序开发或大型程序设计时，程序往往由多个函数组成。函数是 C 语言程序的基本模块，C 语言程序设计就是通过对特定函数模块的调用实现特定的功能。C 语言中的函数相当于其他高级语言(如 Visual Basic)中的子程序或类(Java)。C 语言不仅提供了极为丰富的标准库函数(如 Turbo C，MS C 都提供了 300 多个库函数)，还允许用户自由地建立自己定义的函数。用户可把自己的算法编写成一个个相对独立的函数模块，然后和调用标准函数一样来调用自己定义的函数。可以说 C 语言程序的全部工作都是编写和调用各式各样的函数，所以也把 C 语言程序称为函数式语言或者说 C 语言是由函数组成的。

9.1.1 引入函数的优点

总的来讲，由于 C 语言采用了函数模块式的结构，因此容易实现结构化程序设计。同时也使程序的层次结构更加清晰，便于程序的编写、阅读、调试。

具体来讲，C 语言程序引入函数有以下优点：

(1) 避免重复代码的编写，便于提高程序设计的效率。

程序员可以识别出程序其他部分重复的指令，将其编写成函数，并且在程序的各个部分根据需要调用该函数，这样可以极大地避免重复代码的编写。

【例 9-1】 函数引入实例。

```
#include<stdio.h>
main()
{
    fun();
    fun() ;
    fun();
    getch();
}
fun()
{
    printf("fun function is executed\n");
}
```

运行结果如图 9.1 如示。

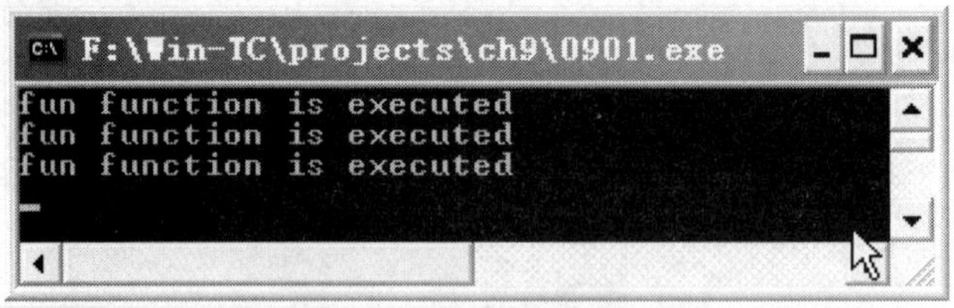

图 9.1　例 9-1 运行结果

代码说明：本程序中定义了一个自定义函数 fun()，其为无参函数(无参函数的概念在后面将要介绍)。在自定义函数体内有一条输出语句“fun function is executed”，而在主函数 main()中要重复三次输出“funfunction is executed”，因此主函数中三次调用了自定义函数 fun()。因为在自定义函数中函数体内的代码并不多，因此避免重复编写代码的效果并不明显，如果自定义函数体内的语句有几十条，甚至几百条，则效果会显得更为清楚。

(2) 层次清楚、结构清晰，便于实现结构化程序设计。

程序员可以将总的任务分解为功能上相对独立的若干个子任务，将每一个子任务编写为一个单独的函数，然后将它们集成于一个统一的程序中。每个函数完成并经过完整测试后，可使其与程序的其他部分无缝耦合，且结构非常清晰。

【例 9-2】　函数引入实例。

```
#include<stdio.h>
main()
{
    input();
    processing();
    output();
}
input()
{
    printf("this is the input module\n");
}
processing()
{
    printf("this is the data processing module\n");
}
output()
{
    printf("this is the output module\n");
}
```

程序运行结果如图 9.2 所示。

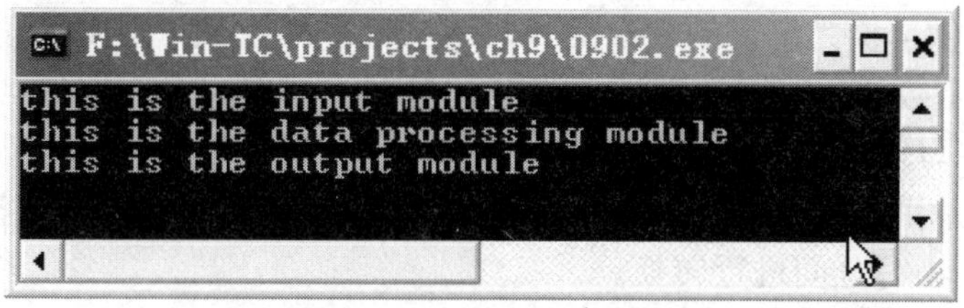

图 9.2 例 9-2 运行结果

代码说明：由于引入了自定义函数，因此主函数的结构非常简单清楚，整个程序由三个自定义函数 input、processing 和 output 组成，而三个自定义函数的功能相互又较为独立，可以由不同的人去编写与调试，最后在主函数中由主函数统一调用就可以了。

(3) 高效、快捷，便于程序的阅读与调试及便于多人合作。

一旦一个函数完成并且经过测试后就可以完成预定的工作。此函数也可以载入库中并且可在完全不同的另段程序中被反复调用。这样既能高效地进行各个功能的测试，同时也可以满足多人同时编写程序代码，提高程序设计的效率。

9.1.2 函数的分类

在 C 语言中可从不同的角度对函数进行分类。

(1) 从函数定义的角度看，函数可分为标准函数和用户自定义函数两种。

① 标准函数：此类函数由 C 系统提供，用户无需定义，也不必在程序中作类型说明，只需在程序前包含有该函数原型的头文件即可在程序中直接调用它。在前面各章的例题中反复用到的函数 printf、scanf、getchar、putchar、gets、puts、strcat 等均属此类。

② 用户自定义函数：由用户按需要自己编写的函数。对于用户自定义函数，不仅要在程序中定义函数本身，即编写实现函数实现功能的程序代码，而且在主调函数模块中还必须对该被调函数进行类型说明，然后才能如标准函数一样来使用。

(2) C 语言的函数兼有其它语言中的函数和过程两种功能，从这个角度看，又可把函数分为有返回值函数和无返回值函数两种。

① 有返回值函数：此类函数被调用执行完后将向调用者返回一个执行结果，称为函数返回值，如数学函数即属于此类函数。由用户定义的这种要返回函数值的函数，必须在函数定义和函数说明中明确返回值的类型。

② 无返回值函数：此类函数用于完成某项特定的处理任务，执行完成后不向调用者返回函数值。这类函数类似于其它语言的过程。由于函数无需返回值，用户在定义此类函数时可指定它的返回为空类型，空类型的说明符为 void。

(3) 从主调函数和被调函数之间数据传送的角度看，函数又可分为无参函数和有参函数两种。

① 无参函数：函数定义、函数说明及函数调用中均不带参数。主调函数和被调函数之间不进行参数传送。此类函数通常用来完成一组指定的功能。

② 有参函数：也称为带参函数。在函数定义及函数说明时都有参数，称为形式参数(简称为形参)；在函数调用时也必须给出参数，称为实际参数(简称为实参)。进行函数调用时，主调函数将把实参的值传送给形参，形参获得值以后，执行函数所对应的代码。

(4) C语言提供了极为丰富的标准函数，这些标准函数又可从功能角度作以下分类：

① 字符类型函数：用于对字符按ASCII码分类。字符可分为字母、数字、控制字符、分隔符、大小写字母等。

② 转换函数：用于字符或字符串的转换；在字符量和各类数字量(整型，实型等)之间进行转换；在大、小写之间进行转换。

③ 目录路径函数：用于文件目录和路径的操作。

④ 诊断函数：用于内部错误的检测。

⑤ 图形函数：用于屏幕管理和实现各种图形功能。

⑥ 输入输出函数：用于完成特定的输入输出功能。

⑦ 接口函数：用于与DOS、BIOS和硬件的接口。

⑧ 字符串函数：用于字符串的操作和处理。

⑨ 内存管理函数：用于内存的管理。

⑩ 数学函数：用于数学函数的计算。

⑪ 日期和时间函数：用于日期、时间的转换及操作。

⑫ 进程控制函数：用于进程的管理和控制。

⑬ 其它函数：用于其它各种功能。

以上各类函数不仅数量多，而且有的还需要具备一定的计算机硬件知识才可完全掌握，因此要想全部掌握以上函数，需要一个较长的学习过程。首先要掌握一些最基本、最常用的函数，再逐步深入。由于课时关系，我们只介绍了很少一部分常用的库函数，其余部分读者可根据自己的需要查阅有关手册。

还应该指出的是，在C语言中，所有的函数定义，包括主函数main在内，都是平行的。也就是说，在一个函数的函数体内，不能再定义另一个函数，即不能嵌套定义。但是函数之间允许相互调用，也允许嵌套调用，习惯上把调用者称为主调函数。函数还可以自己调用自己，称为递归调用。

main 函数是主函数，它可以调用其他函数，而不允许被其他函数调用。因此，C程序的执行总是从main函数开始，完成对其他函数的调用后再返回到main函数，最后由main函数结束整个程序。一个C源程序必须有且只有一个主函数main。

9.2 自定义函数

在学习了有关函数的简单介绍之后，下面我们将详细讨论自定义函数的使用方法。和变量的使用一样，使用自定义函数前必须先声明(定义)该函数，这是使用自定义函数的基本要求，在初步学习时一定要养成这样的习惯。

函数声明和以前对变量与数组的声明原理是完全一样的。当需要执行函数时，编译器必须知道函数已被定义并转向函数定义的地方。编程时使用的第一个函数就是主函数，它是最基本的函数。在主函数中，其他的函数被调用。

C 语言中函数的定义分为两步：第一步为函数名和参数定义，被称为函数首部；第二步为执行部分的定义，被称为函数体。

函数定义的一般形式可表示如下：

```
数据类型 函数名(参数 1, 参数 2)
{
    声明部分;
    执行部分;
}
```

注意：

(1) 函数名前的数据类型指的是函数调用完成后所要返回的值的类型，可以是 int、float 或 char 等。在具体函数定义过程中，根据需要，函数名前的数据类型可以省略，如果省略数据类型，系统默认函数的返回值为 int 型。

(2) 参数就是人们所熟悉的变量。这些参数或变量只在该函数内部声明，即它们仅仅能在特定声明的函数中使用，也就是局部变量。

(3) 函数的名称与参数一起定义，编译器遇到函数时将控制转到相关的函数，将控制权转移到其它函数的函数称为调用函数，接受控制权后执行函数体内的内容的函数称为被调用函数。

下面举例对函数的定义与函数的调用进行说明，为了使问题简单，我们以无参函数为例。

【例 9-3】　函数调用实例。

```
#include<stdio.h>
main()     /*调用函数*/
{
    tips();
    printf("\n success is about hanging on after others have let go");
    getch();
}
/*以下为被调用函数的声明*/
tips()
{
    printf("\nwhen you reach the end of the rope tie a knot &   hang on\n");
}
```

程序运行结果如图 9.3 如示。

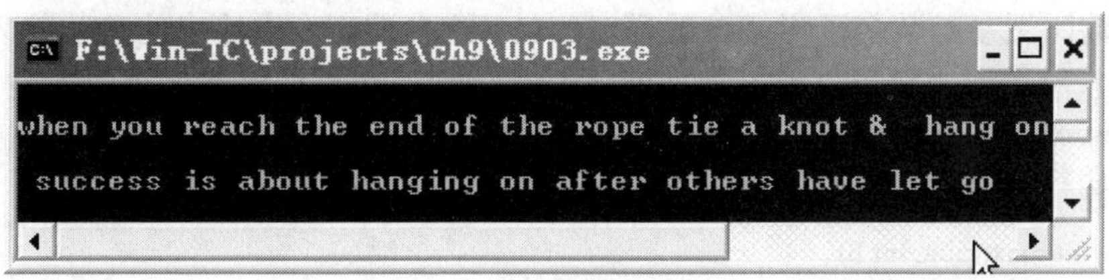

图 9.3　例 9-3 运行结果

代码说明：以上程序中主函数 main 调用了子函数 tips，而子函数 tips 中只有一条输出语句 printf。main 为调用函数，而 tips()为被调用函数。

9.2.1　无参函数的定义形式

无参函数指的是省略了形参的函数，其定义形式为：

```
类型标识符　函数名()
{
    声明部分
    语句
}
```

其中，类型标识符和函数名称为函数首部。类型标识符指明了本函数的类型，同样，函数的类型实际上是函数返回值的类型。该类型标识符与前面介绍的各种说明符相同。函数名是由用户定义的标识符，函数名后有一个空括号，其中无参数，但括号必不可少。

一对大括号{}中的内容称为函数体。在函数体中有声明部分和执行部分，声明部分是对函数体内部所用到的变量或函数类型的说明；而执行部分是对函数所要实现功能的代码实现。

在很多情况下都不要求无参函数有返回值，此时函数类型标志符可以写为 void。

我们可以改写一个函数定义：

```
void Hello()
{
    printf ("Hello,world \n");
}
```

Hello 函数是一个无参函数，当被其它函数调用时，输出 Hello world 字符串。

9.2.2　有参函数定义的一般形式

有参函数指的是带有形式参数的函数，其定义形式为：

```
类型标识符　函数名(形式参数列表)
{
    声明部分
    语句
}
```

有参函数比无参函数多了形式参数列表。在形式参数列表中给出的参数称为形式参数，它们可以是各种类型的变量，各参数之间用逗号隔开。在进行函数调用时，主调函数将赋予这些形式参数实际的值。形参既然是变量，必须在形参表中给出形参的类型说明。例如，定义一个函数，用于求两个数中的较大数，代码可写为：

```
int max(int a, int b)
{
    if (a>b)
```

```
04          return a;
05      else
06          return b;
07  }
```

代码说明：

✧ 第 01 行说明 max 函数是一个整型函数，其返回的函数值是一个整数。形参 a, b 均为整型变量。a, b 的具体值是由主调函数在调用时传送过来的。

✧ 第 02～05 行为函数的函数体，由一对{}标志，函数体内，除形参外没有使用其它变量，因此只有语句而没有声明部分。在 max 函数体中的 return 语句是把 a(或 b)的值作为函数的值返回给主调函数。有返回值的函数中至少应有一个 return 语句。

在 C 程序中，一个函数的定义可以放在任意位置，既可放在主函数 main 之前，也可放在 main 之后。但在 main 函数中，调用自定义函数之前通常要求对其进行声明。

例如：可把 max 函数置在 main 之后，也可以把它放在 main 之前。修改后的程序如例 9-4 所示。

【例 9-4】 函数定义实例。

```
#include<stdio.h>
int max(int a,int b)
{
    if(a>b)
        return a;
    else
        return b;
}
main()
{
    int max(int a,int b);
    int x,y,z;
    printf("input two numbers:\n");
    scanf("%d%d",&x,&y);
    z=max(x,y);
    printf("maxmum=%d",z);
}
```

程序运行结果如图 9.4 所示。

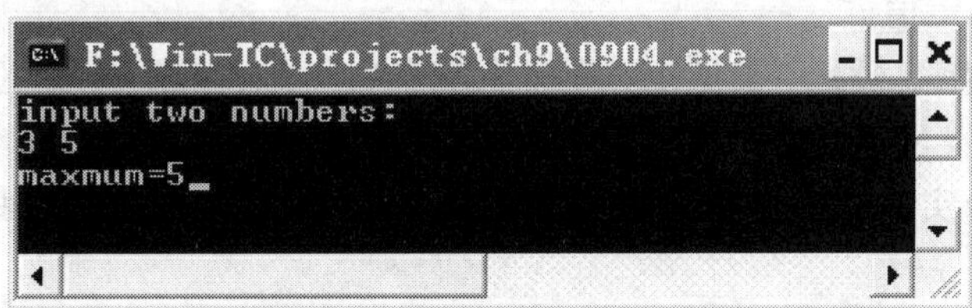

图 9.4 例 9-4 运行结果

代码说明：

✧ 第 02 行～第 08 行为 max 函数定义。

✧ 进入主函数后，因为准备调用 max 函数，故先对 max 函数进行说明(程序第 11 行)。函数定义和函数说明并不是一回事，在后面还要专门讨论。 可以看出函数说明与函数定义中的函数头部分相同，但是末尾要加分号。

✧ 第 15 行，调用 max 函数，并把 x, y 中的值传送给 max 的形参 a, b。max 函数执行的结果(a 或 b)将返回给变量 z。最后由主函数输出 z 的值。

【例 9-5】 以下叙述中正确的是( )。

A．构成 C 程序的基本单位是函数

B．可以在一个函数中定义另一个函数

C．main()函数必须放在其它函数之前

D．所有被调用函数一定要放在调用函数之前

解析：C 语言程序是由函数组成的，因此，A 选项是正确的。可以在一个函数中调用另一函数，但在定义时，不能嵌套定义，故 B 选项是错误的。main()函数可放在其它函数之前，也可以放在其它函数之后，故 C 选项是错误的。被调函数可以放在调用函数之前，也可以放在调用函数之后，如果放在被调函数之后，前面一般要对函数声明，故 D 选项是错误的。

9.3 函数的参数与函数的值

9.3.1 形式参数和实际参数

前面已经提到过，函数的参数分为形参和实参两种。本小节进一步详细介绍形参、实参的特点及其传值的过程。形参出现在函数定义中，在整个函数体内都可以使用，离开该函数则不能使用。实参出现在主调函数中，进入被调函数后，实参变量也不能使用。形参和实参的功能是作数据传送，即发生函数调用时，主调函数把实参的值传送给被调函数的形参从而实现主调函数向被调函数的数据传送。

函数的形参和实参具有以下特点：

(1) 形参变量只有在被调用时才分配临时内存单元，在调用结束时，立即释放所分配的临时存储单元。因此，形参只有在函数内部有效，函数调用结束返回主调函数后则不能再使用该形参变量。

(2) 实参可以是常量、变量、表达式、函数等，无论实参是何种类型的量，在进行函数调用时，它们都必须具有确定的值，以便把这些值传送给形参。因此应预先用赋值、输入等办法使实参获得确定值。

(3) 实参和形参在数量上、类型上、顺序上应严格一致，否则会发生类型不匹配的错误。

(4) 函数调用中发生的数据传送是单向的，即只能把实参的值传送给形参，而不能把形参的值反向地传送给实参。因此在函数调用过程中，形参的值发生改变，而实参中的值不会变化。

如图 9.5 所示，变量 a,b 为实参，其值分别为 2 和 3。变量 x,y 为形参，在参数传递过

程中，实参的值传递给形参，形参获得实参的值后进行处理，最后形参 x，y 的值变为 10 和 15，但实参的值没有改变，仍然为 2 和 3。也就是形参的值不能传递给实参。

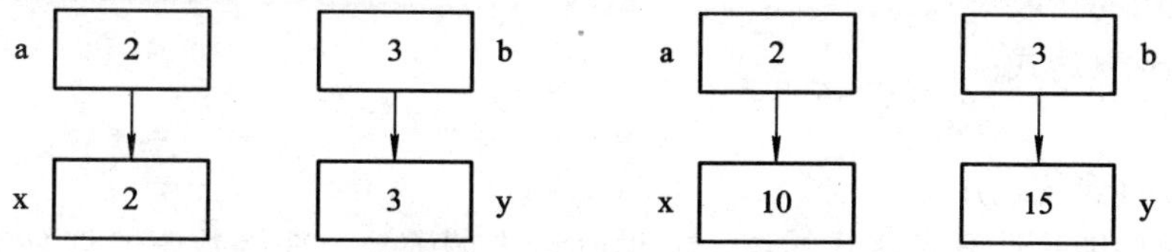

图 9.5　形参与实参的传递原理

【例 9-6】　形参与实参的传递。

```
#include<stdio.h>
main()
{
    int n;
    printf("input number\n");
    scanf("%d",&n);
    s(n);
    printf("n=%d\n",n);
}
int s(int n)
{
    int i;
    for(i=n-1;i>=1;i--)
        n=n+i;
    printf("n=%d\n",n);
    getch();
}
```

代码说明：

✧ 本程序中定义了一个函数 s，该函数的功能是求 n+(n−1)+(n−2)+…+2+1 的值。在主函数中输入 n 值，并作为实参，在调用时传送给 s 函数的形参量 n(注意，本例的形参变量和实参变量的标识符都为 n，但这是两个不同的量，各自的作用域不同)。

✧ 在主函数中用 printf 语句输出一次 n 值，这个 n 值是实参 n 的值。在函数 s 中也用 printf 语句输出了一次 n 值，这个 n 值是形参最后取得的 n 值。

✧ 从运行情况看，输入 n 值为 100。即实参 n 的值为 100。把此值传给函数 s 时，形参 n 的初值也为 100，在执行函数过程中，形参 n 的值变为 5050。返回主函数之后，输出实参 n 的值仍为 100，可见实参的值不随形参的变化而变化。

9.3.2　函数的返回值

函数的返回值是指函数被调用之后，执行函数体中的程序段所取得的并返回给主调函数的值。如调用正弦函数取得正弦值，调用 max 函数取得的最大数等。对函数的值(或称函数返回值)需要强调以下方面：

(1) 函数的值只能通过 return 语句返回主调函数。

return 语句的一般形式为：

return 表达式；

或者

return (表达式)；

该语句的功能是计算表达式的值，并返回给主调函数。在函数中允许有多个 return 语句，但每次调用只能有一个 return 语句被执行，因此只能返回一个函数值。

函数值的类型和函数定义中函数的类型应保持一致。如果两者不一致，则以函数定义的类型为准，自动进行类型转换。

【例 9-7】 以下函数值的类型为(　)。

```
func(float a)
{
      float   s;
      s+=5*a-1;
      return s;
}
```

A. int　　B. void　　C. float　　D. 不确定

解析：由于函数首部省略了数据类型，因此系统默认为 int 型，而在函数体内由于返回的是变量 s 的值，而 s 的值定义为 float，与 int 型不符，这种情况下以定义类型为准，即返回值为 int 型。

(2) 如函数值为整型，在函数定义时可以省去类型说明。

(3) 不返回函数值的函数，可以明确定义为空类型，类型说明符为 void。如例 9-6 中函数 s 并不向主函数返函数值，因此可定义为：

```
void s(int n)
{
    ⋮
}
```

一旦函数被定义为空类型后，就不能在主调函数中使用被调函数的函数值了。例如，在定义 s 为空类型后，在主函数中写下述语句：

sum=s(n);

就是错误的。

为了增强程序的可读性并减少出错，凡不要求返回值的函数都应定义为空类型。

9.3.3　函数的调用

前面已经详细讲述了自定义函数的过程，如果定义了函数但不调用它，那么函数就起不了任何作用，因此，定义完函数后就要调用函数。

1．函数调用基本原理

调用函数时要提供函数的调用标识，然后即可从相应的位置开始执行。当编译器遇到这个标识时，就会将控制权交给函数，然后执行函数体。

可以通过指定带有参数列表的函数名称进行调用和访问函数，例如在函数括号中规定相应的数据类型的变量，把它们用逗号分开。是否包括参数取决于函数的具体功能，对于没有参数的函数在其后跟随一对空括号。

2．函数调用的一般形式

在程序中是通过对函数的调用来执行函数体的，其过程与其它语言的子程序调用完全相同。

C 语言中，函数调用的一般形式为：

　　函数名(实际参数表)

对无参函数进行调用时则无实际参数表。实际参数表中的参数可以是常数、变量或其它构造类型数据及表达式，各实参之间用逗号分隔。

3．函数调用的方式

在 C 语言中，可以用以下几种方式调用函数：

(1) 函数表达式：函数作为表达式中的一项出现在表达式中，以函数返回值参与表达式的运算。这种方式要求函数是有返回值的。

例如：z=max(x,y)是一个赋值表达式，把 max 的返回值赋予变量 z。

(2) 函数语句：函数调用的一般形式加上分号即构成函数语句。

例如：printf ("%d",a); 和 scanf ("%d",&b); 都是以函数语句的方式调用函数。

(3) 函数实参：函数作为另一个函数调用的实际参数出现。这种情况是把该函数的返回值作为实参进行传送，因此要求该函数必须是有返回值的。

例如：printf("%d",max(x,y)); 即是把 max 调用的返回值又作为 printf 函数的实参来使用的。在函数调用中还应该注意的一个问题是求值顺序的问题。所谓求值顺序，是指对实参表中各量是自左至右使用，还是自右至左使用。对此，各系统的规定不一定相同。介绍 printf 函数时已提到过，这里从函数调用的角度再强调一下。

【例 9-8】　函数调用实例。

```
#include<stdio.h>
main()
{
    int i=8;
    printf("%d\r%d\r%d\r%d\r",++i,--i,i++,i--);
    getch();
}
```

如按照从右至左的顺序求值，运行结果应为：

　　8　7　7　8

如对 printf 语句中的++i，--i，i++，i--从左至右求值，结果应为：

　　9　8　8　9

应特别注意的是，无论是从左至右求值，还是自右至左求值，其输出顺序都是不变的，即输出顺序总是和实参表中实参的顺序相同。由于 Turbo C 现定是自右至左求值，所以结果为 8，7，7，8。

4．被调用函数的声明和函数原型

在主调函数中调用某函数之前应对该被调函数进行说明(声明)，这与使用变量之前要先进行变量说明是一样的。在主调函数中对被调函数作说明的目的是使编译系统知道被调函数返回值的类型，以便在主调函数中按此种类型对返回值作相应的处理。

函数声明的一般形式为：

　　类型说明符 被调函数名(类型 形参，类型 形参，…)；

或可以表示为：

　　类型说明符 被调函数名(类型，类型，…)；

括号内给出了形参的类型和形参名，或只给出形参类型。这便于编译系统进行检错，以防止可能出现的错误。

C 语言中又规定在以下几种情况时可以省去主调函数中对被调函数的函数说明：

(1) 如果被调函数的返回值是整型或字符型时，可以不对被调函数作说明，而直接调用。这时系统将自动对被调函数返回值按整型处理。例 9-6 就属于这种情况。

(2) 当被调函数的函数定义出现在主调函数之前时，在主调函数中也可以不对被调函数再作说明而直接调用。例 9-4 中，函数 max 的定义放在 main 函数之前，因此可在 main 函数中省去对 max 函数的函数说明 int max(int a,int b)。

(3) 如在所有函数定义之前，在函数外预先说明了各个函数的类型，则在以后的各主调函数中，可不再对被调函数作说明。例如：

```
01  char str(int a);
02  float f(float b);
03  main()
04  {
05       ⋮
06  }
07  char str(int a)
08  {
09       ⋮
10  }
11  float f(float b)
12  {
13       ⋮
14  }
```

其中 01 行和 02 行对 str 函数和 f 函数预先作了说明。因此在以后各函数中无需对 str 和 f 函数再作说明就可直接调用。

对库函数的调用不需要再作说明，但必须把该函数的头文件用 include 命令包含在源文件前部。

9.4 函数的嵌套调用

前面在函数定义的时候提到，C 语言中不允许作嵌套的函数定义。因此各函数之间是平行的，不存在上一级函数和下一级函数的问题。但是 C 语言允许在一个函数的定义中出现对另一个函数的调用，这样就出现了函数的嵌套调用，即在被调函数中又调用其它函数。这与其它语言的子程序嵌套的情形是类似的。

9.4.1 函数嵌套调用的原理

C 程序中的函数定义是互相独立的，函数和函数之间没有从属关系，即一个函数内不允许包含另一个函数的定义。C 语言不能嵌套定义，但可以嵌套调用，即在一方函数调用另一方函数的同时，又调用了第三方函数，其关系如图 9.6 所示。

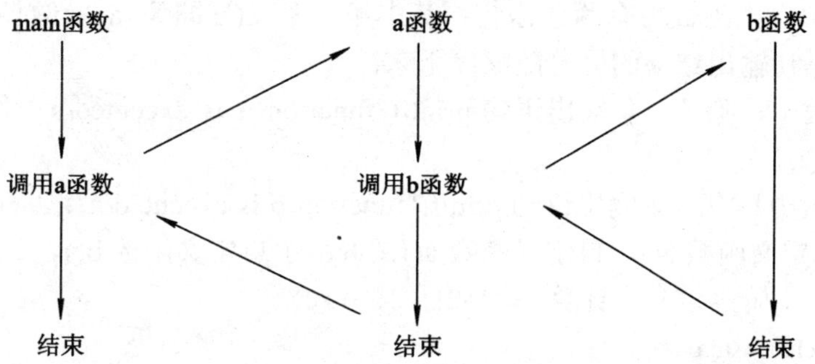

图 9.6 函数嵌套调用原理

其执行过程是：执行在 main 函数中调用 a 函数的语句时，即转去执行 a 函数，在 a 函数中调用 b 函数时，又转去执行 b 函数，b 函数执行完毕返回 a 函数的调用点继续执行，a 函数执行完毕返回 main 函数的调用点继续执行。下面以具体的实例来体会函数的嵌套关系。

9.4.2 函数嵌套调用实例

【例 9-9】 函数嵌套调用示例。

```
#include<stdio.h>
main()
{
      a();
      getch();
}
a ()
{
      printf("function a is executed\n");
      b();
```

```
}
b()
{
        printf("function b is executed\n");
}
```

程序运行结果如图 9.7 所示。

图 9.7　例 9-9 运行结果

代码说明：

✧ 在程序中，主函数中有两条语句：其中第一条 a(); 即为 a 函数调用语句，另一条 getch(); 的功能是让输出结果的屏幕能够停下来。

✧ 在 a 函数中，除了一条输出语句 printf("function a is executed/n");外，还有另一条 b 函数调用语句 b();。

✧ 在 b 函数中只有一条输出语句 printf("function b is executed/n");。程序的运行过程为在主函数调用自定义函数 a()，自定义函数 a()又调用了自定义函数 b()。

【例 9-10】　阶乘求和，计算 s=1!+2!+3!+⋯+n!。

```
#include<stdio.h>
long b(int n)
{
    int i;
    long k=0;
    long a(int n);
    for(i=1;i<=n;i++)
        k=k+a(i);
    return k;
}
long a(int n)
{
    long c=1;
    int i;
    for(i=1;i<=n;i++)
        c=c*i;
    return c;
}
```

```
main()
{
    int i,n;
    long s;
    scanf("%d",&n);
    s=b(n);
    printf("\ns=%ld\n",s);
    getch();
}
```

代码说明：

✧ 在程序中，a()函数求 n!，b()函数求 n 个数的和。

✧ 在主程序中，以 n 的值作为实参调用 b()函数。

✧ 在 b()函数中反复调用 a()函数，每调用一次 a()函数，将阶乘的值返回到 b()函数中并累加求和，由于数值可能很大，所以函数和一些变量的类型说明为长整型，否则会造成计算错误。

✧ 扩展训练：分析该程序的执行过程。

9.5 函数的递归调用

9.5.1 函数递归调用原理

一个函数在它的函数体内调用其自身称为递归调用，这种函数称为递归函数。C 语言允许函数的递归调用。在递归调用中，主调函数又是被调函数。执行递归函数将反复调用其自身，每调用一次就进入新的一层。

例如，有函数 f 如下：

```
int f(int x)
{
    int  z;
    y=f(x);
    return z;
}
```

这个函数是一个递归函数。但是运行该函数将无休止地调用其自身，这当然是不正确的。为了防止递归调用无休止地进行，必须在函数内有终止递归调用的手段，常用的办法是加条件判断，满足某种条件后就不再作递归调用，然后逐层返回。下面举例说明递归调用的执行过程。

(1) 直接递归调用：一个函数可直接调用该函数本身的情况称为直接递归调用。例如：

```
float func(int )
{
```

```
    int m;
    float f;
    ⋮
    f=func(m)
    ⋮
}
```

(2) 间接递归调用：一个函数可间接地调用该函数本身的情况称为间接递归调用。例如：

```
func1(n)
int n;
{
    int m;
    ⋮
    func2(m);
    ⋮
}
```

```
func2(x)
int x;
{
    int y;
    ⋮
    func1(y);
    ⋮
}
```

9.5.2 函数递归调用实例

【例 9-11】　函数递归调用的简单例子。

```
#include<stdio.h>
main()
{   a();
    getch();
}
a()
{
    printf("this function is executed\n");
    a();
}
```

程序运行结果如图 9.8 所示。

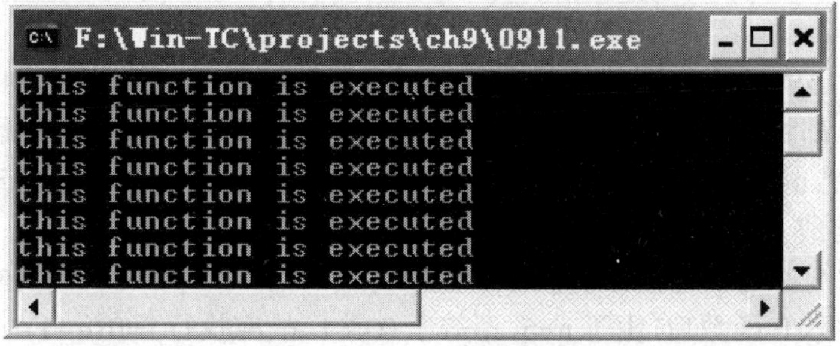

图 9.8　例 9-11 运行结果

代码说明：从以上运行结果可以看出，程序无休止运行下去，即出现死循环。因此，在用递归法解决问题时，一定要注意两方面的问题：第一，在每次递归时，规模一定要有逐渐减小的趋势；第二，递归一定要有一个递归出口，否则程序会陷入死循环。

【例 9-12】　用递归法计算 n!。

用递归法计算 n!可用下述公式表示：

n!=1　　　(n=0,1)

n×(n−1)!　　(n>1)

按公式可编程如下：

```
#include<stdio.h>
long ff(int n)
{
    long f=0;
    if(n<0)
        printf("n<0,input error");
    else if(n==0||n==1)
        f=1;
    else
        f=ff(n-1)*n;
    return(f);
}
main()
{
    int n;
    long y;
    printf("\ninput a inteager number:\n");
    scanf("%d",&n);
    y=ff(n);
    printf("%d!=%ld",n,y);
    getch();
}
```

代码说明：

✧ 程序中给出的函数 ff 是一个递归函数。主函数调用 ff 后即进入函数 ff 执行，如果 n<0, n=0 或 n=1，都将结束函数的执行，否则就递归调用 ff 函数自身。由于每次递归调用的实参为 n−1，即把 n−1 的值赋予形参 n，最后当 n−1 的值为 1 时再作递归调用，形参 n 的值也为 1，递归将终止。然后可逐层退回。

✧ 下面再举例说明该过程。设执行本程序时输入为 5，即求 5!。在主函数中的调用语句即为 y=ff(5)，进入 ff 函数后，由于 n=5，不等于 0 或 1，故应执行 f=ff(n−1)*n，即 f=ff(5−1)*5。该语句对 ff 作递归调用即 ff(4)。

✧ 进行 4 次递归调用后，ff 函数形参取得的值变为 1，故不再继续递归调用而开始逐层返回主调函数。ff(1)的函数返回值为 1，ff(2)的返回值为 1*2=2，ff(3)的返回值为 2*3=6，ff(4)的返回值为 6*4=24，最后返回值 ff(5)为 24*5=120。

【例 9-13】 Hanoi 塔问题。

一块板上有三根针 A，B，C。A 针上套有 64 个大小不等的圆盘，大的在下，小的在上。现要把这 64 个圆盘从 A 针移动 C 针上，每次只能移动一个圆盘，移动可以借助 B 针进行。但在任何时候，任何针上的圆盘都必须保持大盘在下，小盘在上。求移动的步骤。本题算法分析如下：

设 A 上有 n 个盘子。

如果 n=1，则将圆盘从 A 直接移动到 C。

如果 n=2，则

(1) 将 A 上的 n−1(等于 1)个圆盘移到 B 上；

(2) 将 A 上的一个圆盘移到 C 上；

(3) 将 B 上的 n−1(等于 1)个圆盘移到 C 上。

如果 n=3，则

(1) 将 A 上的 n−1(等于 2，令其为 n')个圆盘移到 B 上(借助于 C)，步骤如下：

① 将 A 上的 n'−1(等于 1)个圆盘移到 C 上；

② 将 A 上的一个圆盘移到 B 上；

③ 将 C 上的 n'−1(等于 1)个圆盘移到 B 上。

(2) 将 A 上的一个圆盘移到上 C 上；

(3) 将 B 上的 n−1(等于 2，令其为 n')个圆盘移到 C 上(借助 A)，步骤如下：

① 将 B 上的 n'−1(等于 1)个圆盘移到 A 上；

② 将 B 上的一个盘子移到 C 上；

③ 将 A 上的 n'−1(等于 1)个圆盘移到 C 上。

到此，完成了三个圆盘的移动过程。

从上面分析可以看出，当 n≥2 时，移动的过程可分解为三个步骤：

第一步：把 A 上的 n−1 个圆盘移到 B 上；

第二步：把 A 上的一个圆盘移到 C 上；

第三步：把 B 上的 n−1 个圆盘移到 C 上，其中第一步和第三步是一样的。

当 n=3 时，第一步和第三步又分解为类似的三步，即把 n'−1 个圆盘从一个针移到另一个针上，这里的 n'=n−1。显然这是一个递归过程，因此代码可编写如下：

```
#include<stdio.h>
move(int n,int x,int y,int z)
{
    if(n==1)
        printf("%c-->%c\n",x,z);
    else
    {
        move(n-1,x,z,y);
        printf("%c-->%c\n",x,z);
        move(n-1,y,x,z);
    }
}
main()
{
    int h;
    printf("\ninput number:\n");
    scanf("%d",&h);
    printf("the step to moving %2d diskes:\n",h);
    move(h,'a','b','c');
    getch();
}
```

当 n=3 时，程序运行结果如图 9.9 所示。

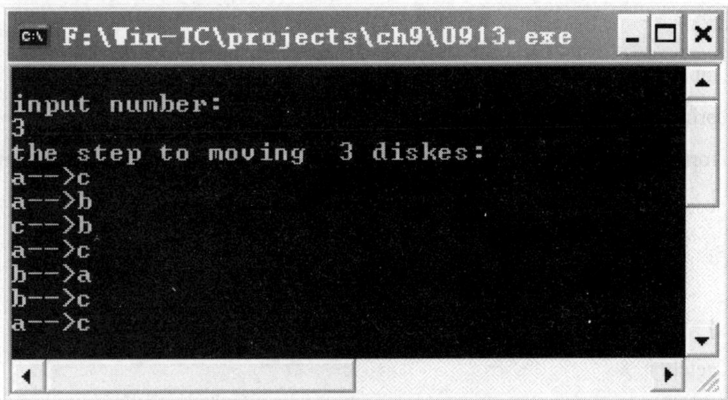

图 9.9　例 9-13 运行结果

代码说明：从程序中可以看出，move 函数是一个递归函数，它有 4 个形参 n,x,y,z。n 表示圆盘数，x,y,z 分别表示三根针。move 函数的功能是把 x 上的 n 个圆盘移动到 z 上。当 n=1 时，直接把 x 上的圆盘移至 z 上，输出 x→z。如 n!=1 则分为三步：递归调用 move 函数，把 n−1 个圆盘从 x 移到 y；输出 x→z；递归调用 move 函数，把 n−1 个圆盘从 y 移到 z。在递归调用过程中 n=n−1，故 n 的值逐次递减，最后 n=1 时，终止递归，逐层返回。

9.6　数组作为函数参数

数组可以作为函数的参数使用，进行数据传送。数组用作函数参数有两种形式：一种是把数组元素(下标变量)作为实参使用；另一种是把数组名作为函数的形参和实参使用。

9.6.1　数组元素作函数实参

数组元素就是下标变量，它与普通变量并无区别。因此它作为函数实参使用与普通变量是完全相同的，在发生函数调用时，把作为实参的数组元素的值传送给形参，实现单向的值传送。

【例 9-14】　判断一个整数数组中各元素的值，若大于 0 则输出该值，若小于等于 0 则输出 0 值。编程如下：

```
#include<stdio.h>
void nzp(int v)
{
    if(v>0)
        printf("%d ",v);
    else
        printf("%d ",0);
}
main()
{
    int a[5],i;
    printf("input 5 numbers\n");
    for(i=0;i<5;i++)
    {
        scanf("%d",&a[i]);
        nzp(a[i]);
    }
    getch();
}
```

代码说明：本程序中首先定义一个无返回值函数 nzp，并说明其形参 v 为整型变量。在函数体中根据 v 值输出相应的结果。在 main 函数中用一个 for 语句输入数组各元素，每输入一个就以该元素作实参调用一次 nzp 函数，即把 a[i]的值传送给形参 v，供 nzp 函数使用。

9.6.2　数组名作为函数参数

用数组名作函数参数与用数组元素作实参有几点不同。

(1) 用数组元素作实参时，只要数组类型和函数的形参变量的类型一致，那么作为下标变量的数组元素的类型也和函数形参变量的类型是一致的。因此，并不要求函数的形参也是下标变量。换句话说，对数组元素的处理是按普通变量对待的。用数组名作函数参数时，则要求形参和相应的实参都必须是类型相同的数组，都必须有明确的数组说明。当形参和实参二者不一致时，即会发生错误。

(2) 在普通变量或下标变量作函数参数时，形参变量和实参变量是由编译系统分配的两个不同的内存单元。在函数调用时发生的值传送是把实参变量的值赋予形参变量。在用数组名作函数参数时，不是进行值的传送，即不是把实参数组的每一个元素的值都赋予形参数组的各个元素。因为实际上形参数组并不存在，编译系统不为形参数组分配内存。那么，数据的传送是如何实现的呢？我们曾介绍过，数组名就是数组的首地址，因此在数组名作函数参数时所进行的传送只是地址的传送，也就是说把实参数组的首地址赋予形参数组名。形参数组名取得该首地址之后，也就等于有了实在的数组。实际上是形参数组和实参数组为同一数组，共同拥有一段内存空间。图 9.10 说明了这种情形。

	a[0]	a[1]	a[2]	a[3]	a[4]	a[5]	a[6]	a[7]	a[8]	a[9]
起始地址 2000	2	4	6	8	10	12	14	16	18	20
	b[0]	b[1]	b[2]	b[3]	b[4]	b[5]	b[6]	b[7]	b[8]	b[9]

图 9.10　函数值传递原理

设 a 为实参数组，类型为整型，a 占有以 2000 为首地址的一块内存区；b 为形参数组名。当发生函数调用时，进行地址传送，把实参数组 a 的首地址传送给形参数组名 b，于是 b 也取得该地址 2000。于是 a，b 两数组共同占有以 2000 为首地址的一段连续内存单元。从图中还可以看出，a 和 b 下标相同的元素实际上也占相同的两个内存单元(整型数组每个元素占 2 个字节)。例如，a[0]和 b[0]都占用 2000 和 2001 单元，当然 a[0]等于 b[0]。依此类推，则有 a[i]等于 b[i]。

【例 9-15】　数组 a 中存放了一个学生 5 门课程的成绩，求平均成绩。

```
#include<stdio.h>
float aver(float a[5])
{
    int i;
    float av,s=a[0];
    for(i=1;i<5;i++)
        s=s+a[i];
    av=s/5;
    return av;
}
void main()
{
    float sco[5],av;
    int i;
```

```
    printf("\ninput 5 scores:\n");
    for(i=0;i<5;i++)
        scanf("%f",&sco[i]);
    av=aver(sco);
    printf("average score is %5.2f",av);
    getch();
}
```

代码说明：本程序首先定义了一个实型函数 aver，有一个形参为实型数组 a，长度为 5。在函数 aver 中，把各元素值相加求出平均值，返回给主函数。主函数 main 中首先完成数组 sco 的输入，然后以 sco 作为实参调用 aver 函数，函数返回值送 av，最后输出 av 值。从运行情况可以看出，程序实现了所要求的功能。

(3) 前面已经提到过，在变量作函数参数时，所进行的值传送是单向的。即只能从实参传向形参，不能从形参传回实参。形参的初值和实参相同，而形参的值发生改变后，实参并不变化，两者的终值是不同的。而当用数组名作函数参数时，情况则不同。由于实际上形参和实参为同一数组，因此当形参数组发生变化时，实参数组也随之变化。当然这种情况不能理解为发生了“双向”的值传递。但从实际情况来看，调用函数之后实参数组的值将由于形参数组值的变化而变化。为了说明这种情况，把例 9-15 改写为例 9-16 的形式。

【例 9-16】　判断一个整数数组中各元素的值，若小于 0 则置为 0。

```
#include<stdio.h>
void nzp(int a[5])
{
    int i;
    printf("\nvalues of array a are:\n");
    for(i=0;i<5;i++)
    {
        if(a[i]<0) a[i]=0;
        printf("%d ",a[i]);
    }
}
main()
{
    int b[5],i;
    printf("\ninput 5 numbers:\n");
    for(i=0;i<5;i++)
        scanf("%d",&b[i]);
    printf("initial values of array b are:\n");
    for(i=0;i<5;i++)
        printf("%d ",b[i]);
```

```
    nzp(b);
    printf("\nlast values of array b are:\n");
    for(i=0;i<5;i++)
        printf("%d ",b[i]);
    getch();
}
```

代码说明：本程序中函数 nzp 的形参为整数组 a，长度为 5。主函数中实参数组 b 也为整型，长度也为 5。在主函数中首先输入数组 b 的值，然后输出数组 b 的初始值。然后以数组名 b 为实参调用 nzp 函数。在 nzp 中，按要求把负值单元清 0，并输出形参数组 a 的值。返回主函数之后，再次输出数组 b 的值。运行后可以发现，数组 b 的初值和终值是不同的，数组 b 的终值和数组 a 是相同的。这说明实参形参为同一数组，它们的值同时得以改变。

注意：

(1) 形参数组和实参数组的类型必须一致，否则将引起错误。

(2) 形参数组和实参数组的长度可以不相同，但应该避免。因为在调用时，只传送首地址而不检查形参数组的长度。当形参数组的长度与实参数组不一致时，虽不至于出现语法错误(编译能通过)，但程序执行结果将与实际不符。

【例 9-17】　把例 9-16 修改如下：

```
#include<stdio.h>
void nzp(int a[8])
{
    int i;
    printf("\nvalues of array aare:\n");
    for(i=0;i<8;i++)
    {   if(a[i]<0)
            a[i]=0;
        printf("%d ",a[i]);
    }
}
main()
{
    int b[5],i;
    printf("\ninput 5 numbers:\n");
    for(i=0;i<5;i++)
        scanf("%d",&b[i]);
    printf("initial values of array b are:\n");
    for(i=0;i<5;i++)
        printf("%d ",b[i]);
```

```
    nzp(b);
    printf("\nlast values of array b are:\n");
    for(i=0;i<5;i++)
        printf("%d ",b[i]);
    getch();
}
```

代码说明：nzp 函数的形参数组长度改为 8，函数体中，for 语句的循环条件也改为 i<8。因此，形参数组 a 和实参数组 b 的长度不一致。编译能够通过，但从结果看，数组 a 的元素 a[5]，a[6]，a[7]显然是无意义的。

(3) 在函数形参表中，允许不给出形参数组的长度，或用一个变量来表示数组元素的个数。例如，可以写为：

```
void nzp(int a[])
```

或写为：

```
void nzp(int a[]，int n)
```

其中形参数组 a 没有给出长度，而由 n 值动态地表示数组的长度。n 的值由主调函数的实参进行传送。由此，例 9-17 又可改为例 9-18 的形式。

【例 9-18】　将例 9-16 修改如下：

```
#include<stdio.h>
void nzp(int a[],int n)
{
    int i;
    printf("\nvalues of array a are:\n");
    for(i=0;i<n;i++)
    {
      if(a[i]<0) a[i]=0;
      printf("%d ",a[i]);
    }
}
main()
{
    int b[5],i;
    printf("\ninput 5 numbers:\n");
    for(i=0;i<5;i++)
      scanf("%d",&b[i]);
    printf("initial values of array b are:\n");
    for(i=0;i<5;i++)
      printf("%d ",b[i]);
    nzp(b,5);
    printf("\nlast values of array b are:\n");
```

```
    for(i=0;i<5;i++)
      printf("%d ",b[i]);
    getch();
}
```

代码说明：本程序中 nzp 函数形参数组 a 没有给出长度，由 n 动态确定该长度。在 main 函数中，函数调用语句为 nzp(b，5)，其中实参 5 将赋予形参 n 作为形参数组的长度。

(4) 多维数组也可以作为函数的参数。在函数定义时对形参数组可以指定每一维的长度，也可省去第一维的长度。因此，以下写法都是合法的。

```
int MA(int a[3][10])
```

或

```
int MA(int a[][10])
```

9.7 局部变量和全局变量

在讨论函数的形参变量时曾经提到，形参变量只在被调用期间才分配内存单元，调用结束立即释放，这一点表明形参变量只有在函数内才是有效的，离开该函数就不能再使用了。这种变量有效性的范围称变量的作用域。不仅对于形参变量，C 语言中所有的变量都有自己的作用域。变量说明的方式不同，其作用域也不同。C 语言中的变量，按作用域范围可分为两种，即局部变量和全局变量。

9.7.1 局部变量

局部变量也称为内部变量。局部变量是在函数内作定义说明的，其作用域仅限于函数内，离开该函数后再使用这种变量是非法的。例如：

```
int f1(int a)          /*函数 f1*/   ┐
{                                     │
    int b,c;                          ├ a, b, c 有效
                                      │
    ⋮                                 │
}                                     ┘
int f2(int x)          /*函数 f2*/
{
    int y,z;

    ⋮
}
main()
{
```

```
    int m,n;
    ⋮
}
```

代码说明：在函数 f1 内定义了三个变量，a 为形参，b, c 为一般变量。在 f1 的范围内 a, b, c 有效，或者说 a, b, c 变量的作用域限于 f1 内。同理，x, y, z 的作用域限于 f2 内；m, n 的作用域限于 main 函数内。

注意：

(1) 在主函数中定义的变量也只能在主函数中使用，不能在其它函数中使用。同时，在主函数中也不能使用其它函数中定义的变量。因为主函数也是一个函数，它与其它函数是平行关系。这一点是与其它语言不同的，应予以注意。

(2) 形参变量是属于被调函数的局部变量，实参变量是属于主调函数的局部变量。

(3) 允许在不同的函数中使用相同的变量名，它们代表不同的对象，分配不同的单元，互不干扰，也不会发生混淆。如在前例中，形参和实参的变量名都为 n 是完全允许的。

(4) 在复合语句中也可定义变量，其作用域只在复合语句范围内。例如：

```
main()
{
    int s,a;
    ⋮
  {
      int b;
      s=a+b;
   ⋮                                  /*b 作用域*/
  }
   ⋮                                  /*s,a 作用域*/
}
```

【例 9-19】　变量的作用域。

```
#include<stdio.h>
main()
{
    int i=2,j=3,k;
    k=i+j;
    {
        int k=8;
        printf("%d\n",k);
    }
    printf("%d\n",k);
    getch();
}
```

代码说明：本程序在 main 中定义了 i, j, k 三个变量，其中 k 未赋初值。而在复合语句内又定义了一个变量 k，并赋初值为 8。应该注意这两个 k 不是同一个变量。在复合语句外由 main 定义的 k 起作用，而在复合语句内则由在复合语句内定义的 k 起作用。

9.7.2　全局变量

全局变量也称为外部变量，它是在函数外部定义的变量。它不属于任何一个函数，它属于一个源程序文件，其作用域是从定义开始到程序结束为止。例如：

```
int a,b;                    /*外部变量*/
void f1()                   /*函数 f1*/
{
   ⋮
}
float x,y;                  /*外部变量*/
int fz()                    /*函数 fz*/
{
   ⋮
}
main()                      /*主函数*/
{
   ⋮
}
```

从上例可以看出 a, b, x, y 都是在函数外部定义的外部变量，都是全局变量。但 x, y 定义在函数 f1 之后，而在 f1 内又无对 x, y 的说明，所以它们在 f1 内无效。a, b 定义在源程序最前面，因此 f1, f2 在 main 内不用说明也可使用。

【例 9-20】　输入长方体的长宽高 l, w, h。求其体积及三个面的面积。

解析：长宽高分别用变量 l, w, h 来表示，体积及三个面分别用 v, s1, s2, s3 来表示，程序代码如下：

```
#include<stdio.h>
int s1,s2,s3;
int vs( int a,int b,int c)
{
    int v;
    v=a*b*c;
    s1=a*b;
    s2=b*c;
    s3=a*c;
    return v;
}
```

```
main()
{
      int v,l,w,h;
      printf("\ninput length,width and height\n");
      scanf("%d%d%d",&l,&w,&h);
      v=vs(l,w,h);
      printf("\nv=%d,s1=%d,s2=%d,s3=%d\n",v,s1,s2,s3);
      getch();
}
```

【例 9-21】　外部变量与局部变量同名。

```
#include<stdio.h>
int a=3,b=5;                    /*a, b 为外部变量*/
max(int a,int b)                /*a, b 为外部变量*/
{
      int c;
        c=a>b?a:b;
        return(c);
}
main()
{
      int a=8;
      printf("%d\n",max(a,b));
      getch();
}
```

代码说明：

✧ 该程序的运行结果为 8。

✧ 如果在同一个源文件中，外部变量与局部变量同名，则在局部变量的作用范围内，外部变量被“屏蔽”，即它不起作用。

9.8　变量的存储类别

从变量的作用域(即从空间)角度来分，变量可以分为全局变量和局部变量。从变量值存在的时间(即生存期)角度来分，变量的存储方式可以分为静态存储和动态存储。静态存储方式是指在程序运行期间分配固定的存储空间的方式；动态存储方式是指在程序运行期间根据需要进行动态分配存储空间的方式。

如图 9.11 所示，用户存储空间可以分为三个部分：程序区、静态存储区和动态存储区。

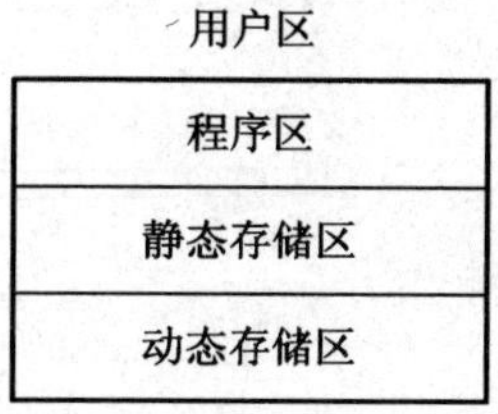

图 9.11 变量存储空间示意图

全局变量全部存放在静态存储区，在程序开始执行时给全局变量分配存储区，程序执行完毕就释放。在程序执行过程中它们占据固定的存储单元，而不动态地进行分配和释放内存。

动态存储区存放以下数据：

(1) 函数形式参数；

(2) 自动变量(未加 static 声明的局部变量)；

(3) 函数调用时的现场保护和返回地址。

对以上这些数据，在函数开始调用时分配动态存储空间，函数结束时释放这些空间。

9.8.1 auto 变量

函数中的局部变量，如不专门声明为 static 存储类别，都是动态地分配存储空间的，数据存储在动态存储区中。函数中的形参和在函数中定义的变量(包括在复合语句中定义的变量)都属此类，在调用该函数时系统会给它们分配存储空间，在函数调用结束时就自动释放这些存储空间。这类局部变量称为自动变量。自动变量用关键字 auto 作存储类别的声明。

例如：

```
int f(int a)                    /*定义 f 函数，a 为参数*/
{auto int b,c=3;                /*定义 b，c 自动变量*/
   ⋮
}
```

a 是形参，b，c 是自动变量，对 c 赋初值 3。执行完 f 函数后，自动释放 a，b，c 所占的存储单元。

关键字 auto 可以省略，auto 不写则隐含为自动存储类别，属于动态存储方式。

9.8.2 用 static 声明局部变量

有时希望函数中的局部变量的值在函数调用结束后不消失而保留原值，这时就应该指定局部变量为静态局部变量，用关键字 static 进行声明。

【例 9-22】 静态变量实例。

```
#include<stdio.h>
main()
{
      function();
      function();
```

```
    function();
    getch();
}
function()
{
    static int s=3;
    printf("%d\n",s);
    s++;
}
```

程序运行结果如图 9.12 所示。

图 9.12　例 9-22 运行结果

【例 9-23】　考察静态局部变量的值。

```
#include<stdio.h>
f(int a)
{
    auto int b=0;
    static int c=3;
    b=b+1;
    c=c+1;
    return(a+b+c);
}
main()
{
    int a=2,i;
    for(i=0;i<3;i++)
        printf("%d   ",f(a));
    getch();
}
```

程序运行结果如图 9.13 所示。

图 9.13　例 9-23 运行结果

注意：

(1) 静态局部变量属于静态存储类别，在静态存储区内分配存储单元。在程序整个运行期间都不释放。而自动变量(即动态局部变量)属于动态存储类别，占动态存储空间，函数调用结束后即释放。

(2) 静态局部变量在编译时赋初值，即只赋一次初值；而对自动变量赋初值是在函数调用时进行的，每调用一次函数重新给一次初值，相当于执行一次赋值语句。

(3) 如果在定义局部变量时不赋初值的话，则对静态局部变量来说，编译时自动赋初值0(对数值型变量)或空字符(对字符变量)。而对自动变量来说，如果不赋初值，则它的值是一个不确定的值。

【例 9-24】　打印 1 到 5 的阶乘值。

```
#include<stdio.h>
int fac(int n)
{
    static int f=1;
    f=f*n;
    return(f);
}
main()
{
    int i;
    for(i=1;i<=5;i++)
        printf("%d!=%d\n",i,fac(i));
    getch();
}
```

程序运行结果如图 9.14 所示。

图 9.14　例 9-24 运行结果

代码说明：本程序中，在主函数 main()中调用自定义递归函数 fac()，最后求得 5 的阶乘。

9.8.3　register 变量

为了提高效率，C 语言允许将局部变量的值放在 CPU 的寄存器中，这种变量叫寄存器变量，用关键字 register 作声明。

【例 9-25】 使用寄存器变量。

```
#include<stdio.h>
int fac(int n)
{     register int i,f=1;
      for(i=1;i<=n;i++)
          f=f*i;
      return(f);
}
main()
{     int i;
      for(i=0;i<=5;i++)
          printf("%d!=%d\n",i,fac(i));
}
```

程序运行结果如图 9.15 所示。

图 9.15　例 9-25 运行结果

注意：

(1) 只有局部自动变量和形式参数可以作为寄存器变量。

(2) 一个计算机系统中的寄存器数目有限，不能定义任意多个寄存器变量。

(3) 局部静态变量不能定义为寄存器变量。

9.8.4　用 extern 声明外部变量

外部变量(即全局变量)是在函数的外部定义的，它的作用域为从变量定义处开始，到本程序文件的末尾。如果外部变量不在文件的开始处定义，其有效的作用范围只限于定义处到文件结束。如果在定义点之前的函数想引用该外部变量，则应该在引用之前用关键字 extern 对该变量作外部变量声明。表示该变量是一个已经定义的外部变量。有了此声明，就可以从声明处起合法地使用该外部变量。

【例 9-26】 用 extern 声明外部变量，扩展变量的作用域。

```
#include<stdio.h>
int max(int x,int y)
{
      int z;
```

```
    z=x>y?x:y;
    return(z);
}
main()
{
    extern A,B;
    printf("%d\n",max(A,B));
    getch();
}
int A=13,B=-8;
```

程序运行结果如图 9.16 所示。

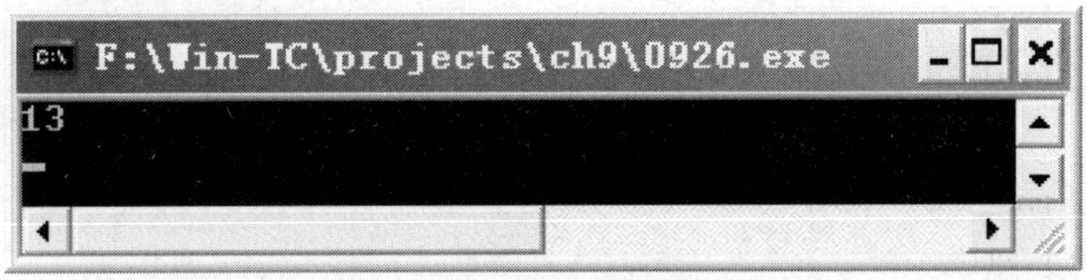

图 9.16　例 9-26 运行结果

代码说明：在本程序文件的最后一行定义了外部变量 A，B，但由于外部变量定义的位置在函数 main 之后，因此本来在 main 函数中不能引用外部变量 A，B。现在我们在 main 函数中用 extern 对 A 和 B 进行外部变量声明，就可以从声明处起合法地使用该外部变量 A 和 B。

9.9 案例学习

【例 9-27】　计算 $s=2^2!+3^2!$。

本题可编写两个函数：一个是用来计算平方值的函数 f1；另一个是用来计算阶乘值的函数 f2。主函数先调 f1 计算出平方值，再在 f1 中以平方值为实参，调用 f2 计算其阶乘值，然后返回 f1，再返回主函数，在循环程序中计算累加和。

```
#include<stdio.h>
long f1(int p)
{
    int k;
    long r;
    long f2(int);        /*子函数 f2 声明语句*/
    k=p*p;
    r=f2(k);
    return r;
}
```

```
11  long f2(int q)
12  {
13      long c=1;
14      int i;
15      for(i=1;i<=q;i++)
16          c=c*i;
17      return c;
18  }
19  main()
20  {
21      int i;
22      long s=0;
23      for (i=2;i<=3;i++)
24          s=s+f1(i);
25      printf("\ns=%ld\n",s);
26      getch();
27  }
```

代码说明：

✧ 在程序中，函数 f1 和 f2 均为长整型，都在主函数之前定义，故不必再在主函数中对 f1 和 f2 加以说明。

✧ main 函数调用子函数 f1，子函数 f1 调用子函数 f2。

✧ 第 11～18 行，子函数 f2 定义部分，返回 q!。

✧ 第 02～10 行，子函数 f1 定义部分，返回(p*p)的阶乘。

✧ 由于数值很大，所以函数和一些变量的类型都说明为长整型，否则会造成计算错误。

本章小结

本章详细讲述了C语言中的函数及其应用，此部分是C语言程序设计中的重点与难点，以下就重点与难点及使用过程中需要注意的问题进行小结。

1．重点与难点

(1) 函数是C语言程序设计中最主要的结构，是C语言程序的组成部分，引入函数有以下几方面的优点：第一，可以遵循“自顶向下，逐步求精”的结构化程序设计思想，把一个复杂的问题分解成为若干个小的且容易解决的功能模块，然后编写函数去实现每一个模块的功能，最终通过主函数调用这些函数来实现总体目标；第二，便于多人合作，构建更复杂、规模更大的程序。

(2) 在定义和调用函数时一定要明确参数和返回值的类型，避免C语法的不严密带来的问题。调用函数时，数据的传递主要是通过形参与实参相结合来实现的，被调用者需从调用处获得多少个数据，就应该定义多少个形参。

(3) 在函数调用时，实参的个数及其顺序必须与形参的个数及其顺序完全一致，其类型必须与形参的类型相同或赋值兼容。

(4) C程序中的函数定义是互相独立的，函数和函数之间没有从属关系，即一个函数内不允许包含另一个函数的定义。C语言不能嵌套定义函数，但可以嵌套调用函数，在调用一个函数的过程中，又调用另一个函数。

(5) 递归调用，就是在调用一个函数过程中又出现直接或间接地调用该函数本身。C语言的递归调用分为直接递归调用和间接递归调用。当一个问题具有递归关系时，采用递归调用方式，可以使程序更加简洁。任何一个能用递归实现的程序，也可以用其它方法实现，即递归方法不是必不可少的；在编写递归程序时，一定要弄清楚递归何时结束，结束条件无法满足的递归程序将成为一个死程序。

(6) C语言中的变量有全局变量和局部变量之分，全局变量的作用域是从它定义的位置开始到源文件的结束，局部变量的作用域仅局限于定义它的函数中。变量的生存期是指变量值保留的期限，变量的存储方式可分为静态存储和动态存储。静态存储是指变量存储在内存中的静态存储区，在编译时就分配了存储空间，这类变量的生存期为整个程序；动态存储是指变量存储在内存中的动态存储区，这类变量的生存期仅在函数调用期间。

2．需要注意的问题

(1) 忽略声明函数原型。当被调用函数定义在主调函数之后时，在一般情况下应进行函数原型声明，不然可能会发生语法错误或不能得到正确的结果。例如：

```
main()
{

    printf("%d",foo(2,3));
    getch();
}
float foo(float a,float b)
{
    return(a+b);
}
```

另外，在本程序段中如果函数返回值或参数中有不是int类型的，则函数调用结果将与预想不符，且有可能产生越界访问。

(2) 在C语言中，函数的返回值应当用return语句带回。如果在程序中省略了return语句或者在return语句中省略了表达式，函数将返回不确定的值。

例如，下面的程序将得不到确定的结果：

```
foo()
{
    int a=10, b=20,c;
    c=a+b;
    return;
}
```

```
void main()
{
    int z;
    z=5+foo();
    printf("%d",z);
    getch();
}
```

(3) 调用函数后，不检查函数是否正确执行。

在调用 scanf()等高出错率的函数时，不检查返回值是否错误。如果该函数已出错，调用者在错误状态下把错误的结果用来按正确结果进行计算，肯定错上加错。因此，只要调用有出错可能的函数，就必须检查是否出错。

第 10 章　结构体与共用体

第 7 章介绍了数组，同一数组中所有元素数据类型相同。但有时需要将数据类型不一定相同而相互关联的一组数据组合成一个整体以便使用。例如，处理一个学生的学籍数据时，需要处理学号(num)、姓名(name)、性别(sex)、年龄(age)、成绩(score)和地址(addr)等数据，这些数据有整型、字符型、浮点型和字符数组等，所以不可能用数组来存储。如果用简单变量来存储又难以反映出它们的内在联系，C 语言提供的结构体类型允许将类型不一定相同的数据项组织在一起构成一个组合项，其中的每个数据项称为结构体的成员。结构体类型相当于其他高级语言中的“记录”类型。

共用体类型是不同的数据项共用同一段内存空间的一种构造数据类型。它可以增加程序的灵活性，对同一段内存空间的值在不同的情况下做不同的用途。

结构体类型和共用体类型都是用户自定义类型，使用时用户要根据具体的需求自己来定义。

10.1　结构体类型

10.1.1　结构体类型的定义

结构体类型定义的一般形式是：

```
struct  结构体名
 { 数据类型 1     成员名 1;
   数据类型 2     成员名 2;
     ⋮
   数据类型 n     成员名 n;
 };
```

例如学生类型的定义：

```
struct   student
{   unsigned      num;             /* 学号是无符号整型 */
    char          name[20];        /* 姓名是字符数组类型 */
    char          sex;             /* 性别是字符型 */
    int           age;             /* 年龄是整型 */
    float         score[6];        /* 成绩是 float 数组类型 */
    char          addr[60];        /* 住址是字符数组类型 */
};
```

这样就定义了一种结构体数据类型 struct student。采用同样的方法可以定义日期结构体类型：

```
struct date
{  int  year,  month,  day;
};
```

下面是对结构体类型定义的一些说明：

(1) struct 是定义结构体类型的关键字，结构体名是用户定义的类型标识。

(2) 结构体名和成员名的命名规则和变量名的命名规则相同。

(3) 数据类型相同的成员，既可以分开定义，也可以合并成一行定义。

(4) 成员的数据类型可以是 C 语言所允许的任何数据类型。

例如成员的数据类型也可以是另外一个结构体类型，这种结构体类型称为嵌套的结构体类型。如下面的例子：

```
struct date
{  int  year,  month,  day;
};
struct student
 {  unsigned      num;              /* 学号是无符号整型 */
    char          name[20],sex;     /* 姓名是字符数组类型，性别是字符型*/
    struct date   birthday;         /* 出生日期是 struct date 结构体类型 */
    float         score;            /* 成绩是 float 型*/
 } stu1,stu2,stu3;
```

使用嵌套的结构体类型定义变量以后，对结构体变量成员的访问要采用逐级访问的方式。如要访问 stu1 的出生年份应使用表达式 stu1.birthday.year。

(5) 结构体类型定义最后面的分号不能少。

10.1.2 结构体变量

1. 定义结构体类型的变量

定义结构体变量有三种方法：

(1) 利用已定义的结构体类型名定义变量。

struct 结构体名　变量名表；

例如：struct　student　stu1，stu2，stu3；

(2) 在定义结构体类型的同时定义结构体变量。

struct　结构体名
{ 成员定义表；
} 变量名表；

例如：

```
struct student
{     unsigned num;
```

```
        char name[20],sex;
        int age;
        float score;
    } stu1,stu2,stu3;
```

(3) 直接定义结构体类型变量。

```
struct
{ 成员定义表;
} 变量名表;
```

例如：

```
struct
{   unsigned num;
    char name[20],sex;
    int age;
    float score;
}   stu1，stu2，stu;
```

这种方法未定义结构体类型名，所以不能再定义其他的结构体变量。

定义了结构体变量之后，系统按照结构体类型的组成为定义的结构体变量分配内存单元。结构体变量的各个成员在内存中占用连续存储区域，结构体变量所占内存大小为结构体中每个成员所占用内存的长度之和。可以用 sizeof 运算符测出每个结构体变量所占的内存字节数。

2．结构体变量的初始化

结构体变量的初始化与一维数组类似，一般形式为：

结构体变量名={初值表}；

例如：

```
struct student    stu1={1002021,"Li ming",'M',19,95.5};
```

如果初值个数少于结构体成员个数，则将无初值对应的成员赋以 0 值；如果初值个数多于结构体成员个数，则编译出错。

3．结构体变量成员的引用

结构体变量成员引用的一般形式如下：

结构体变量名.成员名

其中的“.”是成员运算符，运算优先级别最高。

例如：stu1.num=1002032 将把 1002032 赋值给结构体变量 stu1 的 num 成员。

另外，也可以用指针来引用结构体变量的成员。例如：

```
struct
{ unsigned num;
  char name[20],sex;
  int age;
  float score;
} stu，*p=stu;
```

在上面的定义中，p 是一个指向结构体数据的指针变量，p 变量中存放的就是 stu 的地址。引用 stu 的成员时，可以有三种等价的方法：

stu.num；(*p).num；p->num

其中，“->”称为指向运算符，运算优先级和成员运算符“.”一样为最高级。

4．结构体变量的运算

(1) 同类型结构体变量之间可以相互赋值。

(2) 用 sizeof 运算符计算结构体变量所占的内存空间。

(3) 可以用取地址运算符&对结构体变量进行取址运算。

【例 10-1】　结构体变量的运算。

```
struct student
{       unsigned long num;
        char name[20],sex;
        int age;
        float score;
};

main()
{struct student stu1={1001201,"Lining",'M',19,85.5},stu2;

 stu2=stu1;
 printf("\nstu1={%lu,%s,%c,%d,%.1f}\n",stu1.num,stu1.name,stu1.sex,stu1.age,stu1.score);
 printf("\nstu2={%lu,%s,%c,%d,%.1f}\n",stu2.num,stu2.name,stu2.sex,stu2.age,stu2.score);

 printf("\nsizeof(struct student)=%d\n",sizeof(struct student));
 printf("\nsizeof(stu1)=%d\n",sizeof(stu1));
 printf("\nsizeof(stu2)=%d\n",sizeof(stu2));

 printf("\n&(stu1)=%u\n",&stu1);
 printf("\n&(stu1.num)=%u\n",&stu1.num);
 printf("\n&(stu1.name)=%u\n",&stu1.name);
 printf("\n&(stu1.sex)=%u\n",&stu1.sex);
 printf("\n&(stu1.age)=%u\n",&stu1.age);
 printf("\n&(stu1.score)=%u\n\n",&stu1.score);

 system("pause");
}
```

运行结果如图 10.1 所示。

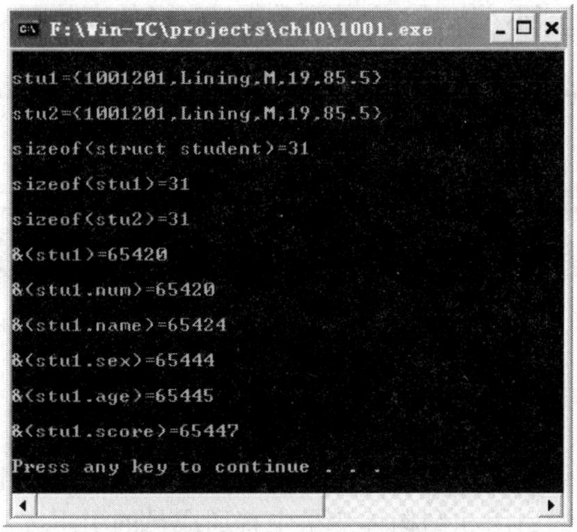

图 10.1　例 10-1 运行结果

代码说明：

✧ 第 12 行和第 13 行，这两行分别用来输出 stu1 和 stu2 各成员的值。

✧ 第 15～17 行用来输出结构体类型和结构体变量的内存字节数。

✧ 第 19 行，用来输出结构体变量 stu1 的首地址。

✧ 第 20～24 行，分别输出结构体变量 stu1 各成员的首地址。

10.1.3　特殊的结构体成员——位段

1．位段的定义

在结构体中可以以位为单位来指定其成员所占的内存长度，这种以位为单位的成员称为位段。一个位段由一位或若干位组成。在定义位段的时候，位段名后面加冒号，冒号后指出位段的位数。例如：

```
struct data
{   unsigned a:4;
    unsigned   :0;
    unsigned b:2;
    unsigned   :4;
    unsigned c:2;
    unsigned d:4;
};
```

下面是对位段定义的一些说明：

(1) 定义位段时只能使用 unsigned 或者 int 类型，不能使用其他类型。

(2) 在一个结构体中，可以混合使用位段和一般的结构体成员。

(3) 长度为 0 的无名位段可以使下一个位段从下一个字节开始存放。

(4) 长度不为 0 的无名位段表示跳过相应长度的位不使用。

(5) 如果各位段的长度超过一个整型数据的空间，即下一个位段已容纳不下，这时系统会开辟第二个整型数据空间，从下一个整型数据空间开始存放下一个位段，一个位段不能跨越两个整型数据空间。

上面定义的位段的图示如图 10.2 所示。

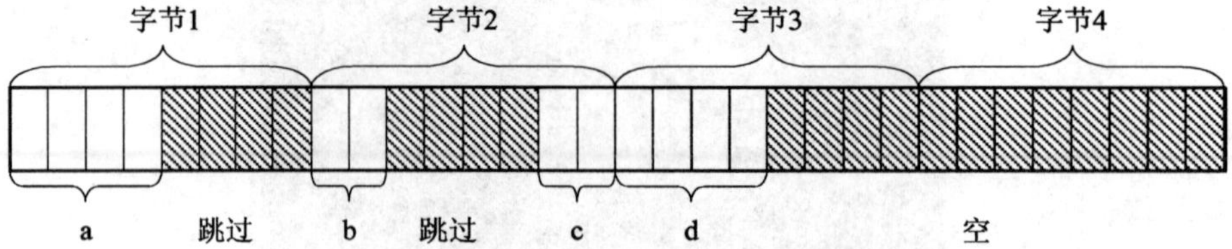

图 10.2　位段的图示

2．位段的使用

位段使用户能够方便地访问字节中的有关位，通过位段把几个数据放在同一字节中可以节省存储空间。位段的引用和结构体变量中普通成员的引用方法一致，也可以对位段进行赋值。

【例 10-2】　输入一个学生信息再将其输出。学生信息包括学号(num)、姓名(name)、性别(sex)、出生日期(birthday)、成绩(score)，要求性别和出生日期用位段表示。

```
struct date
{unsigned year:12;
 unsigned month:4;
 unsigned day:5;
};
struct student
{unsigned long   num;
 char            name[20];
 struct date     birthday;
 unsigned        sex:1;
 float           score;
 }stu;

main( )
{int x;

 printf ("\nInput num:");
 scanf("%lu%*c",&stu.num);
 printf ("\nInput name:");
 gets(stu.name);
 printf ("\nInput birthday(YYYY-MM-DD):");
 scanf("%d%*c",&x); stu.birthday.year=x;
 scanf("%d%*c",&x); stu.birthday.month=x;
 scanf("%d%*c",&x); stu.birthday.day=x;
```

```
25
26    printf ("\nInput sex(0/1):");
27    scanf("%d%*c",&x); stu.sex=x;
28    printf ("\nInput score:");
29    scanf("%f%*c",&stu.score);
30
31    printf("\nstu={%lu,%s,%u-%u-%u,%u,%.1f}\n\n",stu.num,stu.name, stu.birthday.year,
        stu.birthday.month,stu.birthday.day, stu.sex,stu.score);
32
33    system("pause");
34  }
```

运行结果如图 10.3 所示。

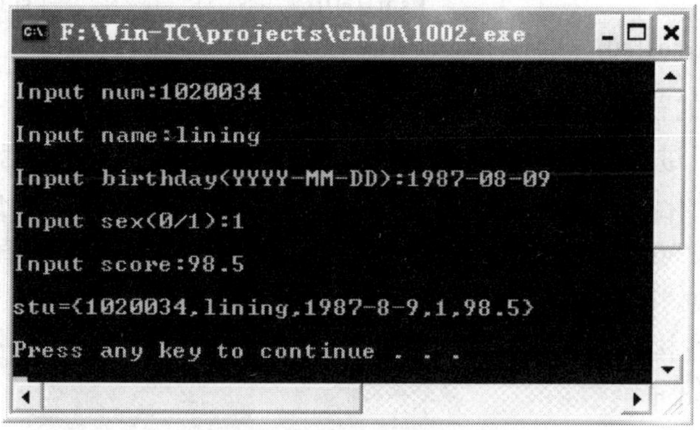

图 10.3　例 10-2 运行结果

代码说明：

✧ 第 02 行，定义年份占 12 位，数据范围是 0～4095。

✧ 第 03 行，定义月份占 4 位，数据范围是 0～15。

✧ 第 04 行，定义天数占 5 位，数据范围是 0～31。

✧ 第 10 行，定义性别占 1 位，数据范围是 0～1(可用 0 表示女，1 表示男)。

✧ 第 18 行，scanf()里面的%*c 表示输入 stu.num 后跳过回车符，以防止使后面的 stu.name 得到空字符串。

✧ 第 22～23 行，scanf()里面的%*c 表示输入年份或月份后跳过“-”。

✧ 第 24 行，scanf()里面的%*c 表示输入天数后跳过回车符。

✧ 第 27 行，scanf()里面的%*c 表示输入性别数据后跳过回车符。

✧ 第 29 行，scanf()里面的表示输入成绩数据后跳过回车符，因为后面再没有 scanf()，所以这里的%*c 也可以省略不写。

10.1.4　结构体数组

一个 struct student 结构体变量可以存放一个学生数据，如果要处理一个班几十个学生的数据，很自然就会想到数组。结构体数组就是数组中的每个元素都是结构体类型的数组。

1．结构体数组的定义

定义结构体数组和定义普通数组方法相同，只要用一个方括号指明是数组，并且给出数组的大小即可。和定义结构体变量一样，定义结构体数组也有三种方法：

(1) 利用已定义的结构体类型名定义结构体数组。

(2) 在定义结构体类型的同时定义结构体数组。

(3) 直接定义结构体类型变量。

例如：

```
struct student
 { unsigned num;
   char name[20],sex;
   int age;
   float score;
 };
struct student stu1[30];
```

```
struct student
 {  unsigned num;
    char name[20],sex;
    int age;
    float score;
  } stu1[30];
```

```
struct
 {  unsigned num;
    char name[20],sex;
    int age;
    float score;
  } stu1[30];
```

2．结构体数组的初始化

在对结构体数组进行初始化时，要将每个元素的数据分别用花括号括起来。如果只对部分成员进行了初始化，则剩余的成员会被自动初始化，其中数值型成员初始化成 0 值，字符型数据初始化成 '\0'。如果初始化时元素的个数省略，根据赋初值时结构体常量的个数确定数组元素的个数。

【例 10-3】　结构体数组。

```
struct student
{ long num;
  char name[20],sex;
  int age;
  float score;
};

main()
{int i;
 struct student stu[3]={{1001201,"Lining",'M',19,85.5}};
 stu[1]=stu[0];

 printf("\nInput num:");
 scanf("%ld%*c",&stu[2].num);
 printf("\nInput name:");
 gets(stu[2].name);
 printf("\nInput sex:");
 scanf("%c%*c",&stu[2].sex);
 printf("\nInput age:");
```

```
20  scanf("%d",&stu[2].age);
21  printf("\nInput score:");
22  scanf("%f",&stu[2].score);
23  for(i=0;i<3;i++)
24      printf("\nstu[%d]={%ld,%s,%c,%d,%.1f}\n",i,stu[i].num,
25              stu[i].name,stu[i].sex,stu[i].age,stu[i].score);
26  printf("\n");
27  system("pause");
28  }
```

运行结果如图 10.4 所示。

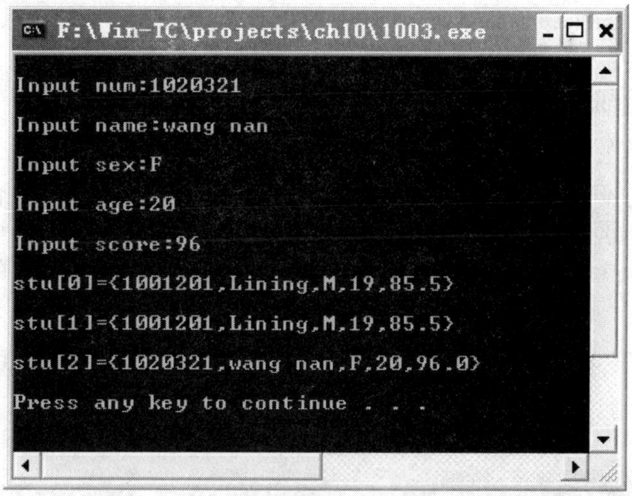

图 10.4　例 10-3 运行结果

代码说明：

✧ 本程序中定义了长度为 3 的结构体数组 stu[3]，其中 stu[0]已被初始化，stu[1]的值由 stu[0]赋给，stu[2]的值由键盘输入。

✧ 第 14 行，scanf()里面的%*c 表示输入 stu[2].num 后跳过回车符，以防止使后面的 stu[2].name 得到空字符串。

10.1.5　结构体与函数

若将函数的形参定义为结构体变量，函数调用时，可将主调函数的结构体类型实参传递给被调函数的形参。如果将函数定义为结构体类型函数，可利用 return 语句将一个结构体数据结果返回到主调函数中。

【例 10-4】　编制一个复数加法函数，采用值传递的方法传送数据。

```
struct complex              /*定义存放复数的结构体类型*/
{ float real;               /*real 成员用于存放复数的实部*/
  float imagine;            /*imagine 成员用于存放复数的虚部*/
};
```

```
05
06 struct complex plus(struct complex cx, struct complex cy)
07 { struct complex cz;
08    cz.real=cx.real+cy.real;
09    cz.imagine=cx.imagine+cy.imagine;
10    return(cz);
11 }
12
13 main( )
14 { struct complex x, y, z;
15    printf("\nPlease input complex x(a+bi):");
16    scanf("%f%*c%f%*2c",&x.real,&x.imagine);
17    printf("\nPlease input complex y(a+bi):");
18    scanf("%f%*c%f%*2c",&y.real,&y.imagine);
19    z=plus(x, y);
20    printf("\n(%g+%gi)+(%g+%gi)=(%g+%gi)\n\n",x.real,x.imagine,
21    y.real,y.imagine,z.real,z.imagine);             /*复数形式输出*/
22
23    system("pause");
24 }
```

程序运行结果如图 10.5 所示。

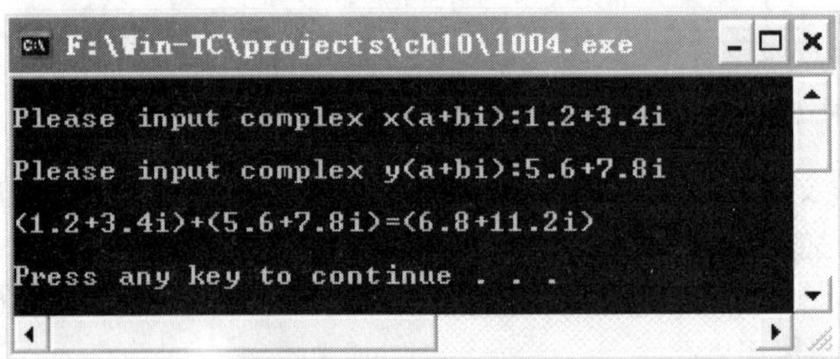

图 10.5　例 10-4 运行结果

代码说明：

✧ 第 16、18 行，%*c 用来跳过加号，%*2c 用来跳过 i 和回车符。

✧ 第 20 行，用%g 输出 float 型的数，可以以最短形式输出，并且不输出无效 0。

10.2 共 用 体

结构体类型解决了如何描述一个逻辑上相关，但数据类型不一定相同的一组分量的集合。在需要节省内存空间时，C 语言还提供了一种由若干个不同类型的数据项组成，但共享同一存储空间的构造类型——共用体类型。

10.2.1 共用体类型的定义

共用体类型定义的一般形式如下：

```
union  共用体名
 { 数据类型 1     成员名 1;
   数据类型 2     成员名 2;
      ⋮
   数据类型 n     成员名 n;
 };
```

下面是对共用体类型定义的一些说明：

(1) union 是定义共用体类型的关键字，共用体名是用户定义的类型标识。

(2) 共用体名和成员名的命名规则和变量名的命名规则相同。

(3) 成员的数据类型可以是 C 语言所允许的任何数据类型。

例如：

```
union utype
{ int   class;
  char   depart[20];
};
```

10.2.2 共用体变量

1．定义共用体类型的变量

共用体变量的定义与结构体变量的定义相似，也有三种方法：利用已定义的共用体类型名定义变量、在定义共用体类型的同时定义变量、直接定义共用体类型变量。定义共用体变量之后，系统按照共用体类型的组成，为定义的共用体变量分配内存单元。共用体变量所占内存大小等于共用体中占用内存的长度最长的成员的内存大小。

例如：

```
union utype
{ int   class;
  char   depart[20];
};
union utype p1，p2;
```

```
union utype
{ int   class;
  char   depart[20];
} p1，p2;
```

```
union
{ int   class;
  char   depart[20];
}p1，p2;
```

2．共用体变量成员的引用

例如：

```
union utype
{ int   class;
  char   depart[20];
} p1;
```

共用体变量成员的引用形式：p1.class 和 p1.depart。

共用体同一时间只能存储一个成员，也只能够通过指针或变量单独引用所存储的成员，并且所引用的是最后一次存入的成员的值。

3. 共用体变量的运算

(1) 同类型共用体变量之间可以相互赋值。

(2) 用 sizeof 运算符计算共用体变量所占内存空间。

(3) 可以用取地址运算符&对共用体变量进行取址运算。

【例 10-5】　共用体变量的运算。

```
01  union utype
02  { char ch;
03    long x;
04   };
05  main( )
06  { union utype a,b;
07     a.ch=65;
08     b=a;
09     printf("\na.ch=%c\nb.ch=%c\n",a.ch,b.ch);
10     printf("\na.x=%ld\nb.x=%ld\n",a.x,b.x);
11     printf("\nsizeof(a)=%d\n",sizeof(a));
12     printf("sizeof(b)=%d\n",sizeof(b));
13     printf("\n&a    =%u\n&a.ch=%u\n&a.x =%u\n",&a,&a.ch,&a.x);
14     system("pause");
15  }
```

程序运行结果如图 10.6 所示。

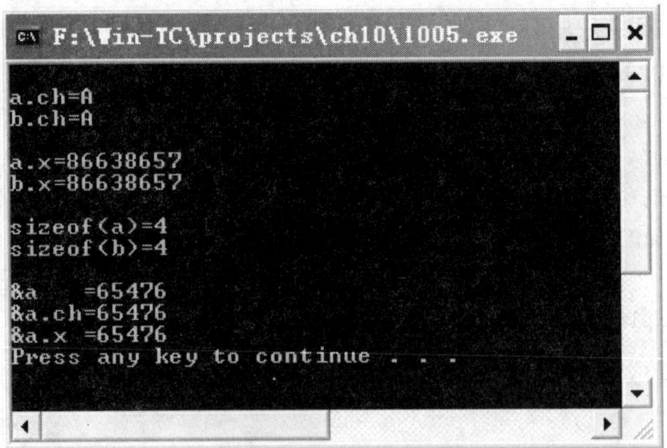

图 10.6　例 10-5 运行结果

代码说明：

✧ 第 07 行，a.ch 赋值为 65，即大写字母 'A' 的 ASCII 码值。

✧ 第 10 行，a.x 未赋值，所以输出随机值。

4. 共用体变量赋初值

共用体类型变量在定义时只能对第一个成员进行初始化。

【例 10-6】　对共用体类型变量第一个成员进行初始化。

```
01  union utype
02  { char ch;
03     int x;
04   };
05  main( )
06  { union utype a={97};
07
08     printf("\na.ch=%c\n",a.ch);
09     printf("a.ch=%d\n\n",a.ch);
10
11     system("pause");
12  }
```

程序运行结果如图 10.7 所示。

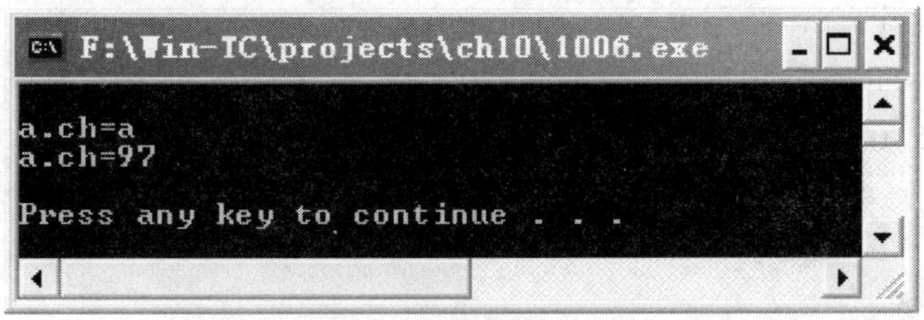

图 10.7　例 10-6 运行结果

代码说明：第 06 行，将 a 的第一个成员初始化成 97，即字母 'a' 的 ASCII 码值。

10.2.3　共用体变量的用途

(1) 处理部分成员类型相同，部分成员类型不同的结构体数据。

【例 10-7】　某校要建立一个教师和学生的人员登记表，信息包括编号、姓名、性别、职业、教师所在部门和学生所在班级号。编程输入人员数据并输出。

```
struct
{ long num;
   char name[20],sex,job;
   union
      { int class;
        char department[10];
      }location;
}person[2];

```

```
main()
{int i;

 for(i=0;i<2;i++)
  {printf ("Input the person's Num:");
   scanf("%ld%*c",&person[i].num);
   printf ("Input the person's Name:");
   gets(person[i].name);
   printf ("Input the person's Sex:");
   scanf("%c%*c",&person[i].sex);
   printf ("Input the person's Job:");
   scanf("%c%*c",&person[i].job);

   if(person[i].job=='s')
      {printf ("Input the person's Class:");
       scanf("%d%*c",&person[i].location.class);
      }
   else if(person[i].job=='t')
      {printf ("Input the person's Department:");
       gets(person[i].location.department);
      }
   else
      printf("Input Error!");
  }

 printf("\nNo.\tName\tSex\tJob\tLoction\n");
 for(i=0;i<2;i++)
  {if(person[i].job=='s')
      printf ("%ld\t%s\t%c\t%c\t%d\n",person[i].num,person[i].name,
               person[i].sex,person[i].job,person[i].location.class);
   else
      printf ("%ld\t%s\t%c\t%c\t%s\n",person[i].num,person[i].name,
          person[i].sex,person[i].job,person[i].location.department);
  }

 printf("\n");
 system("pause");
}
```

程序运行结果如图 10.8 所示。

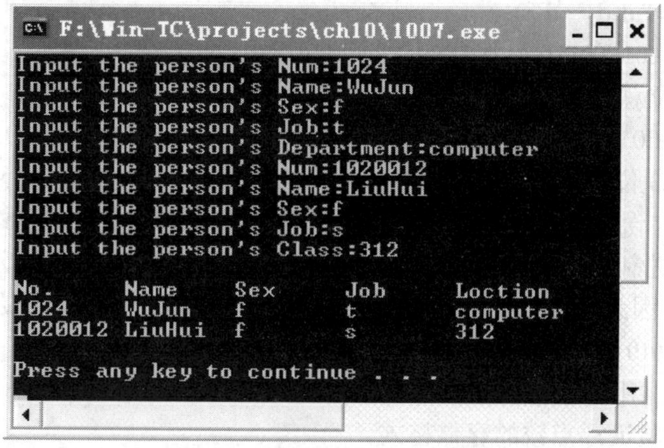

图 10.8　例 10-7 运行结果

代码说明：

✧ 第 04～07 行，定义共用体类型的结构体成员 location。

✧ 第 23～32 行，用 if 语句判断要使用 location 的哪一个成员。

(2) 输出数据的底层存储形式。

【例 10-8】　浮点数的存储误差。

```
01  main()
02  {
03   float a=5.1;
04   printf("\na=%.7f\n\n",a);
05   system("pause");
06  }
```

运行结果如图 10.9 所示。

图 10.9　例 10-8 运行结果

代码说明：第 04 行，输出 5.1，保留 7 位小数，结果为 5.0999999。

从例 10-8 我们看到，实际输出的数据要比 5.1 小。那么计算机如何存储单精度 5.1 呢？单精度浮点数长度为 4 字节 32 位，最高位为符号位，表示浮点数的符号，接着的 8 位用来保存指数，剩下的 23 位用来保存尾数。

首先将 5.1 转换成对应的二进制数：

5.1D = 101.0 0011 0011 0011 0011 0011 0011 0011 0011 … B

然后将其写成规范的二进制科学计数法形式(实数 R 的二进制科学计数法可表示为 $R=(-1)^S\times2^E\times M$，其中 S 为实数的符号，“0”正“1”负；E 为二进制数的指数；M 表示尾数，

规范的二进制数 $M=1.d_1d_2\cdots d_N$.)：

$$5.1D= 1.010\ 0011\ 0011\ 0011\ 0011\ 0011\ 0011\ 0011\ 0011\ 0011\ \cdots * 2^2\ B$$

因为尾数第一位总是为 1，如果是 0，就移动小数点直到是非 0 的，所以第一位的 1 丢弃。得到 010 0011 0011 0011 0011 0011 0011 0011 0011…取 23 位得到 0100 0110 0110 0110 0110 011，由于第 23 位以后的位采用“0 舍 1 入”后全部丢弃，所以实际存储的数要比 5.1 小，这就产生了存储误差。接着看指数部分，指数是 2，根据规定，指数统一加 127 后再转换为无符号 8 位二进制数：2+127=129 (1000 0001)。存储的时候指数部分存储在尾数之前，这样就有 31 位了，因为 5.1 大于 0，所以符号位是 0，存储在指数部分之前，这样就得到：

0100 0000 1010 0011 0011 0011 0011 0011B = 40A33333H

利用 C 语言的共用体就可以验证浮点数的存储格式。

【例 10-9】　验证浮点数的存储格式。

```
01  union
02  {float f;
03   long   n;
04  }x;
05
06  main()
07  { x.f=5.1;
08     printf("\n%lXH\n\n",x.n);
09     system("pause");
10  }
```

运行结果如图 10.10 所示。

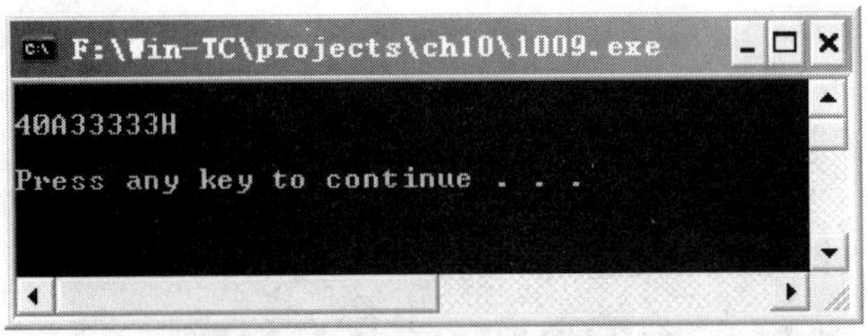

图 10.10　例 10-9 运行结果

代码说明：第 08 行，以十六进制形式输出变量 x 中 4 字节的内容，即 5.1 的单精度浮点数存储格式，得到 40A33333H，与之前的分析结果相同。

10.3　用 typedef 定义已有类型的别名

10.3.1　用 typedef 为类型名定义别名的一般形式

用 typedef 为类型名定义别名的一般形式如下：

typedef　类型名　新类型名

或

```
typedef 类型定义 新类型名
```

typedef 是关键字，类型名可以是基本类型、构造类型、指针类型或自定义类型，新类型名是自定义的类型名。typedef 只是起了一个新的类型名，并没有建立新的数据类型。

10.3.2　typedef 为类型命名的方法

(1) typedef 为基本类型命名。

例如：

```
typedef   int   integer;
integer   x, y;                     /* 相当于 int   x,y; */
```

(2) typedef 为数组类型命名。例如：

```
typedef   char   CH [80];
CH   c, d[4];                       /* 相当于 char   c[80],d[4][80]; */
```

(3) typedef 为结构体、共用体类型命名。例如：

```
typedef struct node
{ int data;
  struct node *next;
} Node;
Node *head;                         /* 相当于 struct node *head; */
```

10.4　案例学习

【例 10-10】　定义一个日期结构体变量(包括年、月、日)。从键盘上输入一个日期，计算该日子在该年是第几天。用一个函数 days 来计算日子数，从主函数将日期传给 days 函数，计算后将日子数传回主函数输出。

```
typedef struct
{ int year;
  int month;
  int day;
}DATE;

int days(DATE date)
{int count=0,leap=0;
 if(date.year%4==0&&date.year%100!=0||date.year%400==0)
    leap=1;
 switch (date.month)
  {case 12:count+=30;
   case 11:count+=31;
```

```
14      case   9:count+=31;
15      case   8:count+=31;
16      case   7:count+=30;
17      case   6:count+=31;
18      case   5:count+=30;
19      case   4:count+=31;
20      case   3:count+=(leap?29:28);
21      case   2:count+=31;
22     }
23     return count+date.day;
24   }
25   main()
26   {DATE date;
27    printf("\nPlease inpput a date(YYYY-MM-DD):");
28    scanf("%d-%d-%d",&date.year,&date.month,&date.day);
29
30    printf("\n%d-%d-%d is No.%d day of %d\n\n",
           date.year,date.month,date.day,days(date),date.year);
31    system("pause");
32   }
```

程序运行结果如图 10.11 所示。

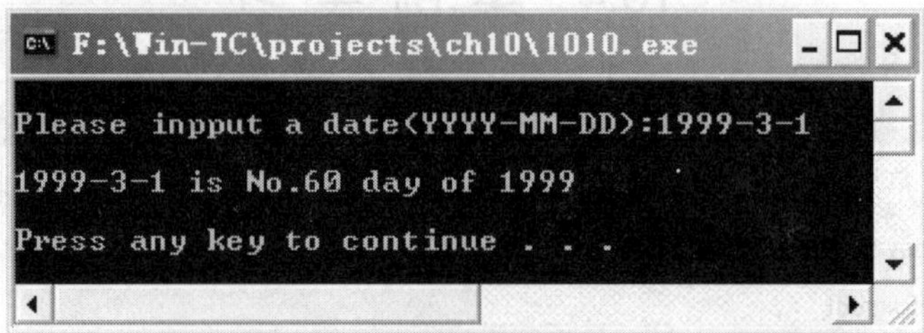

(a) 输入日期为 1999-3-1

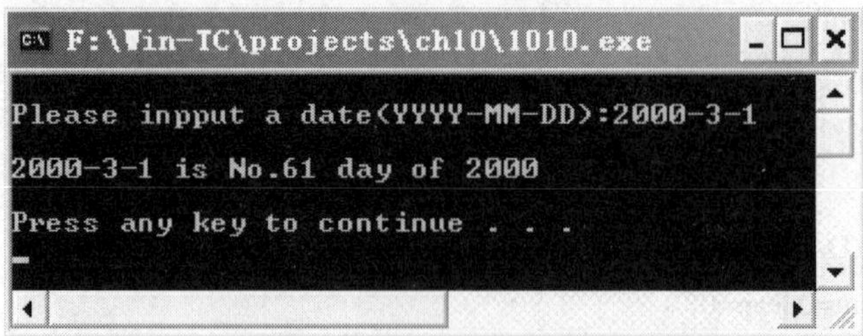

(b) 输入日期为 2000-3-1

图 10.11　例 10-10 运行结果

代码说明：

✧ 第 01～05 行，定义日期结构体类型，并用 typedef 将其命名为 DATE。

✧ 第 07 行，定义函数 days，返回天数，参数是日期型变量。

✧ 第 08 行，变量 count 保存天数，标志变量 leap 用来区分是否为闰年。

✧ 第 09～10 行，是闰年，leap 置 1，否则置 0。

本章小结

本章介绍了 C 语言的两种自定义类型即结构体和共用体，通过几个典型的示例介绍了结构体和共用体的定义及使用方法；另外本章还介绍了用 typedef 定义已有类型的别名，这样有时候可以简化结构体或共用体变量的定义。

第11章 指　针

指针是C语言中的一个重要的概念，也是C语言的一个重要特色。正确而灵活地运用它，可以有效地表示复杂的数据结构，动态分配内存，方便地使用字符串，有效而方便地使用数组，在调用函数时能得到多个值，直接处理内存地址等，这些对设计系统软件是很有必要的。

指针的概念比较复杂，使用起来比较灵活，初学者容易犯错，在学习的过程中应当多上机调试相关程序，在实际应用中掌握它。

11.1 变量的指针

为了准确理解指针的概念，必须掌握数据在内存中是如何存储的，又是如何读取的。

在计算机中，所有的数据都存放在存储器中。一般把存储器中的一个字节称为一个内存单元。不同的数据类型所占用的内存单元数不等。例如，一般微机使用的C系统为整型变量分配2个字节，为实型变量分配4个字节，为字符变量分配1个字节。

为了正确地访问这些内存单元，必须为每个内存单元编号。根据一个内存单元的编号就可以准确地找到该内存单元。因此内存区的每一个字节都有一个编号，这就是地址，通俗地说，它相当于旅馆中的房间号；在地址所标志的内存单元中存放数据，这就相当于每个房间中居住旅客一样。内存单元的地址与内容两个概念的区别如图11.1所示。假设程序已经定义了3个整型变量i，j，k，其值分别为3，6，9。编译时系统分配地址为2000和2001两个字节给i，地址为2002和2003两个字节给j，地址为2004和2005两个字节给k。在程序中一般是通过变量名来对内存单元进行存取操作的，程序经过编译以后将变量名转换为变量的地址，对变量值的存取都是通过地址进行的。

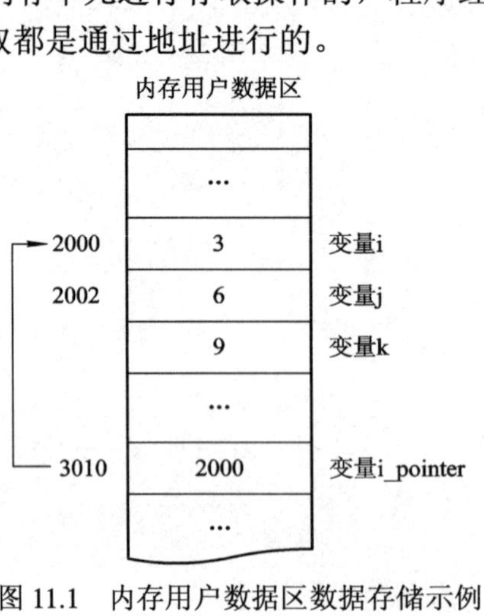

图11.1　内存用户数据区数据存储示例

例如，以下语句的执行过程：

```
printf("%d", i);
```

根据变量名与地址的对应关系(这个对应关系是在编译时确定的)，找到变量 i 的地址 2000，然后从由 2000 开始的两个字节中取出数据(即变量的值 3)，把它输出到屏幕上。

```
scanf("%d",&i);
```

把从键盘上输入的值送到起始地址为 2000 的整型存储单元中。

```
k=i+j;
```

从地址为 2000、2001 的字节取出 i 的值(3)，再从地址为 2002、2003 的字节取出 j 的值(6)，将它们相加后再将其和(9)送到 k 所占的地址为 2004、2005 的字节单元中。

这种按变量地址存取变量值的方式称为直接访问方式。由于通过地址能找到所需的变量单元，也可以说，地址“指向”该变量单元(就像房间号“指向”某一房间一样)，因此在 C 语言中，将地址形象地称为指针。意思是通过它能找到以它为地址的内存单元(例如根据地址 2000 就能找到变量 i 的存储单元，从而读取其中的值)。

一个变量的地址称为该变量的指针。例如，地址 2000 就是变量 i 的指针。

变量在内存中的实际地址与具体的系统有关，要确定某个变量的地址，可以使用 C 语言提供的取地址运算符&。例如：

```
p=&i;
```

是把变量 i 的地址赋给变量 p。

运算符&只能用于对单个变量或一个数组元素进行操作，下面的用法是非法的：

(1) &125(指向了常量)。

(2) int x[10];

&x (指向了数组名)。

(3) &(x+y)(指向了表达式)。

【例 11-1】　显示变量的值及地址。

```
main()
{
    int x=125;
    char a='A';
    float p=18.76;

    printf("%d is stored at addr %u.\n",x,&x);
    printf("%c is stored at addr %u.\n",a,&a);
    printf("%f is stored at addr %u.\n",p,&p);
}
```

程序运行结果如图 11.2 所示。

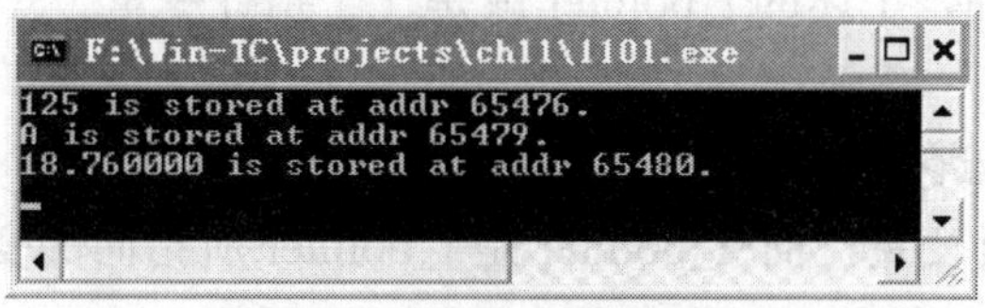

图 11.2　例 11-1 运行结果

11.2 指 针 变 量

上一节对内存中的数据采用了直接访问的形式，其实还可以采用另一种称为间接访问的方式，将变量 i 的地址存放在另一个变量中。

按 C 语言规定，可以在程序中定义整型变量、实型变量、字符变量等，也可以定义一种特殊的变量——指针变量，它是用来存放地址的。

1．间接访问形式

假设定义了一个变量 i_pointer，用来存放整型变量的地址，它被分配内存地址为 3010、3011 的字节单元。可以通过下面的语句将 i 的地址(2000)存放到 i_pointer 中：

```
i_pointer=&i;
```

这时，i_pointer 的值就是 2000，即变量 i 所占用单元的起始地址。要存取变量 i 的值，也可以采用间接方式：先找到存放 i 的地址的变量，从中取出 i 的地址(2000)，然后再到地址为 2000、2001 的字节单元中取出 i 的值(3)。

2．间接访问方式和直接访问方式的对比

例如，为了打开 A 抽屉，有两种办法：一种是将 A 钥匙随身携带，需要时直接找出该钥匙打开抽屉，取出所需的东西；另一种办法是将 A 钥匙放到另一抽屉 B 中锁起来。如果需要打开 A 抽屉，就需要先找出 B 钥匙，打开 B 抽屉，取出 A 钥匙，再打开 A 抽屉，取出 A 抽屉中的物品，这就是间接访问。

图 11.3 是直接访问和间接访问的示意图。

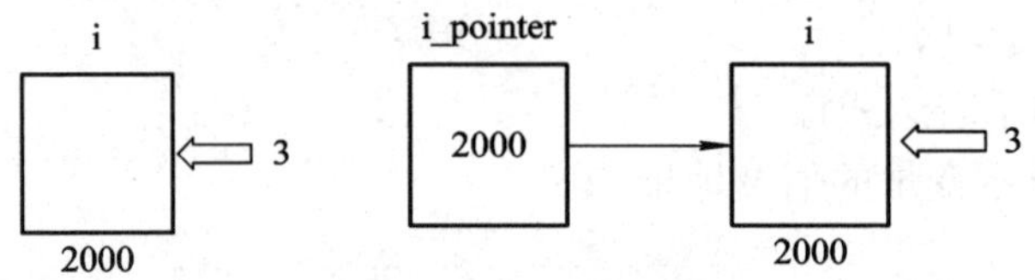

(a) 直接访问　　(b) 间接访问

图 11.3　直接访问和间接访问的示意图

为了表示将数值 3 送到变量中，可以有两种表达方法：

(1) 将 3 送到变量 i 所标志的单元中，见图 11.3(a)。

(2) 将 3 送到变量 i_pointer 所指向的单元(即 i 所标志的单元)中，见图 11.3(b)。

所谓“指向”是通过地址来体现的。i_pointer 中的值为 2000，它是变量 i 的地址，这样就在变量 i_pointer 和变量 i 之间建立起一种联系，即通过 i_pointer 能知道 i 的地址，从而找到变量 i 的内存单元，图 11.3 中以箭头表示这种“指向”关系。

上一节介绍了变量的指针，如果有一个变量专门用来存放另一个变量的地址(即指针)，则称它为指针变量。例如，上述的 i_pointer 就是一个指针变量。

3．间接访问运算符“*”

为了表示指针变量和它所指向的变量的联系，在程序中用“*”符号表示“指向”关系。例如，i_pointer 代表指针变量，而*i_pointer 是 i_pointer 所指向的变量，如图 11.4 所示。

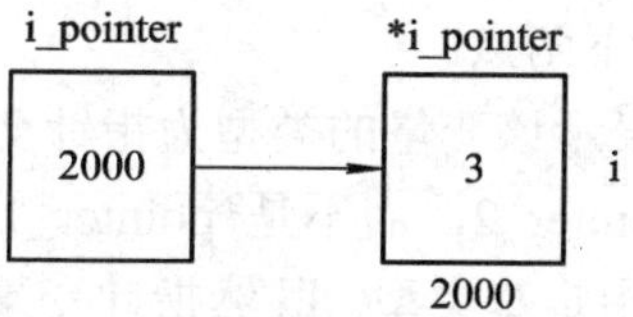

图 11.4　指针变量示意图

可以看到，*i_pointer 也代表一个变量，它和变量 i 是一回事。下面两个语句作用相同：

(1) i=3;

(2) *i_pointer=3;

第二个语句的含义是将 3 赋给指针变量 i_pointer 所指向的变量。

11.3　指针变量的使用

11.3.1　指针变量的定义

C 语言规定所有变量在使用前必须定义，指定其类型，并按此分配内存单元。指针变量不同于整型变量和其他类型的变量，它是专门用来存放地址的，必须将它定义为指针类型。那么指针变量该如何定义呢？例如：

```
int i , j ;
int    *pointer_1 , *pointer_2;
```

第 1 行定义了两个整型变量 i 和 j；第 2 行定义了两个指针变量 pointer_1 和 pointer_2，它们是指向整型变量的指针变量，左端的 int 是在定义指针变量时必须指定的基类型。指针变量的基类型用来指定该指针变量可以指向的变量的类型。例如，上面定义的指针变量 pointer_1 和 pointer_2 可以用来指向整型变量，但不能指向实型变量。定义指针变量的一般形式为：

基类型　　　*指针变量名

例如：定义指针变量。

```
float   *pointer_3;          /*pointer_3 是指向实型变量的指针变量*/
char    *pointer_4;          /*pointer_4 是指向字符型变量的指针变量*/
```

那么，怎样使一个指针变量指向另一个变量呢？下面用赋值语句使一个指针变量指向一个整型变量：

```
pointer_1=&i;                /*将变量 i 的地址存放到指针变量 pointer_1 中*/
pointer_2=&j;                /*将变量 j 的地址存放到指针变量 pointer_2 中*/
```

此时，可以说，pointer_1 指向了 i，pointer_2 指向了 j，效果如图 11.5 所示。

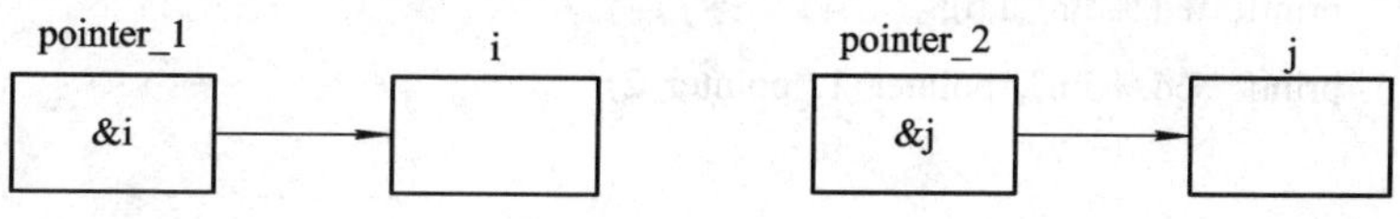

图 11.5　将变量地址存放到指针变量中

在定义指针变量时要注意以下两点：

(1) 指针变量前面的“*”，表示该变量的类型为指针变量，但它不是指针变量名的一部分，指针变量名是 pointer_1，pointer_2，而不是*pointer_1，*pointer_2。

(2) 在定义指针变量时必须指定基类型。既然指针变量是存放地址的，那么只需要指定其为指针类型变量即可，为什么还要指定基类型呢？这是因为不同类型的数据在内存中占用的字节数是不同的。本章稍后还要介绍指针的移动和运算，例如，“使指针移动 1 个位置”或“使指针值加 1”，这个“1”代表什么呢？如果指针是指向一个整型变量，那么“使指针值加 1”意味着使地址值加 2 个字节；如果指针是指向一个实型变量，那么“使指针值加 1”意味着使地址值加 4 个字节。因此必须规定指针变量所指向的变量的类型，即基类型。一个指针变量只能指向同一个类型的变量，不能一下指向一个整型变量，一下又指向一个实型变量。在上面的定义中，既然已经将指针变量 pointer_1，pointer_2 的基类型定义为整型，那么它们就只能指向整型变量。

11.3.2 指针变量的引用

指针变量中只能存放地址(指针)，不要将一个整型量(或任何其他非地址类型的数据)赋给一个指针变量。例如，下面的赋值是不合法的：

```
pointer_1=100;            /*pointer_1 是指针变量，100 为整数*/
```

对于指针变量，有两个最基本的运算符：

(1) &取地址运算符。其功能是取操作对象的地址，例如，&i 为取变量 i 的地址。在程序中取一个变量的地址必须在变量定义之后才可进行。

(2) * 指针运算符(或称间接访问运算符)。其功能是按操作对象的内容访问对应的存储单元。例如，*pointer_1 表示 pointer_1 所指向的存储单元。

下面的例子说明了指针变量在程序中是如何被引用的，以及两个运算符“&”和“*”的作用。

【例 11-2】 通过指针变量访问整型变量。

```
main()
{
    int a,b;
    int *pointer_1,*pointer_2;   /*定义整型指针变量*/
    a=100;
    b=10;
    pointer_1=&a;                /*把变量 a 的地址赋给 pointer_1*/
    pointer_2=&b;                /*把变量 b 的地址赋给 pointer_2*/
    printf("%d,%d\n",a,b);
    printf("%d,%d\n",*pointer_1,*pointer_2);
}
```

程序运行结果如图 11.6 所示。

图 11.6　例 11-2 运行结果

代码说明：

✧ 第 04 行，定义了两个指针变量 pointer_1 和 pointer_2，它们的基类型都是 int 型。

✧ 第 07 行，让 pointer_1 指向 a，如图 11.7 所示。

✧ 第 08 行，让 pointer_2 指向 b，如图 11.7 所示。

✧ 第 09 行，直接访问方式输出 a，b 的值。

✧ 第 10 行，间接访问方式输出 a，b 的值。

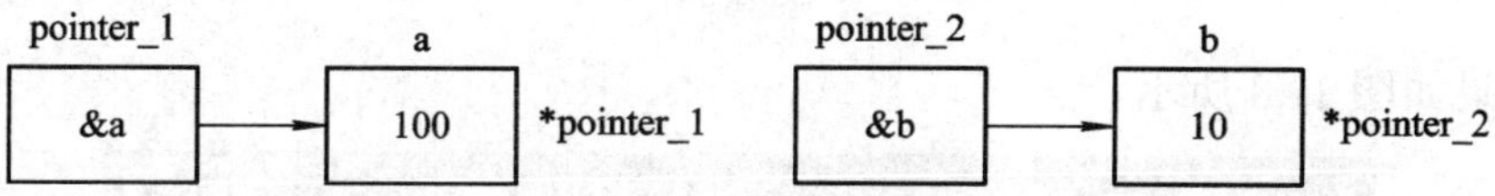

图 11.7　例 11-2 示意图

注意：

(1) 程序中两次出现*pointer_1 和*pointer_2，但它们含义不同。程序第 04 行的*pointer_1 和*pointer_2 表示定义两个指针变量 pointer_1 和 pointer_2。程序第 10 行的*pointer_1 和*pointer_2 则代表 pointer_1 和 pointer_2 所指向的变量 a 和 b。

(2) 第 07 行和第 08 行 pointer_1=&a 和 pointer_2=&b 是将 a 和 b 的地址分别赋给 pointer_1 和 pointer_2。切不可写成*pointer_1=&a 和*pointer_2=&b。因为 a 和 b 的地址是赋给指针变量 pointer_1 和 pointer_2，而不是赋给*pointer_1(变量 a)和*pointer_2(变量 b)。

11.3.3　运算符“&”和“*”的结合方向

前面介绍了指针变量的两个最基本的运算符“&”和“*”，这一节对“&”和“*”进行进一步的阐述。

如果已经执行 pointer_1=&a，那么&*pointer_1 的含义是什么呢？“&”和“*”两个运算符的优先级别相同，但按自右至左的方向结合，因此先执行*pointer_1 的运算，它就是变量 a，再执行“&”运算。因此&*pointer_1 与&a 含义相同，为变量 a 的地址，即&*pointer_1 与 pointer_1 等价。

*&a 的含义又是什么呢？先执行&a 的运算，得到 a 的地址，再进行*运算，即&a 所指向的变量。如果已经执行了“pointer_1=&a”，则*&a 和*pointer_1 的作用是一样的，它们都等价于变量 a，即*&a 与 a 等价。

(*pointer_1)++相当于 a++。注意括号是必要的，如果没有括号，就成为了*pointer_1++，++和*为同一优先级，而结合方向为自右至左，因此它相当于*(pointer_1++)。由于++在 pointer_1 的右侧，是“后加”，因此先对 pointer_1 的原值进行*运算，得到 a 的值，然后使 pointer_1 的值增 1，这样 pointer_1 不再指向 a 了。

以下是一个指针变量应用的例子。

【例 11-3】　输入 a 和 b 两个整数，按先大后小的顺序输出 a 和 b。

```
main()
{
      int *p1,*p2,*p,a,b;                  /*定义变量*/
      scanf("%d,%d",&a,&b);                /*输入数字*/
      p1=&a;                               /*把变量 a 的地址赋给指针变量 p1*/
      p2=&b;                               /*把变量 b 的地址赋给指针变量 p2*/
      if(a<b)                              /*判断条件*/
           { p=p1; p1=p2; p2=p; }          /*交换 p1 和 p2 的值*/
      printf("\na=%d,b=%d\n",a,b);
      printf("max=%d,min=%d\n",*p1,*p2);
}
```

运行结果如图 11.8 所示。

图 11.8　例 11-3 的运行结果

代码说明：当输入 a=2，b=9 时，由于 a<b，将 p1 和 p2 交换。交换前的情况如图 11.9(a)所示，交换后的情况如图 11.9(b)所示。

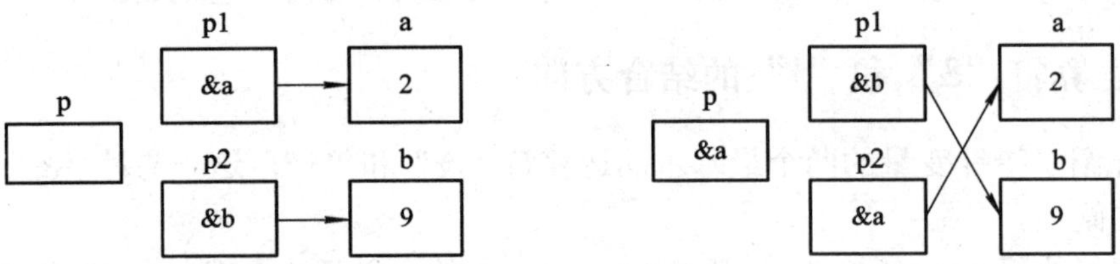

(a) p1和p2交换前　　(b) p1和p2交换后

图 11.9　p1 和 p2 交换前后示意图

注意：a 和 b 并未交换，它们仍保持原值，但 p1 和 p2 的值改变了。

11.3.4　指针变量作函数参数

函数的参数不仅可以是整型、实型、字符型等数据，还可以是指针类型数据。它的作用是将一个变量的地址传送到另一个函数中。

问题同例 11-3 相同，现在用函数处理，而且用指针类型的数据作为函数参数，情况又如何呢？

【例 11-4】　输入两个整数，按大小输出(指针变量作函数参数)。

```
swap(int *p1,int *p2)                 /*定义有参函数 swap*/
{
     int temp;                        /*定义变量*/
     temp=*p1;                        /*p1 所指向变量的值赋给变量 temp*/
     *p1=*p2;                         /*p2 所指向变量的值赋给 p1 所指向变量*/
     *p2=temp;                        /*变量 temp 的值赋给 p2 锁指向的变量*/
}

main()
{
     int a,b;                         /*定义整型变量*/
     int *pointer_1,*pointer_2;       /*定义指针变量*/
     scanf("%d,%d",&a,&b);            /*输入数字*/
     pointer_1=&a;                    /*指针变量 pointer_1 指向 a*/
     pointer_2=&b;                    /*指针变量 pointer_2 指向 b*/
     if(a<b)
          swap(pointer_1,pointer_2);  /*函数调用*/
     printf("\n%d,%d\n",a,b);
}
```

运行结果如图 11.10 所示。

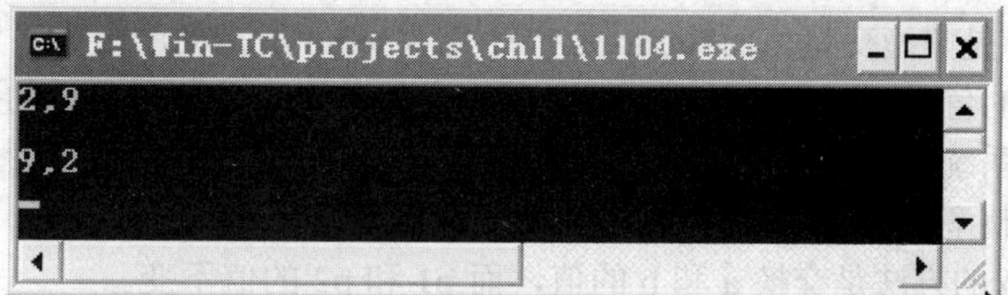

图 11.10　例 11-4 运行结果

代码说明：

✧ swap 是用户自定义的函数，它的作用是交换两个变量的值。swap 函数的两个形参 p1 和 p2 是指针变量。程序运行时，先执行 main 函数，输入 a 和 b 的值(这里输入 2 和 9)。然后将 a 和 b 的地址赋给指针变量 pointer_1 和 pointer_2，使 pointer_1 指向 a，pointer_2 指向 b，如图 11.11(a)所示。接着执行 if 语句，由于 a<b，所以执行 swap 函数。

✧ 注意实参 pointer_1 和 pointer_2 是指针变量，在函数调用时，将实参变量的值传递给形参变量，采取的依然是“值传递”方式。因此虚实结合后形参 p1 的值是&a，p2 的值是&b，如图 11.11(b)所示。这时 p1 和 pointer_1 都指向变量 a，p2 和 pointer_2 都指向变量 b。

✧ 接着执行 swap 函数的函数体，使*p1 和*p2 的值互换，也就是使 a 和 b 的值互换，互换后的情况如图 11.11(c)。函数调用结束后，p1 和 p2 不复存在(已释放)，情况如图 11.11(d)所示。最后在 main 函数中输出 a 和 b 的值已是经过交换的值(a=9，b=2)。

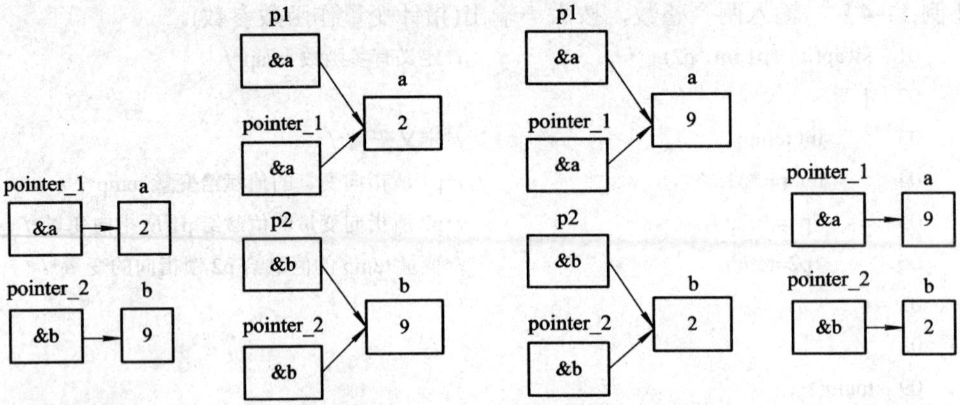

(a) 实参初值　(b) 形参初值　(c) 交换*p1和*p2的值　(d) 函数调用结束

图 11.11　例 11-3 执行过程中变量交换示意图

注意：

(1) 请注意交换*p1 和*p2 的值是如何实现的。如果写成以下这样就有问题了：

```
swap(int *p1,int *p2)
{
    int *temp;
    *temp=*p1;                    /*此语句有问题*/
    *p1=*p2;
    *p2=temp;
}
```

*p1 就是 a，是整型变量。而*temp 是指针变量 temp 所指向的变量。但 temp 中并无确定的地址值，它的值是不可预见的，*temp 所指向的单元也是不可预见的。因此，对*temp 赋值可能会破坏系统的正常工作状况。应该将*p1 的值赋给一个整型变量，如例 11-4 中程序所示那样，用整型变量 temp 作为临时辅助变量实现*p1 和*p2 的交换。

(2) 本例采取的方法是交换 a 和 b 的值，而 p1 和 p2 的值不变。

可以看到，在执行 swap 函数后，变量 a 和 b 的值改变了。但是这一改变是怎么实现的呢？它不是通过将形参值传回给实参来实现的。通过下面的途径能否实现 a 和 b 的互换？

```
swap(int  x, int  y)
{
    int  temp;
    temp=x;                       /*此语句有问题*/
    x=y;
    y=temp;
}
```

如果在 main 函数中用“swap(a，b)”调用 swap 函数，会有什么结果呢？如图 11.12 所示。在函数调用时，a 的值传送给 x，b 的值传送给 y。执行完 swap 函数后，x 和 y 的值是互换了，但 main 函数中 a 和 b 的值并未互换。也就是说由于单向传送的“值传递”方式，形参值的改变无法传给实参。

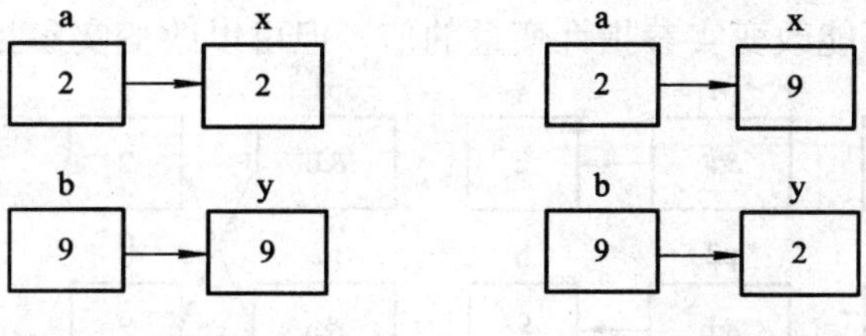

(a) 形参向实参传值　　(b) 实参数据变化

图 11.12 值的单向传递

为了使在函数中改变了的变量值被 main 函数所用，不能采取上述把要改变的变量作为参数的方法，而应该用指针变量作为函数参数，在函数执行过程中使指针变量所指向的变量值发生变化，函数调用结束后，这些变量值的变化依然保留下来，这样就达到了通过调用函数使变量的值发生变化，在主调函数(如 main 函数)中使用这些改变了的值的目的。

(3) 不能企图通过改变指针形参的值而使指针实参的值改变，如下面代码所示：

```
swap(int  *p1, int  *p2)
{
    int  *p;
    p=p1;
    p1=p2;
    p2=p;
}

main()
{
int  a, b;
int  *pointer_1, *pointer_2;
scanf("%d,%d",&a,&b);
pointer_1=&a;
pointer_2=&b;
if(a<b)
      swap(pointer_1, pointer_2);
printf("%d,%d\n", *pointer_1, *pointer_2);
}
```

此程序的本意是想交换 pointer_1 和 pointer_2 的值，使 pointer_1 指向值大的变量。其设想是：① 先使 pointer_1 指向 a，pointer_2 指向 b，见图 11.13(a)。② 调用 swap 函数将 pointer_1 的值传递给 p1，pointer_2 的值传递给 p2，见图 11.13(b)。③ 在 swap 函数中使 p1 和 p2 的值交换，见图 11.13(c)。④ 形参 p1、p2 将地址传回实参 pointer_1、pointer_2，使 pointer_1 指向 b，pointer_2 指向 a，见图 11.13(d)。然后输出*pointer_1, *pointer_2，想得到输出“9，2”。

但是这是无法做到的，程序实际输出是“2，9”，问题在于第④步。C 语言中实参变量和形参变量之间的数据传递是单向的“值传递”方式，指针变量作为函数参数也要遵循这一规则。调用函数不可能改变实参指针变量的值，但可以改变实参指针变量所指变量的值。

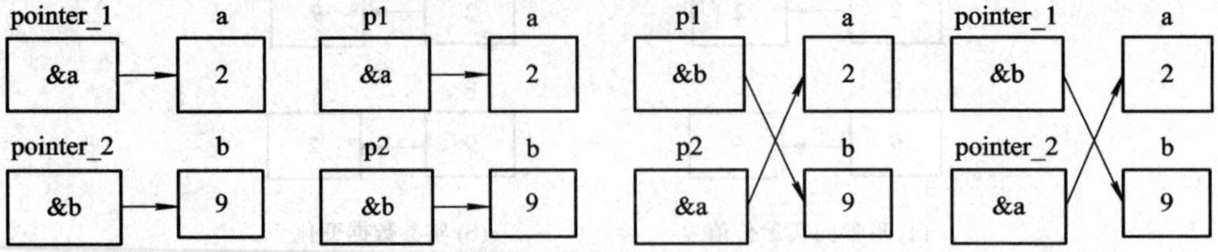

(a) 实参初值　(b) 形参初值　(c) 形参值变化　(d) 实参值变化

图 11.13　变量交换示意图

函数的调用可以且只可以得到一个返回值(即函数值)，而运用指针变量作函数参数，可以得到多个变化了的值。如果不用指针变量是难以做到这一点的。

11.4 指针与数组

数组是由若干个相同类型的元素构成的有序序列，这些元素在内存中占据了一组连续的存储空间，每个元素都有一个地址，指针变量既然可以指向变量，当然也可以指向数组元素(把某一元素的地址放到一个指针变量中)。所谓数组元素的指针，就是数组元素的地址。

引用数组元素，可以采用下标法(如 a[3])，也可以采用指针法，即通过指向数组元素的指针找到所需的元素。使用指针法能使目标程序质量更高(占内存少，运行速度快)。

11.4.1 指向数组元素的指针

定义一个指向数组元素的指针变量的方法，与前面介绍的指向变量的指针变量相同。例如：

```
int   a[10];          /*定义 a 为包含 10 个整型数据的数组*/
int   *p;             /*定义 p 为指向整型变量的指针变量*/
```

注意：如果数组为 int 型，则指向该数组元素的指针变量的基类型也是 int 类型。

下面是给指针变量 p 赋值：

```
p=&a[0];              /*将 a[0]元素的地址赋给指针变量 p，也就是说，指针变量 p 指向
                        数组下标为 0 的元素，如图 11.14 所示*/
```

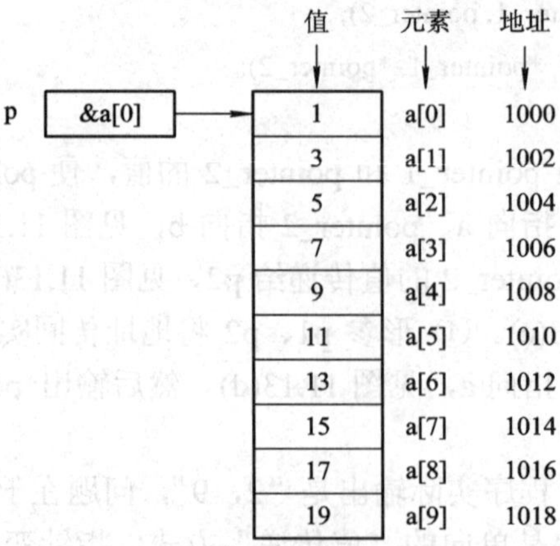

图 11.14　指向数组元素的指针

C 语言规定，数组名代表数组中第一个元素(即下标为 0 的元素)的地址，也就是数组的首地址。因此，语句 p=&a[0]和 p=a 等价。

注意：p=a 是将 a 数组首元素的地址赋给 p，而不是把数组 a 各个元素的值赋给 p。

在定义指针变量时可以对它进行赋初值，例如：

```
int *p=&a[0];
```

等价于

```
int *p;
p=&a[0];                    /*注意，不是*p=&a[0]*/
```

当然，也可以写成如下形式：

```
int *p=a;
```

等价于

```
int *p;
p=a;
```

11.4.2 通过指针引用数组元素

假设 p 已被定义为指针变量，并已给它赋了一个地址，使它指向某一个数组元素。如果有以下赋值语句：

```
*p=1;
```

表示对 p 当前所指向的数组元素赋予一个值(值为 1)。

按照 C 语言规定，如果指针变量 p 已经指向数组中的一个元素，则 p+1 指向同一数组中的下一个元素。例如，数组元素是整型，每个元素占用 2 个字节，则 p+1 意味着使 p 的值加 2 个字节，以使它指向下一个元素。p+1 所代表的地址实际上是 p+1×d，d 是一个数组元素所占用的字节数。

如果 p 的初值为&a[0]，则 p+i 和 a+i 就是 a[i]的地址，或者说，它们指向 a 数组的第 i 个元素，如图 11.15 所示。

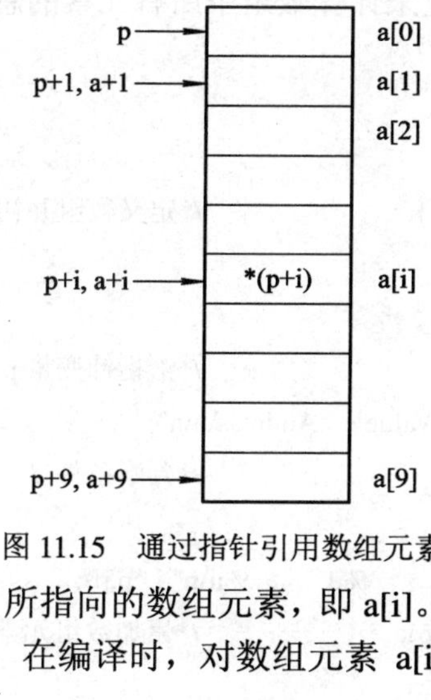

图 11.15 通过指针引用数组元素

(p+i)或(a+i)是 p+i 或 a+i 所指向的数组元素，即 a[i]。例如，*(p+5)或*(a+5)就是 a[5]，即*(p+5)=*(a+5)=a[5]。实际上，在编译时，对数组元素 a[i]就处理成*(a+i)，即按照数组元

素首地址加上相对位移量得到要找的元素的地址，然后找出该单元中的内容。例如，假设数组 a 的首元素的地址为 1000，设数组为整型，则 a[3]的地址是这样计算出来的：1000+3×2=1006，然后从地址 1006 所指向的整型单元中取出元素(即 a[3])的值。

指向数组元素的指针变量可以带下标，如 p[i](它与*(p+i)等价)。

下面举例说明引用数组元素的方法。假设有如下定义和输入语句：

```
int   a[10];
int   i;
for(i=0;i<10;i++)
        scanf("%d",&a[i]);
```

则输出数组元素可以有如下几种方法：

(1) 下标法。

```
for(i=0;i<10;i++)
        printf("%d",a[i]);
```

(2) 通过数组名计算数组元素的地址，找出元素的值。

```
for(i=0;i<10;i++)
        printf("%d",*(a+i));
```

(3) 用指针变量指向数组元素。

```
for(p=a;p<a+10;p++)
        printf("%d",*p);
```

说明：

(1) 上述例子中第一种和第二种方法的执行效率相同。C 编译系统都是将 a[i]转换为*(a+i)处理的，即先计算出地址，因此这两种方法找数组元素费时较多。

(2) 第三种方法比前两种要快，用指针变量直接指向元素，不必每次都重新计算地址，像 p++这样的自加运算是比较快的。

(3) 下标法比较直观。

【例 11-5】 使用指针变量来计算数组中所有元素的总和。

```
main()
{
    int *p,sum,i;
    int x[5]={5,9,6,3,7};                  /*定义数组并初始化*/
    i=0;
    sum=0;
    p=x;                                   /*给指针变量 p 赋初值*/
    printf("Element    Value     Address\n\n");
    while(i<5)                             /*判断条件*/
    {
        printf("x[%d]      %d        %u\n",i,*p,p);
        sum=sum+(*p);                      /*累加数组元素*/
        i++;
```

```
14              p++;                          /*指针变量的值增 1*/
15          }
16          printf("\n   Sum=     %d\n",sum);
17          printf("\n   &x[0]= %u\n",&x[0]);
18          printf("\n   p=        %u\n",p);
19   }
```

运行结果如图 11.16 所示。

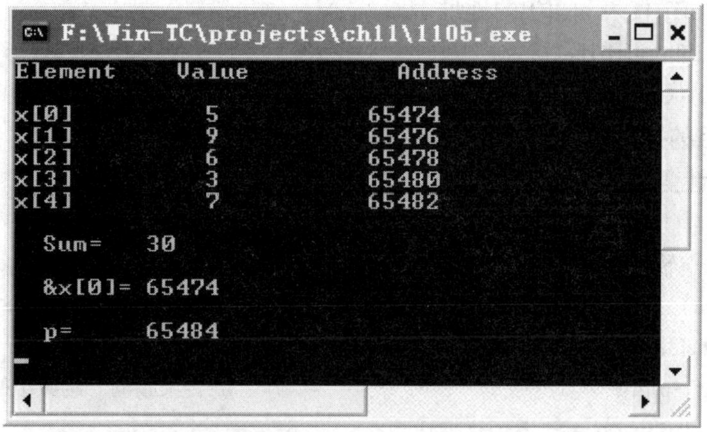

图 11.16　例 11-5 运行结果

代码说明：

✧ 第 07 行，指针变量 p 指向数组元素 x[0]。

✧ 第 09 行，判断条件也可以写为 p<=&x[4]或 p<&x[5]，这样的话，变量 i 就可以省略不用了。

✧ 扩展训练，请分析程序运行过程中 p 值的变化情况。

11.4.3　指向二维数组的指针变量

1. 二维数组的地址表示

二维数组的首地址是这片连续存储空间的起始地址，它既可以用数组名表示，也可以用数组中第一个元素的地址表示。假设有如下定义：

```
int a[3][4]={{1,3,5,7},{9,11,13,15},{17,19,21,23}};
```

其中 a 是一个数组名。a 数组包含 3 行，即 a[0]，a[1]，a[2]这 3 个元素；而每一个元素又是一个一维数组，它包含 4 个元素(即 4 个列元素)，例如，a[0]所代表的一维数组又包含 a[0][0]，a[0][1]，a[0][2]，a[0][3]这 4 个元素。可以认为二维数组是“数组的数组”，即数组 a 是由 3 个一维数组所组成的。

从二维数组的角度看，a 代表二维数组首元素的地址，现在首元素不是一个整型变量，而是由 4 个整型元素所组成的一维数组，因此 a 代表的是首行(即第 0 行)的首地址，a+1 代表第 1 行的首地址。如果二维数组的首地址是 2000，则 a+1 为 2008，因为第 0 行有 4 个整型数据，因此 a+1 的含义就是 a[1]的地址，即为 2008。a+2 代表 a[2]的首地址，值为 2016。

a[0]、a[1]、a[2]既然是一维数组名，而 C 语言又规定了数组名代表数组首元素的地址，因此 a[0]代表一维数组 a[0]中第 0 列元素的地址，即&a[0][0]。a[1]的值是&a[1][0]，a[2]的值是 a[2][0]。

a[0]为一维数组名，该一维数组中第 2 个元素的地址为 a[0]+1，值为 2002。a[0]+0、a[0]+1、a[0]+2、a[0]+3 分别是元素 a[0][0]、a[0][1]、a[0][2]、a[0][3]的地址。

综上，二维数组中的地址表示有如下规律：

- a+i 代表第 i 行的首地址。
- *(a+i)(即 a[i])代表 a[i][0]的地址。
- *(a+i)+j，即&a[i][j]。
- *(*(a+i)+j)代表元素 a[i][j]。

2. 二维数组的指针变量

二维数组指针变量的一般形式如下：

基类型　(*指针变量名)[长度]

【例 11-6】　输出二维数组任一行任一列元素的值。

```
main()
{ int a[3][4]={{1,3,5,7},{9,11,13,15},{17,19,21,23}};
   int (*p)[4];                              /*定义指向一维数组的指针变量 p*/
   int i , j ;
   p=a;                                      /*给 p 赋值 a, 等价于 p=&a[0]*/
   scanf("%d,%d",&i,&j);                     /*输入要输出元素的行、列号*/

   printf("a[%d,%d]=%d\n", i , j , *(*(p+i)+j)) ;   /*输出二维数组第 i 行第 j 列元素*/
}
```

程序运行结果见图 11.17。

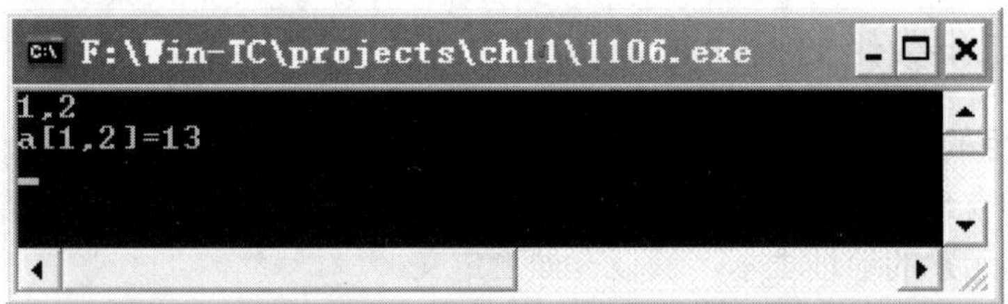

图 11.17　例 11-6 运行结果

11.5　字符串与指针

在 C 程序中处理字符串时，虽然也可以采用字符数组来对其进行存储等操作，但是在对多个字符串进行处理时必须用多维数组，这样很不方便，有时候还会浪费很多内存单元，使用指针对字符串进行处理则要灵活得多。

11.5.1　用字符数组表示字符串

将字符串的各个字符(包括串结束标志 '\0')依次存放到字符数组中，利用下标变量对数组进行操作。

【例 11-7】　定义一个字符数组，对它进行初始化，然后输出该字符串。

```
main()
{
    char string[]="I love China!";
    printf("%s\n",string);
}
```

运行结果见图 11.18。

图 11.18　例 11-7 运行结果

代码说明：数组 string 的长度没有明确的定义，默认的长度是字符串中字符个数加串结束标志，则 string 数组的长度应该是 14。

11.5.2　用字符指针表示字符串

对字符串而言，可以不定义字符数组，而是直接定义指向字符串的指针变量，利用该指针变量对字符串进行操作。

【例 11-8】　定义一个字符型指针变量，并对它进行初始化，然后输出该字符串。

```
01  main()
02  {
03      char *string="I love China!";
04      printf("%s\n",string);
05  }
```

运行结果见图 11.19。

图 11.19　例 11-8 运行结果

代码说明：第 03 行，char *string="I love China! "定义了一个字符型指针变量，同时对它赋初值，将字符串常量"I love China! "的首地址赋给它。该语句等价于以下两条语句：

```
char *string;
string=" I love China! ";
```

系统在内存中开辟一段连续的存储空间存储字符串常量"I love China! "，并将这段空间的首地址赋给指针变量 string，效果如图 11.20 所示。

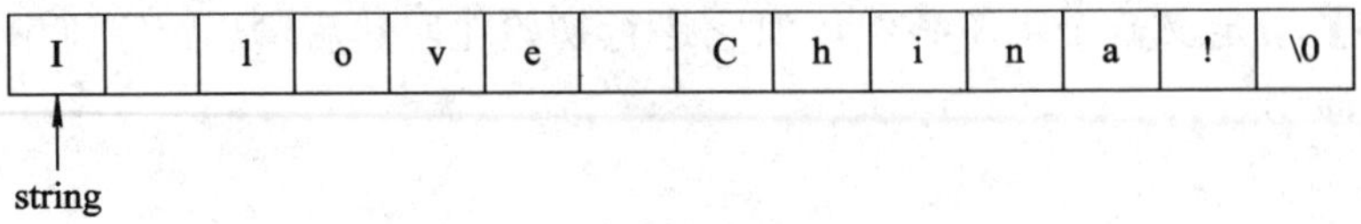

图 11.20　字符指针处理字符串

【例 11-9】　使用字符指针来确定字符串的长度。

```
01  main()
02  {
03      char *name;
04      int length;
05      char *cptr;
06      name="java";                /*字符指针指向字符串常量*/
07      cptr=name;                  /*给指针变量赋值*/
08      printf("%s\n",name);
09      while(*cptr!='\0')          /*判断条件*/
10      {
11          printf("%c is stored at address %u\n",*cptr,cptr);
12          cptr++;
13      }
14      length=cptr-name;           /*地址值相减*/
15      printf("\nLength of the string = %d\n",length);
16  }
```

运行结果见图 11.21。

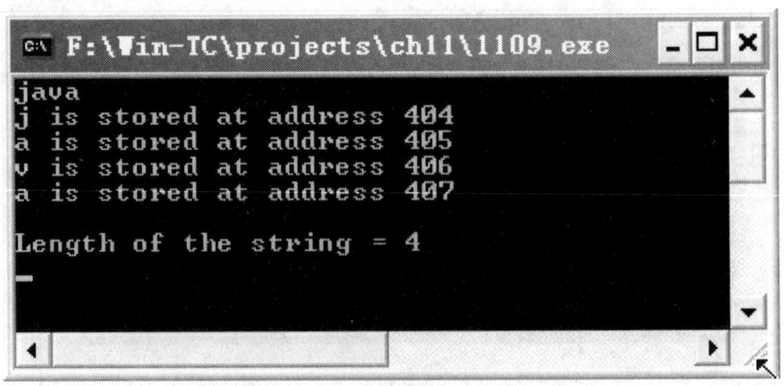

图 11.21　例 11-9 运行结果

代码说明：

✧ 第 09 行，当条件为假时，表明到达字符串的末尾了。

✧ 第 14 行，当 while 循环结束时，指针 cptr 保存的是空字符的地址。所以，length=cptr-name 就给出了字符串的长度。

11.6　指向函数的指针

与变量一样，函数在内存中也需要存储地址。C 语言允许定义一个指向函数的指针。该指针又可以作为一个参数在另一个函数中使用。

(1) 指向函数的指针变量的定义：

数据类型　(*指针变量名)( );

这里的数据类型是指函数返回值的类型。

(2) 指向函数的指针变量的赋值：

指针变量名=函数名；

表示将函数的入口地址赋给指针变量。

(3) 使用指针变量调用函数：

(*指针变量名)(实际参数列表)

使用指向函数的指针变量调用函数时，只需用(*指针变量名)代替函数名即可。

【例 11-10】　函数指针的综合示例：使用函数指针作为函数参数。

```
#include <math.h>
#define PI 3.1415926
double y(double);                    /*函数声明*/
double table(double (*f)(double),double,double,double);

main()
{    printf("\nTable of cos(x)\n\n");
     table(cos,0.0,PI,0.5);          /*调用子函数*/
     printf("Table of y(x)=2*x*x-x+1\n\n");
     table(y,0.0,2.0,0.5);           /*调用子函数*/

}
/*定义子函数 table*/
double table(double (*f)( ),double min,double max,double step)
{
   double a,value;
   for(a=min;a<=max;a+=step)
   {    value=(*f)(a);               /*调用 f 指向的函数*/
        printf("%5.2f    %10.4f\n",a,value);
    }
}
```

```
22  /*定义子函数 y*/
23  double y(double x)
24  { return (2*x*x-x+1);
25  }
```

运行结果如图 11.22 所示。

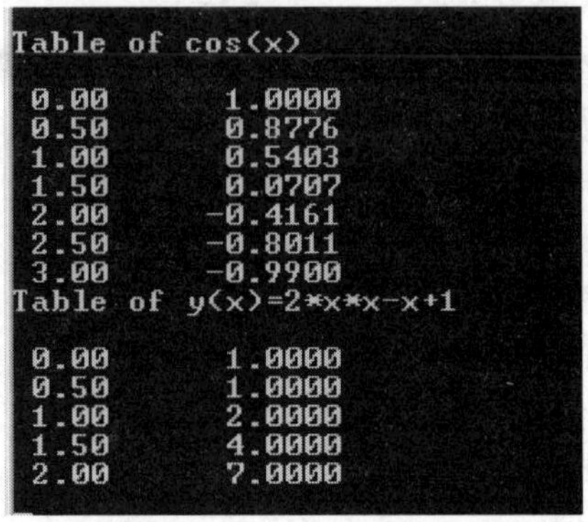

图 11.22　例 11-10 运行结果

代码说明：

✧ 第 14 行，子函数 table 的第一个形参为指向函数的指针变量 f。

✧ 第 18 行，调用 f 指向的函数，实参为 a。

✧ 第 08 行，调用 table 函数，将函数名 cos 传递给形参 f。

✧ 第 10 行，调用 table 函数，将函数名 y 传递给形参 f。

11.7　返回指针值的函数

一个函数可以带回一个整型值、字符值、实型值等，也可以带回指针型的数据，即地址。这个概念与返回整型、字符型、实型值的函数概念类似，只是返回的值是指针类型而已。

返回指针类型数据的函数定义的一般形式如下：

类型名　*函数名(参数列表)

例如：

```
int    *a( int x, int y );
```

a 是函数名，调用它以后能得到一个指向整型数据的指针(地址)。x、y 是函数的形式参数。

请注意*a 两侧没有括号，如果写为 int (*a)(int x, int y)就成为上一节介绍的指向函数的指针变量了。

【例 11-11】　返回指针值的函数。

```
int *larger(int *,int *);                    /*函数声明*/
main()
{
```

```
04        int a=10;
05        int b=20;
06        int *p;
07        p=larger(&a,&b);              /*函数调用*/
08        printf("%d",*p);
09    }
10    /*子函数定义*/
11    int *larger(int *x,int *y)
12    {
13        if(*x>*y)
14            return x;
15        else
16            return y;
17    }
```

运行结果如图 11.23 所示。

图 11.23　例 11-11 运行结果

代码说明：

✧ 第 07 行，函数调用 p=larger(&a,&b);，函数 larger 接受变量 a 和 b 的地址作为形式参数，p 得到较大值的地址。

✧ 第 11～17 行，子函数定义，利用指针 x 和 y 来确定哪一个整数大，并返回较大值的存储地址。

✧ 第 08 行，输出*p，即较大值。

注意：所返回的地址必须是调用函数中的变量的地址。如果返回的是指向被调用函数中的局部变量的地址，将产生错误。

11.8 指针数组

11.8.1 指针数组的概念

一个数组，其元素均为指针类型的数据，就称为指针数组，也就是说，指针数组中的每一个元素都是一个指针变量。一维指针数组定义的形式如下：

　　类型名　*数组名[数组长度]

例如：

```
int    *p[4] ;            /*定义了一个一维指针数组 p，包含 4 个整型指针*/
char    *q[5];            /*定义了一个一维指针数组 q，包含 5 个字符型指针*/
```

注意：不要写成 int (*p)[4];，这是一个指向一维数组的指针变量，在 11.4.4 节介绍过这个概念。

指针数组的一个最重要的应用就是处理字符串。假设我们要处理多个字符串，需要设计一个二维的字符数组来存放字符串。但是在定义二维字符数组时，需要指定列数。即要求二维数组每一行中包含的元素个数相等。实际上各字符串长度一般是不相等的，如图 11.24(a)所示。那必然要按照最长的字符串来定义列数，这样会浪费许多内存单元，如图 11.24(b)所示。

如果用指针数组来解决这个问题，可以分别定义一些字符串，然后用指针数组中的元素分别指向各字符串，如图 11.24(c)所示。

字符串
Follow me
BASIC
Great Wall
FORTRAN
Computer design

(a) 字符串初值

F	o	l	l	o	w		m	e	\0						
B	A	S	I	C	\0										
G	r	e	a	t		W	a	l	l	\0					
F	O	R	T	R	A	N	\0								
C	o	m	p	u	t	e	r		d	e	s	i	g	n	\0

(b) 用二维字符数组处理字符串

(c) 用字符指针数组处理字符串

图 11.24　字符串数组与指针数组存储字符串对比

【例 11-12】　将若干个字符串按字母顺序(由小到大)输出。

```
#include <string.h>
main()
{
        void sort(char *name[],int n);                    /*声明函数*/
        void print(char *name[],int n);                   /*声明函数*/
```

```
06      /*定义一维字符指针数组并赋初值*/
07      char *name[]={"Follow me","Basic","Great Wall",
08                    "FORTRAN","Computer design"};
09      int n=5;
10      sort(name,n);                              /*函数调用*/
11      print(name,n);                             /*函数调用*/
12      system("pause");
13  }
14
15  void sort(char *name[ ],int n)                 /*对字符串进行排序*/
16  {   char *temp;
17      int i,j,k;
18      for(i=0;i<n-1;i++)                         /*循环*/
19      {    k=i;
20          for(j=i+1;j<n;j++)                     /*内层循环*/
21              if(strcmp(name[k],name[j])>0)      /*字符串比较*/
22                  k=j;
23          if(k!=i)                               /*交换 name[i]与 name[k]*/
24              {  temp=name[i]; name[i]=name[k];  name[k]=temp; }
25      }
26  }
27
28  void print(char *name[],int n)
29  {   int i;
30      for(i=0;i<n;i++)
31          printf("%s\n",name[i]);
32  }
```

运行结果如图 11.25 所示。

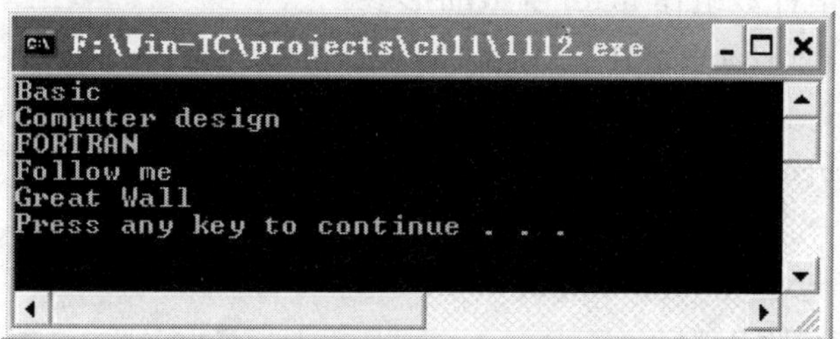

图 11.25 例 11-12 运行结果

代码说明：

✧ 第 15～26 行的函数 sort 的作用是对字符串排序。函数的形参 name 也是指针数组名，接受实参传递过来的 name 数组的首地址，因此形参 name 数组和实参 name 数组指的是同一个数组。

✧ 第 21 行中 strcmp 函数是字符串比较函数，name[k]和 name[j]是第 k 个和第 j 个字符串的起始地址。

✧ 第 28～32 行的函数 print 函数的作用是输出各字符串。name[0]到 name[4]分别是各字符串的首地址。

11.8.2　指针数组作 main 函数的形参

指针数组的一个重要应用是作为 main 函数的形参。在以往的程序中，main 函数的第一行一般写成以下形式：

```
main()
```

括号中是空的。实际上，main 函数可以有形参，其参数形式如下所示：

```
main( int argc ,  char *argv[ ])
```

main 函数是由系统调用的。当处于操作命令状态下，输入 main 函数所在的文件名(经过编译、链接后得到的可执行文件名)，系统就调用 main 函数。那么，main 函数的形参值从何处得到呢？显然不可能在程序中得到。实际上实参是和命令一起给出的。也就是在一个命令行中包括命令名和需要传给 main 函数的参数。命令行的一般形式为

命令名　　参数 1　　参数 2 …　参数 n

命令名和各参数之间用空格分隔。例如，若有一目标文件名为 file1，要将两个字符串“China”,“Beijing”作为传送给 main 函数的参数，可以写成以下形式：

```
file1    China    Beijing
```

main 函数中形参 argc 是指命令行中参数的个数(注意，文件名也作为一个参数)，现在，argc 的值等于 3(有 3 个命令行参数：file1、China、Beijing)。main 函数的第二个形参 argv 是一个指向字符串指针的变量，指向命令行中的字符串，如图 11.26 所示。

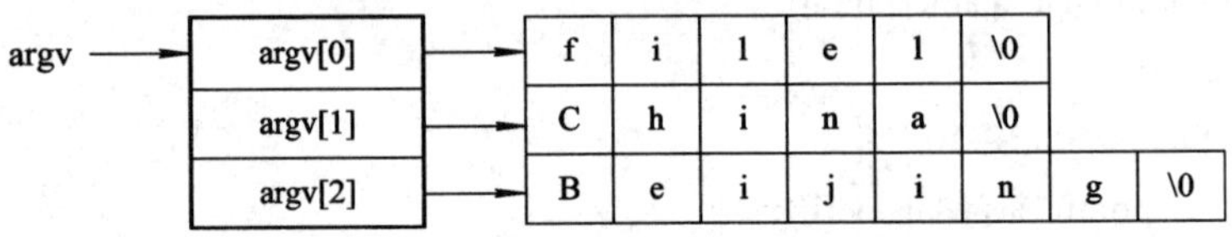

图 11.26　main 函数的参数

【例 11-13】　指针数组作 main 函数的形参。

```
main(int argc,char *argv[])
{
  while(argc>1)
  {
      ++argv;
      printf("%s\n",*argv);
      --argc;
  }
}
```

运行结果如图 11.27 所示。

图 11.27　例 11-13 运行结果

代码说明：文件名为 1113.exe，所以图 11.27 运行结果中第一行命令行如下：

1113　China　Beijing

则 main 函数得到的参数 argc 为 3，argv 的 3 个指针分别指向字符串“1113”，“China”，“Beijing”。

11.9　链　　表

C 语言中可以用数组处理一组数据类型相同的数据，但不允许动态地定义数组的大小，即在使用数组之前必须确定数组的大小。而在实际应用中，用户使用数组之前有时无法确定数组的大小，只能将数组定义得足够大，这样数组中有些空间可能不被使用，从而造成内存空间的浪费；也有可能由于分配的数组大小不够，使得数据溢出，造成系统错误。

链表是一种数据组织形式，也是一种重要的数据结构，采用动态分配内存的形式。用户可以用 malloc 等函数分配内存空间，也可以使用 free 函数将已分配的无用空间释放，不会造成内存空间的浪费。根据数据之间的相互关系，链表又可以分为单链表、循环链表、双向链表等，本节主要以单链表为例进行讲解。

11.9.1　链表概述

1. 单链表结构

链表根据需要开辟内存单元。图 11.28 表示最简单的单向链表的结构。

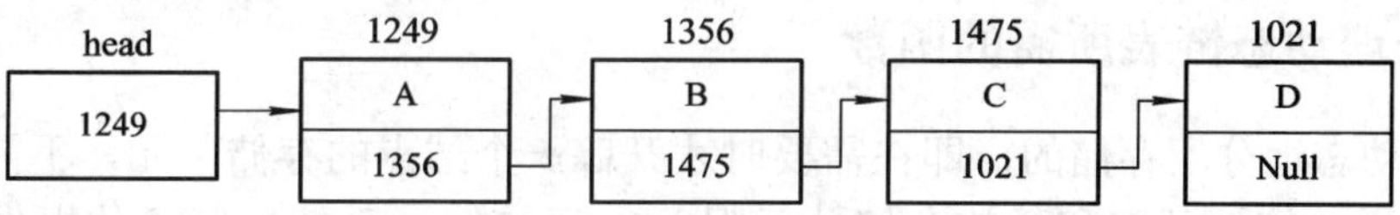

图 11.28　单链表结构

✧ 链表有一个头指针变量，图中以 head 表示，它存放一个地址。该地址指向第一个元素。

✧ 链表中每一个元素称为结点，每个结点都应包括两个部分：一为用户需要用的实际数据，二为下一个结点的地址。可以看出，head 指向第一个元素；第一个元素又指向第二个元素……直到最后一个元素。

✧ 最后一个元素不再指向其他元素，它称为表尾，它的地址部分放一个“NULL”(表示“空地址”)，链表到此结束。

可以看到链表中各元素在内存中可以不是连续存放的。要找某一元素，必须先找到上一个元素，根据它提供的下一元素地址才能找到下一个元素。如果不提供“头指针”(head)，则整个链表都无法访问。链表如同一条铁链一样，一环扣一环，中间是不能断开的。

2．链表中结点的结构

可以看到，链表结点中要存放下一元素的地址，必须利用指针变量才能实现。第10章介绍的结构体变量，用它作链表中的结点是最合适的。一个结构体变量包含若干个成员，这些成员可以是数值类型、字符类型、数组类型，也可以是指针类型。例如，可以设计这样一个结构体类型：

```
struct   student
{  int num;
   float   score;
   struct   student *next;
};
```

其中成员num和score用来存放结点中有用数据(用户需要用到的数据)，相当于图11.28结点中的A，B，C，D。next是指针类型的成员，它指向struct student类型数据(这就是next所在的结构体类型)。一个指针类型的成员既可以指向其他类型的结构体数据，也可以指向自己所在的结构体类型的数据。现在，next是struct student类型中的一个成员，它又指向struct student类型数据。链表中的结点结构如图11.29所示。

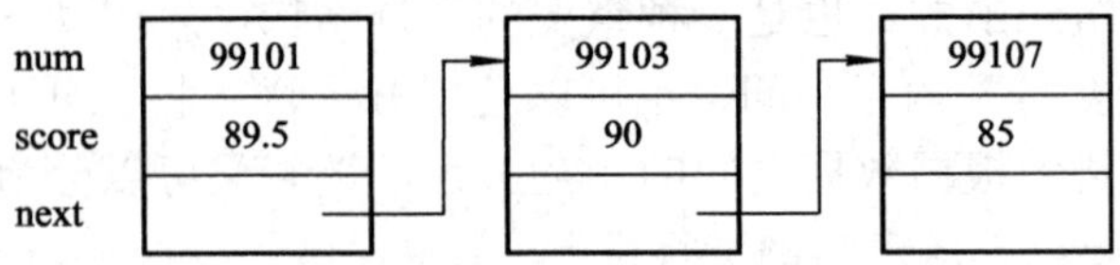

图11.29　单链表结点结构

图11.29中每一个结点都属于struct student类型，它的成员next存放下一结点的地址，程序设计人员可以不必具体知道各结点的地址，只要保证将下一个结点的地址放到前一结点的成员next中即可。

11.9.2　处理动态链表所需的函数

链表是动态地分配存储的，即在需要时才开辟一个结点的存储单元，不需要时释放结点空间。怎样动态地开辟和释放存储单元呢？C语言编译系统的库函数提供了以下有关函数：

(1) malloc函数。其函数原型为：

```
void   *malloc(unsigned   int   size);
```

其作用是在内存的动态存储区中分配一个长度为size的连续空间。此函数的值(即“返回值”)是一个指向分配域起始地址的指针(基类型为void)。如果此函数未能成功地执行(例如内存空间不足)，则返回空指针(NULL)。

(2) calloc函数。其函数原型为：

```
void   *calloc(unsigned   n , unsigned   size);
```

其作用是在内存的动态存储区中分配n个长度为size的连续空间。函数返回一个指向分配域起始地址的指针；如果分配不成功，则返回NULL。

(3) free 函数。其函数原型为：

void free(void *p);

其作用是释放由 p 指向的内存区，使这部分内存区能被其他变量使用。p 是最近一次调用 calloc 或 malloc 函数时的返回值。free 函数无返回值。

(4) realloc 函数。其函数原型为：

void *realloc(void *ptr, unsigned int size);

其作用是将 ptr 指向的存储区(原先用 malloc 函数分配的)的大小改为 size 个字节，使原先分配区扩大或缩小。函数返回新的存储区的首地址；如果分配不成功，则返回 NULL。

有了本节所介绍的初步知识，下面就可以对链表进行操作了(包括建立链表、插入或删除链表中一个结点等)。

11.9.3 链表的建立和输出

所谓建立动态链表是指在程序执行过程中从无到有地建立起一个链表，即一个一个地开辟结点和输入各结点数据，并建立起前后相链的关系。

【例 11-14】 链表的建立和输出。

```
#define NULL 0
#define LEN sizeof(struct student)
struct student
{ long num;
   float score;
   struct student *next;
};
struct student *creat( void );              /*函数声明*/
void print(struct student *);               /*函数声明*/

main( )
{ struct student *head;
   printf("input records:\n");
   head=creat();                            /*调用子函数，创建单链表*/
   printf("\n\nnum      score\n");
   print(head);                             /*调用子函数，输出单链表*/
   getch();
}

struct student *creat( void )               /*创建链表函数*/
{ struct student *head;
   struct student *p1,*p2;
   long num;
   float score;
```

```
25      p1=p2=(struct student *)malloc(LEN);
26      printf("input num,score:(0--quit)\n");
27      scanf("%ld,%f",&num,&score);
28      p1->num=num,p1->score=score;
29      head=NULL;                              /*创建空链表*/
30      while(p1->num!=0)
31        {  if(head==NULL)   head=p1;
32           else             p2->next=p1;
33           p2=p1;
34           p1=(struct student *)malloc(LEN);
35           scanf("%ld,%f",&p1->num,&p1->score);
36        }
37      p2->next=NULL;
38      return(head);
39     }
40
41   void print(struct student *head) /*链表输出函数*/
42   {    struct student *p;
43        p=head;
44        if(head!=NULL)
45        do{ printf("%-8ld    %5.1f\n",p->num,p->score);
46             p=p->next;
47          }while(p!=NULL);
48   }
```

运行结果如图 11.30 所示。

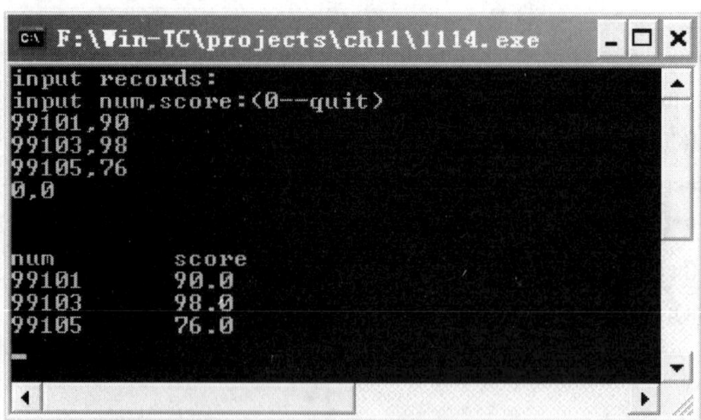

图 11.30　例 11-14 运行结果

代码说明：

✧ 图 11.30 为运行结果，其中输入了 3 个学生的信息，最后调用链表输出函数依次输出了链表中这 3 个结点的信息。

✧ 第 20 行～39 行为创建链表的子函数，当输入学号为 0 时，表示创建结束。本例中，共输入了 3 个学生的信息。

✧ 第 41 行～48 行为输出链表子函数。

11.10　有关指针的数据类型小结

前面已经用到了有关指针的数据类型和指针的运算，为了使读者对此知识点有一个完整的认识，在这里作一总结。表 11.1 是有关指针的数据类型的总结，为了便于比较，把其他一些类型的定义也列在一起。

表 11.1　指针数据类型

定　义	含　义
int　i	定义整型变量 i
int　*p	p 为指向整型变量的指针变量
int　a[n]	定义整型数组 a，它有 n 个元素
int　*p[n]	定义指针数组 p，它由 n 个指向整型变量的指针元素组成
int　(*p)[n]	p 为指向含有 n 个元素的一维数组的指针变量
int　f()	f 为返回整型值的函数
int　*p()	p 为返回一个指针值的函数，该指针指向整型数据
int　(*p)()	p 为指向函数的指针，该函数返回一个整型值
int　**p	p 是一个指针变量，它指向一个指向整型数据的指针变量

本 章 小 结

本章从指针的基本概念开始介绍，逐步介绍了指针变量的初步应用。指针是 C 语言中重要的概念，也是 C 语言的一个特色。指针有它的优点，但是同时也可以发现，指针在使用的过程中十分灵活，容易出错。因此，在使用指针时一定要十分小心，多实践，在实际应用中熟悉它。

第12章　文　件

到目前为止，已经使用过诸如scanf和printf之类的函数来读写数据。这些都是基于控制台的I/O函数，总是使用终端(键盘和屏幕)作为目的地。只要数据量不大，这种方法可以很好地工作，但是，很多实际问题需要处理大量数据，在这种情况下，基于控制台的I/O操作暴露了以下两个主要问题：

(1) 通过终端来处理大量数据是笨拙且费时的。

(2) 当程序终止或关机时，所有数据都将丢失。

因此有必要使用一种更灵活的方法，把数据存储在磁盘中，需要时再读取，这样不会损坏数据，这种方法是利用文件来存储数据的。本章将介绍C语言中文件的基本概念和操作文件的常用函数。

12.1　概　　述

1. C语言文件分类

文件(file)是指存放在外部介质上的一组相关数据的集合。外部介质可以是磁盘、U盘、光盘等，文件的内容可以是程序或数据等。本章讨论数据文件(即文件的内容是数据)的读写。

根据数据的存放形式，在C语言中将文件分为文本(text)文件和二进制文件。文本文件又称为ASCII文件，它采用ASCII代码存储方式，即1个字符占1个字节，存放其对应的ASCII代码值。比如整数432，在内存中占2个字节，当把它以文本文件形式存放时，系统将它转换成由'4'，'3'，'2'三个字符对应的ASCII码存放在文件中，在文件中占3个字节，其存放形式如图12.1所示。

'4'	'3'	'2'
0011 0100	0011 0011	0011 0010

图12.1　文本文件存放整数示意图

同样，当把文本文件中的数据读入到内存中时，也要进行转换，转换过程是一串字符(ASCII 码)按类型转换成相应的数据。如将'4'，'3'，'2'这三个字符转换成432存放在内存中。

二进制文件是采用内存数据的存储方式，即按数据在内存中的存储形式原样存放到文件中。例如整数432，在内存中占2个字节，若按二进制形式存储时，存放的是该整数对应的二进制形式，即在文件中也占2个字节，它们是直接存放的，其存放形式如图12.2所示。

0000 0001	1011 0000

图 12.2　二进制文件存放整数示意图

由此可见，在文本文件中，其存放形式与字符一一对应，1 个字节代表 1 个字符，便于对字符逐个处理，但占据较多的外存空间，而且要花费字符的转换时间(不同类型的数据与 ASCII 码之间的转换)。在二进制文件中，数据的存放形式与在内存中的存储形式相同，由于不存在转换的操作，因此节省了转换时间，从而提高了对文件输入/输出的速度，而且可以节省外存空间。

2．文件处理方法

C 语言把文件看做是一个字符序列(文本文件)或字节序列(二进制文件)，即 C 语言文件是由一个一个的字符或字节顺序组成的，没有任何定界符的数据流，所以 C 语言文件也称为流式文件。

1983 年，ANSI C 新标准规定，在对文件进行输入或输出的时候，系统将为输入或输出文件开辟缓冲区。所谓缓冲区，是指对于每个正在使用的文件，系统都在内存中为其开辟一段存储区，当向磁盘文件进行输出时，系统先将数据从内存送入输出文件缓冲区，待输出文件缓冲区装满后，再将输出文件缓冲区的数据一次性输出到对应的磁盘文件文件中。

当从某文件进行输入时，系统首先将磁盘文件中的一批数据送到输入文件缓冲区中，输入语句将从输入文件缓冲区中依次读取数据，当输入文件缓冲区的数据被读完时，系统将再次把对应磁盘文件中的一批数据送到缓冲区中。其工作示意图如图 12.3 所示。缓冲区的大小由 C 语言系统规定，一般为 512 个字节。

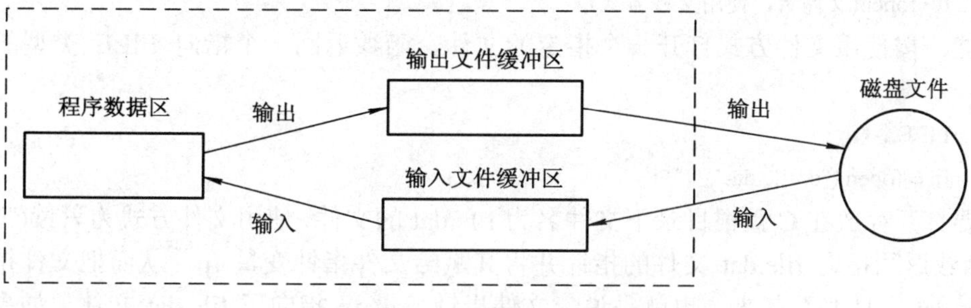

图 12.3　系统工作示意图

从操作系统的角度，每一个与主机相连的输入/输出设备都被看做是一个文件。具体来说，就是将终端键盘定义为标准输入设备，将终端显示器和打印机定义为标准输出设备。

3．文件操作流程

文件操作流程为：文件打开、文件读写、文件关闭。有关文件打开、文件关闭的作用和操作方式参阅 12.3.1 节和 12.3.2 节；有关文件常用的读写操作参阅 12.4 节。

12.2 文 件 指 针

在 C 语言文件系统中，文件指针的概念非常重要。所谓文件指针，实际上是一个指向结构体类型数据的指针变量。每个被使用的文件都在内存中开辟了一个区，用来存放文件的有关信息，这些信息包括文件缓冲区的地址、在缓冲区中当前存取字符的位置、对文件的操作模式(是读或写)、文件的名称、文件的状态(是否遇到文件结束标志)等。以上信息保存在一个结构体变量中，而某个文件的文件指针就指向与该文件相关的结构体变量。

该结构体类型是由系统在 stdio.h 中定义的，类型名为 FILE。文件指针的定义形式如下：

```
FILE   *文件指针变量名;
```

例如：

```
FILE   *fp;
```

定义了指针变量 fp，它是一个指向 FILE 类型的指针变量，fp 即文件指针。通过调用相应的文件处理函数可完成对文件的操作。

12.3　打开、关闭和检测文件

在对文件进行读/写之前应先打开文件，目的是通知系统将要使用的文件的文件名、文件类型，以及对文件的使用方式(读或写)。在使用结束之后还应立即关闭文件，以防止文件被误操作而使数据丢失。

12.3.1　打开文件

在 C 语言中，用户可以使用 fopen 函数打开文件。fopen 函数的一般调用形式如下：

```
FILE   *fp;
fp=fopen(文件名，使用文件方式);
```

功能：按使用文件方式打开一个指定的文件。函数返回一个指向 FILE 类型的指针，例如：

```
FILE   *fp ;
fp = fopen ("c:\file.dat", "r") ;
```

它表示要打开存放在 C 盘根目录下文件名为 file.dat 的文件，使用文件方式为只读("r"方式)。fopen 函数返回指向 file.dat 文件的指针并将其赋给文件指针变量 fp，从而把文件指针变量 fp 与 file.dat 文件联系起来。也就是说，文件指针变量 fp 指向了 file.dat 文件。如果打开操作失败，返回一个空指针(“NULL”)。

fopen 函数的第一个参数可以是字符串常量，也可以是字符指针、字符数组名，例如：

```
FILE *fp;
char   fname[10]="c:\file1.dat";
fp=fopen( fname, "r");
```

fopen 函数的第二个参数(使用文件方式)各种含义如表 12.1 所示。

文件使用方式的说明：

(1) 用“r”方式打开的文件只能用于向计算机输入而不能用作向该文件输出数据，而且该文件应该已经存在，不能用“r”方式打开一个并不存在的文件，否则出错。

(2) 用“w”方式打开的文件只能用于向该文件写数据，而不能用来向计算机输入。如果原来不存在该文件，则在打开时新建立一个以指定的名字命名的文件。如果原来已经存在一个以该文件名命名的文件，则在打开时将该文件删去，然后重新建立一个新文件。

(3) 用“r+”、“w+”、“a+”方式打开的文件既可以用来输入数据，也可以用来输出数据。用“r+”方式时该文件应该已经存在，以便能向计算机输入数据。用“w+”方式则是新建立一个文件，先向此文件写数据，然后可以读此文件中的数据。用“a+”方式打开的文件，原来的文件不被删去，位置指针移到文件末尾，可以添加，也可以读。

表 12.1　文件使用方式

文件使用方式	含　义
r (只读)	为输入打开一个文本文件
w (只写)	为输出打开一个文本文件
a (追加)	向文本文件尾追加数据
rb (只读)	为输入打开一个二进制文件
wb (只写)	为输出打开一个二进制文件
ab (追加)	向二进制文件尾追加数据
r+ (只读)	为读/写打开一个文本文件
w+ (只写)	为读/写建立一个新的文本文件
a+ (追加)	为读/写打开一个文本文件
rb+ (只读)	为读/写打开一个二进制文件
wb+ (只写)	为读/写建立一个新的二进制文件
ab+ (追加)	为读/写打开一个二进制文件

12.3.2　关闭文件

在 C 语言中，用户可以使用 fclose 函数关闭文件。fclose 函数的一般调用形式如下：

```
fclose(文件指针);
```

功能：关闭文件指针所指向的文件，使文件指针与文件脱离关系。例如：

```
fclose( fp);
```

关闭 fp 所指向的文件。如果对文件的使用方式是读操作，以上函数调用后，直接使 fp 与文件脱离关系；如果对文件的使用方式是写操作，以上函数调用后，系统首先把缓冲区中的数据输出到磁盘文件后，才使文件指针变量 fp 与文件脱离关系。由此可见，在完成了对文件的操作之后，应该关闭文件，如果不关闭文件将会使缓冲区中的数据丢失。

fclose 函数也返回一个值，如果顺利地执行了关闭操作，则返回 0，如果返回值为非零值，则表示关闭时有错误。可以使用 ferror 函数来测试文件关闭情况。

12.3.3　检测文件

在检测文件中有三种函数，分别为检测文件是否结束函数，检测错误函数及清除错误标志和文件结束标志函数。

1．检测文件是否结束(feof 函数)

在一个打开的文件中存在一个位置指针，用于指向当前读/写的数据位置，每读/写一个数据项该指针就指向下一个数据位置。当位置指针指向文件的末尾时，若再次读/写就会发生错误。为了防止读/写错误的发生，C 语言系统提供了 feof 函数来检测文件位置指针是否到了文件末尾。feof 函数的一般调用形式如下：

feof(文件指针);

功能：检测文件指针所指向文件中的位置指针是否处于文件结束位置。如果 feof 函数返回值为 0，表示文件未结束；如果返回一个非零值，表示文件结束。

2．检测错误(ferror 函数)

ferror 函数的一般调用形式如下：

ferror(文件指针);

功能：检测对文件指针所指向的文件在用各种输入、输出函数进行读/写时是否发生了错误。如果 ferror 函数返回值为 0，表示未出错；如果返回一个非零值，表示出错。在执行 fopen 函数时，ferror 函数的初始值自动置 0。

3．清除错误标志和文件结束标志(clearerr 函数)

clearerr 函数的一般调用形式如下：

clearerr (文件指针);

功能：用于清除文件指针所指向的文件的出错标志和文件结束标志，使它们的值为 0。假设在调用一个输入函数时出现错误，这时 ferror 函数值为一个非零值，在调用 clearerr 函数后，ferror 函数值变为 0。

12.4 文件的输入输出

当文件成功地打开之后，就可以对它进行输入/输出操作了。在 C 语言中，为方便用户操作文件，提供了多个输入/输出操作。下面介绍一些常用的输入/输出函数。

12.4.1 字符的输入输出

最简单的文件 I/O 函数是 fgetc 和 fputc 函数，它们一次处理一个字符。

1．fputc 函数

可以使用 fputc 函数向文件输出字符。fputc 函数的一般调用形式为：

fputc(ch, fp)

功能：向一个打开的文件写入一个字符。其中，ch 为待输出的字符，它可以是一个字符常量或字符变量，fp 是文件指针。执行该函数时，将 ch 的值输出到 fp 指向的文件中，如果输出成功，fputc 函数的返回值为要输出的字节；如果输出失败，则返回值为 EOF。EOF 是 stdio.h 头文件中定义的符号常量，值为−1。

【例 12-1】 从键盘上输入一个以“$”结束的字符串，并将它原样存到名为 INPUT 的文件中。

```
01  #include <stdio.h>
02  main()
03  {
04     FILE *f1;                                /*定义文件指针*/
05     char c;
06     printf("Data input\n\n");                /*显示信息*/
07     /*为写打开文件，判断打开是否成功*/
08     if((f1=fopen("INPUT","w"))==NULL)        /*若打开失败*/
09         {  printf("can not open file\n");    /*显示信息*/
10            exit(0);                          /*程序结束*/
11         }
12     c=getchar();                             /*输入字符*/
13     /*从键盘输入数据，当输入$结束*/
14     while(c!='$')
15     {
16         fputc(c,f1);                         /*将字符变量 c 的值输出到文件中*/
17         c=getchar();
18     }
19     fclose(f1);                              /*关闭文件*/
20  }
```

运行结果如图 12.4 所示。

图 12.4　例 12-1 运行结果

代码说明：

✧ 第 08～11 行：打开文件，判断如果打开文件失败(无法创建新文件，比如磁盘空间满或指定文件夹不存在)，则结束程序运行。这是文件打开操作应当进行的判断。

✧ 第 12 行：从键盘上输入一个字符给变量 c。

✧ 第 14～18 行：循环结构，从键盘上输入字符，并将输入的字符逐个写到文件 f1 中，直到输入结束字符 '$'。

✧ 第 19 行：关闭文件。

✧ 程序运行结束后，在可执行文件所在目录下产生文件 INPUT，该文件内容如下：

this is a data file

this is an example

2．fgetc 函数

在 C 语言中，可以使用 fgetc 函数从文件中输入字符。fgetc 函数的一般调用形式如下：

```
fgetc (fp);
```

功能：从指定的文件中读取一个字符，该文件必须是以只读方式或读/写方式打开的。其中，fp 为文件指针，指向 fopen 函数打开的文件，例如：

```
ch=fgetc (fp);
```

fgetc 函数从文件中读取一个字符，赋给字符变量 ch。如果在执行时出错，则返回 EOF(EOF 为系统定义的符号常量，其值为-1)。如果想从一个文本文件中顺序读取一些字符并在屏幕上显示出来，可以采用以下程序段代码。

```
ch=fgetc(fp);
while( ch !=EOF)
 {  putchar(ch);
    ch=fgetc(fp);
 }
```

技巧

对于文本文件来说，由于字符的 ASCII 码不可能出现-1，因此使用"ch !=EOF"作为输入结束条件是合适的。当读取的字符值等于-1(即 EOF)时，表示读取的已不是正常的字符而是文件结束符。但对于二进制文件，读取的一个二进制数据有可能是-1，而这恰好是 EOF 的值，就出现了提前结束对文本的操作，为了解决这个问题，可以用 feof 函数来判断文件是否真的结束。上述代码可改为：

```
ch=fgetc(fp);
while( !feof(fp) )                /*当文件未结束*/
 {  putchar(ch);
    ch=fgetc(fp);
 }
```

【例 12-2】　编写程序读入例 12-1 生成的文本文件 INPUT，并将内容原样输出到屏幕上。

```
#include <stdio.h>
main( )
{
  FILE *fin;                            /*定义文件指针*/
  char ch;
  /*为读打开文件，判断打开是否成功*/
  if((fin=fopen("INPUT","r"))==NULL)    /*若打开失败*/
      {  printf("can not open file\n");  /*显示信息*/
         exit(0);                       /*程序结束*/
      }
  while(!feof(fin))                     /*当没有到达文件结尾时循环*/
```

```
    {
        ch=fgetc(fin);                    /*从文件中读入一个字符*/
        putchar(ch);                      /*将字符变量 ch 的值输出到屏幕上*/
    }
    fclose(fin);                          /*关闭文件*/
}
```

运行结果如图 12.5 所示。

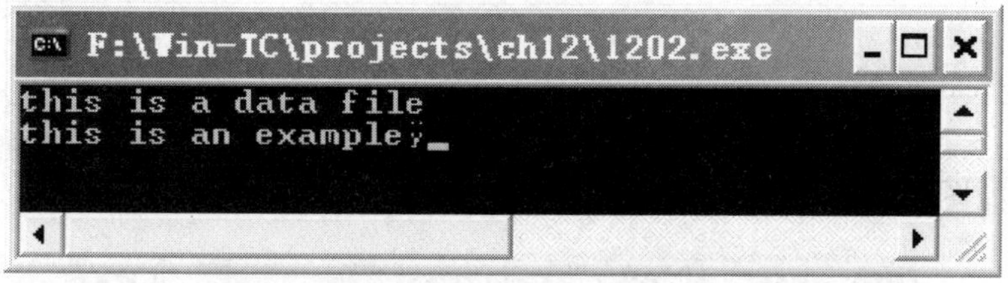

图 12.5 例 12-2 运行结果

12.4.2 字符串的输入输出

在 C 语言中，可以使用 fgets 函数从文件中读取字符串。fgets 函数的一般调用形式如下：

fgets(str, n , fp)

功能：从指定的文件中读入一个字符串。其中，fp 是文件指针，str 是存放字符串的首地址，n 是字符串的长度。执行该函数时，从 fp 指向的文件中读入 n−1 个字符，并把它们放到 str 所指向的存储单元中。如果在读入 n−1 个字符结束之前遇到换行符或 EOF，读入立即结束。字符串读入结束后系统将自动在最后加一个“\0”。fgets 函数返回值为 str 的首地址。

用户可以使用 fputs 函数向文件输出字符串。fputs 函数的一般调用形式如下：

fputs(str , fp);

功能：向指定的文件输出一个字符串。其中，fp 是文件指针；str 是待输出的字符串，可以是字符串常量、指定字符串的指针变量或存放字符串的字符数组名等。输出成功，函数值为 0；输出失败，函数值为非零值。例如：

fputs("China", fp);

把字符串“China”输出到 fp 所指向的文件中。这两个函数类似于以前介绍过的 gets 和 puts 函数，只是 fgets 和 fputs 函数以指定的文件作为读/写对象。

【例 12-3】 从键盘输入多个字符串，存入文件中。

```
#include <stdio.h>
#include <string.h>
main()
{
  FILE   *fp;
  char str[80];
  if((fp=fopen("file.dat","w"))==NULL)
```

```
        {   printf("can not open file\n");
            exit(0);
        }
    /*从键盘读入的字符串长度大于 0 时，执行循环*/
    while(strlen(gets(str))>0)
      {  fputs(str,fp);                /*将字符串写入文件*/
         fputs("\n",fp);               /*将换行符写入文件*/
      }
    fclose(fp);
}
```

运行结果如图 12.6 所示。

图 12.6　例 12-3 运行结果

代码说明：程序运行时，先利用 gets 函数接收从键盘上输入的一行字符，送入 str 字符数组中，再利用 fputs 函数把 str 中的字符串输出到 file.dat 文件中。由于 fputs 函数不会自动地在字符串的末尾加'\n'字符，所以再次使用 fputs 函数输出一个'\n'字符，以便将来从文件中读取数据时能区分各个字符串。

12.4.3　格式化输入输出

在 C 语言中，fprintf 函数和 fscanf 函数用来读/写文本文件。fprintf、fscanf 函数与 printf、scanf 函数相似，都是格式化输入/输出函数，只是输入/输出的对象不同。fprintf 函数和 fscanf 函数的输入/输出对象不是显示器和键盘，而是磁盘文件。其一般调用形式如下：

```
fprintf(文件指针，"格式控制字符串"，输出项列表);
fscanf(文件指针，"格式控制字符串"，输入项地址列表);
```

例如：

```
fprintf(fp , "%d %d" , a, b);
```

它的作用是将整型变量 a 和 b 的值按%d 的格式输出到 fp 指向的文本文件中。fprintf(fp, "%d %d", a, b);与 printf("%d %d", a, b);作用类似。

【例 12-4】　编写程序从键盘上输入 3 个学生的学号、姓名和成绩，并将它们存放到磁盘文件 stud.txt 中。

```
#include <stdio.h>
#define SIZE 3
main()
```

```
{
    int i,num;                                              /*定义变量*/
    char name[10];
    float score;
    FILE *fout;
    if((fout=fopen("stud.txt","w"))==NULL)                  /*打开文件*/
        {   printf("can not open file\n");
            exit(0);
        }
    for(i=0;i<SIZE;i++)                                     /*循环语句*/
        { scanf("%d%s%f",&num,name,&score);                 /*从键盘输入数据*/
          fprintf(fout,"%d %s %f",num,name,score);          /*向文件输出数据*/
        }
    fclose(fout);
}
```

运行结果如图 12.7 所示。

图 12.7　例 12-4 运行结果

代码说明：屏幕上无任何输出信息。为了验证在磁盘文件 stud.txt 中是否保存了这些数据，可以用文本编辑器打开 stud.txt 文件查看，也可以用例 12-5 程序从 stud 文件中读取数据，然后在屏幕上输出。

【例 12-5】　打开磁盘文件 stud.txt，读取其中存放的 3 个学生数据。

```
#include <stdio.h>
#define SIZE 3
main()
{
    int i,num;                                      /*定义变量*/
    char name[10];
    float score;
    FILE *fin;
    if((fin=fopen("stud.txt","r"))==NULL)           /*打开文件*/
        {   printf("can not open file\n");
            exit(0);
```

```
        }
    for(i=0;i<SIZE;i++)                                   /*循环语句*/
        { fscanf(fin,"%d%s%f",&num,name,&score);          /*从文件读取数据*/
    printf("\n%-6d%-10s%6.1f\n",num,name,score);          /*向显示器输出数据*/
        }
    fclose(fin);
}
```

运行结果如图 12.8 所示。

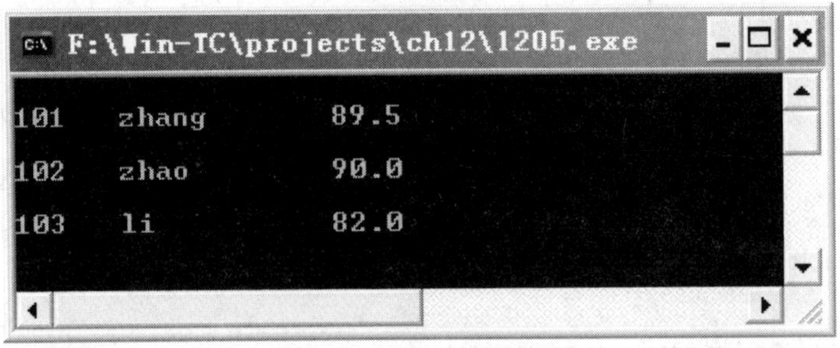

图 12.8　例 12-5 运行结果

采用 fprintf 和 fscanf 函数对磁盘文件进行读/写比较方便，容易理解，但由于在输入时要将 ASCII 码转换为二进制形式，在输出时又要将二进制形式转化成字符，花费时间比较多。因此，如果是大量数据的存储，可以考虑采用 fread 和 fwrite 函数。

12.4.4　读写二进制文件

在 C 语言中，fread 函数和 fwrite 函数用于读/写二进制文件。它们的一般调用形式如下：

```
fread(buffer, size, count, fp);
fwrite(buffer, size, count, fp);
```

其中，fp 是文件指针；buffer 是一个指针变量，对 fread 来说，它是存放读入数据的起始地址，对 fwrite 来说，它是要输出数据的起始地址；size 是一次要读/写的字节数，count 是要读/写大小为 size 个字节的数据项的个数。例如：

```
float   a[10];
fread( a , 4 , 2 , fp);
```

其中，a 是一个实型数组名。一个实型变量占 4 个字节。这个函数从 fp 所指向的文件中读取 2 个 4 字节的数据，存储到 a[0]和 a[1]中。

【例 12-6】　从键盘上输入 3 个学生的学号、姓名和成绩，并将它们存放到磁盘文件 stud.list 中(使用 fwrite 函数)。

```
#include <stdio.h>                 /*头文件*/
#include <string.h>
#define SIZE 3
struct student                     /*定义存放学生数据的数据类型*/
{ int num;                         /*学号*/
```

```
    char name[10];                     /*姓名*/
    float score;                       /*成绩*/
}std[SIZE];                            /*存放学生数据的数组*/

main()
{ int i;
    int num;                           /*定义所需变量*/
    char name[10];
    float score;
    FILE *fout;
    if((fout=fopen("stud.list","wb"))==NULL)
        {   printf("can not open file.\n");
            exit(0);
        }
    for(i=0;i<SIZE;i++)                                 /*循环*/
        { scanf("%d%s%f",&num,name,&score);             /*输入学生数据*/
            std[i].num=num;
            strcpy(std[i].name,name);
            std[i].score=score;
            fwrite(&std[i],sizeof(struct student),1,fout);   /*将数据写入文件*/
        }
    fclose(fout);
}
```

运行结果如图 12.9 所示。

图 12.9　例 12-6 运行结果

代码说明：

✧ 在 main 函数中，首先打开一个名为 stud.list 的数据文件，接着从终端输入 SIZE 个学生的数据，然后通过在循环中调用 SIZE 次(三次)fwrite 函数，每次都将一个长度为 16 字节(sizeof(struct student))的数据块送到 stud.list 文件中。程序运行时，从键盘上输入三个学生的学号、姓名、成绩，如图 12.9 所示。

✧ 屏幕上并没有信息输出。为了验证在磁盘文件 stud.list 中是否已经存在这些数据，可以用例 12-7 所示代码从 stud.list 文件中读入数据，然后在屏幕上输出。

【例 12-7】 从磁盘文件 stud.list 中读取学生数据并显示(使用 fread 函数)。

```
#include <stdio.h>                  /*头文件*/
#include <string.h>
#define SIZE 3
struct student                      /*定义存放学生数据的数据类型*/
{ int num;                          /*学号*/
  char name[10];                    /*姓名*/
  float score;                      /*成绩*/
}std[SIZE];                         /*存放学生数据的数组*/

main()
{ int i;                            /*定义所需变量*/
  FILE *fin;
 if((fin=fopen("stud.list","rb"))==NULL)
     {   printf("can not open file.\n");
         exit(0);
     }
  for(i=0;i<SIZE;i++)               /*循环*/
     {
         fread(&std[i],sizeof(struct student),1,fin);          /*从文件中读取数据*/
         printf("\n%-6d%-10s%-6.1f\n",std[i].num,std[i].name,std[i].score);
     }
  fclose(fin);
}
```

运行结果如图 12.10 所示。

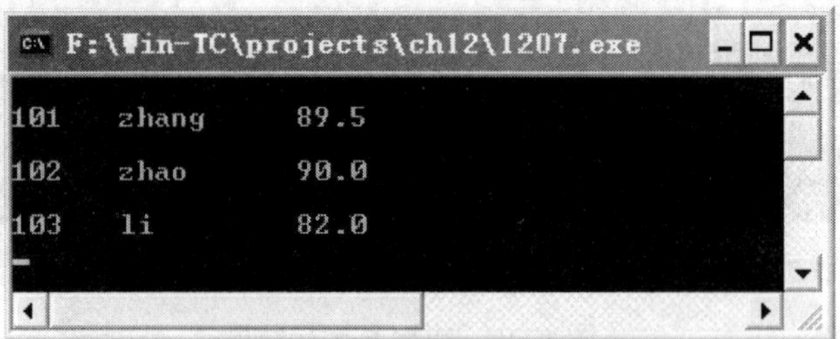

图 12.10 例 12-7 运行结果

12.5 文件的定位

C 语言把文件看做是一个字符序列(文本文件)或字节序列(二进制文件)，即 C 语言文件是由一个一个的字符或字节组成的没有任何定界符的数据流，所以 C 语言文件也称流式文件。

对流式文件可以进行顺序读/写，也可以进行随机读/写。关键在于控制文件的位置指针，如果位置指针是按字节位置顺序移动的，则称为顺序读/写；如果将位置指针按需要移动到任意位置进行读/写，则称为随机读/写。

顺序读/写一个文件时，每读/写一个数据后，文件的位置指针将自动移动，指向下一个数据位置，以备下一次的读/写操作。如果想改变这样的规律，强制使位置指针指向指定的位置，可以使用 rewind 函数。

12.5.1　文件位置指针重定位

在实际开发中，用户可以使用 rewind 函数来设置指针变化。rewind 函数的一般调用形式如下：

rewind(文件指针)；

功能：将文件的位置指针置于文件的开头，此函数没有返回值。

例如：有一个磁盘文件，第一次将它的内容显示在屏幕上，第二次把它复制到另一个文件中。

```
#include <stdio.h>
main()
{  FILE *fp1, *fp2;
   fp1=fopen("filel.c", "r");                /*以只读方式打开文件 filel.c*/
   fp2=fopen("filel.bak", "w");              /*以写方式创建新文件 file1.bak*/
   while(!feof(fp1))                         /*当未到达文件尾时*/
           putchar(fgetc(fp1));              /*从文件中读取一个字符并显示*/
   rewind(fp1);                              /*文件指针重定位*/
   while(!feof(fp1))                         /*当未到达文件尾时*/
           fputc(fgetc(fp1), fp2);           /*从文件 fp1 中读取一个字符，写入 fp2*/
   fclose(fp1);
   fclose(fp2);
   getchar();
}
```

在第一次将文件的内容显示在屏幕上以后，文件 file1.c 的位置指针已指到文件末尾，feof 的值为非零(真)。执行 rewind 函数，使文件的位置指针重新定位于文件开头，并使 feof 函数的值为零(假)。

12.5.2　文件随机读/写

在 C 语言中，用户可以使用 fseek 函数进行文件的随机读/写。fseek 函数的一般调用形式如下：

fseek(文件类型指针，位移量，起始点)；

功能：移动文件的位置指针到指定的位置，随机的读/写操作将从此位置开始，利用 fseek 函数可以实现文件的随机读/写。其中，起始点为文件开始、当前位置或文件末尾。在程序中可使用 ANSI C 标准指定的标识符或用相应的数字代表，如表 12.2 所示。

表 12.2　文件使用方式

起 始 点	标 识 符	用数字代表
文件开始	SEEK_SET	0
文件当前位置	SEEK_CUR	1
文件末尾	SEEK_END	2

位移量是 long 型数据，指以起始点为基点，向前移动的字节数。当位移量是正整数时，表示位置指针从指定的起始点向文件尾部方向移动；当位移量为负数时，位置指针从指定的起始点向文件首部方向移动。

fseek 函数一般用于二进制文件，因为文本文件要进行字符转换，计算位置时会产生混乱。

例如：

```
fseek(fp, 20L , 0 );        /*将位置指针移到离文件头 20 个字节处*/
fseek(fp, 10L , 1);         /*将位置指针移到离当前位置 10 个字节处*/
fseek (fp, -30L , 2);       /*将位置指针移到从文件末尾回退 30 个字节处*/
```

12.5.3　获得文件位置指针的当前位置

在 C 语言中，用户可以通过 ftell 函数获得文件位置指针的当前位置。ftell 函数的一般调用形式如下：

ftell(文件指针)；

功能：获得文件位置指针的当前位置。ftell 函数的返回值是相对于文件开头的位移量(字节数)，如果函数返回值为 –1L，表示出错。

例如：

```
k=ftell(fp);
if(k==-1)
    printf("error");
```

变量 k 存放位置指针的当前位置。

本 章 小 结

文件操作的内容是很重要的，许多可供实际使用的 C 程序都包含文件处理。本章介绍了文件一些最基本的概念和常用函数。下面就常用的文件处理函数做一总结，见表 12.3。

表 12.3 常用的文件处理函数

分 类	函 数 名	功 能
打开文件	fopen	打开文件
关闭文件	fclose	关闭文件
文件定位	fseek	改变文件位置指针的位置
	rewind	使文件位置指针重新置于文件开头
	ftell	返回文件位置指针的当前值
文件读/写	fgetc, getc	从指定文件取得一个字符
	fputc, putc	把字符输出到指定文件
	fgets	从指定文件读取字符串
	fputs	把字符串输出到指定文件
	fread	从指定文件读取数据项
	fwrite	把数据项输出到指定文件
	fscanf	从指定文件按格式输入数据
	fprintf	按指定格式将数据写到指定文件中
文件状态	feof	若到文件末尾，函数值为“真”(非 0)
	ferror	若对文件操作出错，函数值为“真”(非 0)
	clearerr	使 ferror 和 feof 函数值置 0

第13章　编译预处理

13.1　概　　述

在前面各章内容中，曾多次使用过以“#”开头的命令。如文件包含命令#include、宏定义命令#define 等。在C语言程序设计中，这些以“#”开头的命令一般放在函数之外，而且通常放在源文件的前面，被称为预处理命令。

C 语言中的编译预处理是指在进行编译的第一遍扫描(包括词法扫描和语法分析、代码生成、优化等)之前，先对程序中的这些特殊命令进行预处理过程，即根据预处理命令对程序作相应的处理。经过预处理后的程序不再包括预处理命令了，最后再由编译程序对预处理后的源程序进行通常的编译处理，得到可供计算机执行的目标代码。预处理是C语言的一项重要功能，它由预处理程序负责完成。当对一个源文件进行编译时，系统将自动引用预处理程序对源程序中的预处理部分作相应的处理，处理完毕后自动进入对源程序的编译。

C 语言中提供了多种预处理功能，如宏定义、文件包含、条件编译等。合理地使用预处理，可以使编写的程序便于阅读、修改、移植和调试，也有利于模块化程序设计。

一般的 C 编译器都将预处理、编译、链接过程集成到一起。编译预处理往往在后台运行。在有的 C 编译器中，这些过程由一个个单独的程序来完成，编译的不同阶段实现不同的功能。

本章将对C语言中常用的预处理：宏定义、文件包含及条件编译作较为详细的讨论。

13.2　宏　定　义

宏定义用一个标识符来代表一个字符串，其中标识符称为宏名，在编译预处理时，将会把宏名替换成它所代表的字符串，这个过程称为宏展开。

需要特别提醒的是，宏定义与变量定义有着本质的区别，宏定义只是在编译预处理时做简单的字符串替换，并不需要系统分配内存空间；而定义变量则会在编译时根据变量的类型得到系统分配的内存空间。

宏定义是由源程序中的宏定义命令完成的。宏代换是由预处理程序自动完成的。

在C语言中，宏分为无参数宏(无参宏)和有参数宏(带参宏)两种。下面分别讨论这两种宏的定义、调用及使用。

13.2.1　无参宏定义

无参宏定义是用一个指定的标识符(名字)来代表一个字符串的，在实际软件开发过程中有非常广泛的应用。

无参宏定义的一般形式可表示为：

```
#define  标识符  字符串
```

其中：

#表示这是一条预处理命令。

define 为宏定义命令。

标识符为所定义的宏名。

字符串可以是常数、表达式、格式串等。

在前面章节中我们使用过的符号常量就是一种典型的无参宏定义。

【例 13-1】　已知半径，求对应圆的周长、面积和球的体积。

解析：定义变量 r 表示圆的半径，圆的周长、面积和体积分别用变量 c, s, v 表示，则程序源代码可这样来写：

```
#include<stdio.h>
#define PI 3.14
main()
{
    float c,s,r,v;
    printf("input radius: ");
    scanf("%f",&r);
    c=2.0*PI*r;
    s=PI*r*r;
    v=4.0/3*PI*r*r*r;
    printf("c=%10.4f/ns=%10.4f/nv=%10.4f/n",c,s,v);
    getch();
}
```

如果输入半径为 4，则程序运行结果如图 13.1 所示。

图 13.1　例 13-1 运行结果

这种宏定义在大型程序开发过程中有诸多优点：

(1) 提高程序的可读性。在上面的“#define PI 3.14”宏定义语句中，可以很明显看出PI 代表圆周率，因此在以后的程序中见到PI时，很容易明确其含义。

(2) 可以极大地方便程序的修改。如上面的定义“#define PI 3.1415”，如果想将“3.1415”精确到“3.1415926”，则只要修改为“#define PI 3.1415926”这一条语句即可，而没有必要在所有的程序中去修改。

(3) 用宏名来代替字符串，可以减少程序输入过程中重复输入的某些字符串。因为记住一个简单的宏名比记住一个无规律的字符串要容易得多，而且不容易写错。

关于宏定义还需要注意以下几点：

(1) 宏名一般习惯用大写字母来表示，以便于和变量名相区分，但不是强制规定，也可以用小写字母。

(2) 同一个宏名在同一段程序中不能重复定义。

(3) 宏定义是用宏名代替一个字符串，只做简单的替代，不做正确性检查。如果字符串书写错误，预处理时也照样进行替换。

(4) 宏定义时如果在行末有分号，则替换时连分号一起进行替换。例如：

```
define X 5;
⋮
s=X*8;
⋮
```

经过宏展开后，该语句为 s=5;*8。显示出现语法错误。因此在宏定义时，行末不要加分号。

在宏定义时，如果一行写不下，需要在上一行的结尾加上“\”来表示续行。在宏定义时，如果一行写不下，需要在上一行的结尾加上“\”来表示续行。例如：

```
#define   PI\
3.14
```

与

```
#define   PI   3.14
```

是等价的。

1. 宏定义替换表达式或字符串

【例 13-2】 宏替换实例。

```
#include <stdio.h>
#define M   (y*y+3*y)
main(){
      int s,y;
      printf("input a number:    ");
      scanf("%d",&y);
      s=3*M+4*M+5*M;
      printf("s=%d\n",s);
      getch();
}
```

程序运行结果如图 13.2 所示。

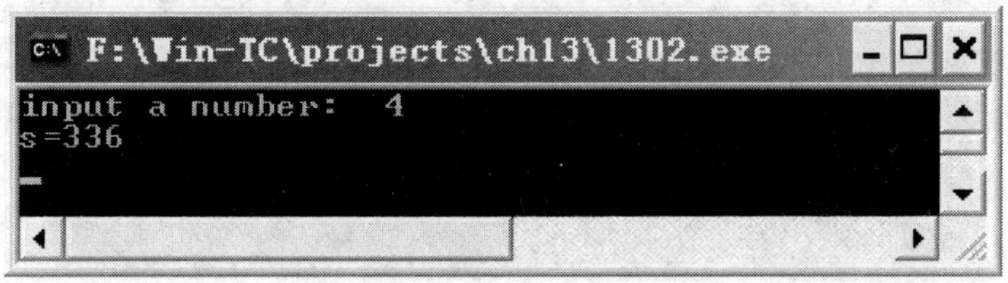

图 13.2　例 13-2 运行结果

代码说明：

✧ 第 02 行，进行宏定义，定义 M 来替代表达式(y*y+3*y)。

✧ 第 07 行，s=3*M+4*M+5* M 中作了宏调用。在预处理时经宏展开后该语句变为：s=3*(y*y+3*y)+4*(y*y+3*y)+5*(y*y+3*y);。

✧ 需要注意的是，在宏定义中表达式(y*y+3*y)两边的括号不能少。否则会发生错误。如果宏定义时采用如下方式：

```
#difine M y*y+3*y
```

在宏展开时将得到下述语句：

```
s=3*y*y+3*y+4*y*y+3*y+5*y*y+3*y;
```

这相当于：

$$3y^2+3y+4y^2+3y+5y^2+3y;$$

显然与原题意要求不符，计算结果当然是错误的。因此在宏定义时必须十分注意。应保证在宏代换之后不发生错误。

【例 13-3】　宏定义替换字符串的实例。

```
#include<stdio.h>
#define P printf
#define D "%d\n"
#define F "%f\n"
main( ){
    int a=5;
    int c=8;
    int e=11;
    float b=3.8;
    float d=9.7;
    float f=21.08;
    P(D F,a,b);
    P(D F,c,d);
    P(D F,e,f);
    getch();
}
```

程序运行结果如图 13.3 所示。

图 13.3　例 13-3 运行结果

代码说明：

以上宏定义语句中，P，D，F 分别替换了不同的字符串，这样可以减少书写的麻烦。

2. 用#undef 宏定义作用域

【例 13-4】　宏定义作用域的实例。

```
#define PI 3.14159
main()
{
    ⋮
}
#undef PI
f1( )
{
    ⋮
}
```

表示 PI 只在 main 函数中有效，在 f1 中无效。

3. 宏名用引号括起来的情况

宏名在源程序中若用引号括起来，则预处理程序不对其作宏代换。

【例 13-5】　宏的使用实例。

```
#include<stdio.h>
#define OK 100
main()
{
    printf("OK");
    printf("\n");
    getch();
}
```

代码说明：上例中定义宏名 OK 表示 100，但在 printf 语句中 OK 被引号括起来，因此不作宏代换。程序的运行结果为：OK 表示把"OK"当字符串处理。

4. 宏定义允许嵌套

在宏定义的字符串中可以使用已经定义的宏名。在宏展开时由预处理程序层层代换。

例如：

```
#define PI 3.1415926
#define S PI*y*y                    /* PI 是已定义的宏名*/
```

语句：

```
printf("%f",S);
```

在宏代换后变为：

```
printf("%f",3.1415926*y*y);
```

5．用宏定义表示数据类型

例如：

```
#define STU struct stu
```

在程序中可用 STU 作变量说明：

```
STU body[5],*p;
#define INTEGER int
```

在程序中即可用 INTEGER 作整型变量说明：

```
INTEGER a,b;
```

应注意用宏定义表示数据类型和用 typedef 定义数据说明符的区别：宏定义只是简单的字符串代换，是在预处理阶段完成的，而 typedef 是在编译时处理的，它不是作简单的代换，而是对类型说明符重新命名。被命名的标识符具有类型定义说明的功能。

例如：

```
#define PIN1 int *
typedef (int *) PIN2;
```

从形式上看这两者相似， 但在实际使用中却不相同。

下面用 PIN1，PIN2 说明变量时就可以看出它们的区别：

PIN1 a,b;在宏代换后变成：

```
int *a,b;
```

表示 a 是指向整型的指针变量，而 b 是整型变量。然而：

```
PIN2 a,b;
```

表示 a, b 都是指向整型的指针变量，因为 PIN2 是一个类型说明符。由这个例子可见，宏定义虽然也可表示数据类型，但毕竟是作字符代换。在使用时要分外小心，以免出错。

13.2.2 带参宏定义

C 语言允许宏定义时带有参数，我们将这种形式的宏定义称为带参宏定义。在宏定义中的参数称为形式参数，在宏调用中的参数称为实际参数。

对带参数的宏，在调用中不仅要进行宏展开，而且要用实参去代换形参。

带参数的宏定义不是进行简单的字符串置换，一般情况下还要进行参数置换，其通用的表达形式为：

```
#define  宏名(形参表)  字符串
```

对带参的宏定义是这样展开置换的，在程序中如果有带实参的宏，则按#define 命令行中指定的字符串从左到右进行置换。如果串中包含宏中的形参，则将程序语句中相应的实参代替形参。如果宏定义中的字符串中的字符不是参数字符，则保留。

带参宏调用的一般形式为：

宏名(实参表);

例如：

```
#define M(y) y*y+3*y          /*宏定义*/
  ⋮
k=M(5);                       /*宏调用*/
⋮
```

在宏调用时，用实参 5 去代替形参 y，经预处理宏展开后的语句为：

k=5*5+3*5

1．带参宏定义应用示例

【例 13-6】 带参宏实例。

```
01  #include<stdio.h>
02  #define MAX(a,b) (a>b)?a:b
03  main(){
04      int x,y,max;
05      printf("input two numbers:      ");
06      scanf("%d%d",&x,&y);
07      max=MAX(x,y);
08      printf("max=%d\n",max);
09      getch();
10  }
```

程序运行结果如图 13.4 所示。

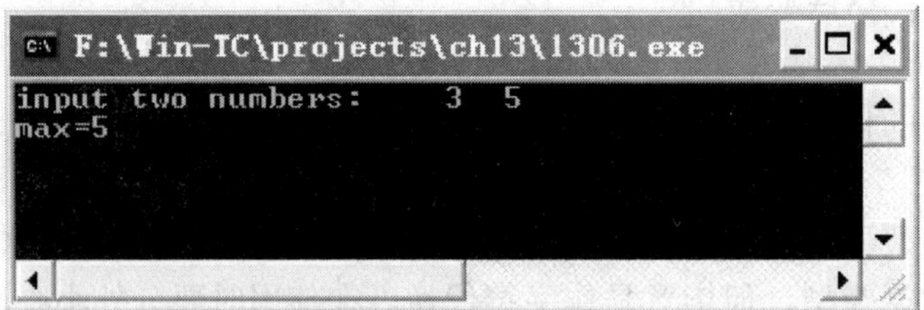

图 13.4　例 13-6 运行结果

代码说明：

✧ 第 02 行，带参宏定义，用宏名 MAX 表示条件表达式(a>b)?a:b，形参 a,b 均出现在条件表达式中。

✧ 第 07 行，max=MAX(x,y)为宏调用，实参 x,y 将代换形参 a,b。宏展开后该语句为 max=(x>y)?x:y;，用于计算 x,y 中的大数。

对于带参的宏定义有以下问题需要说明：

(1) 带参宏定义中，宏名和形参之间不能有空格出现。例如：

```
#define MAX(a,b) (a>b)?a:b
```

写为：

```
#define MAX   (a,b)   (a>b)?a:b
```

将被认为是无参宏定义，宏名 MAX 代表字符串 (a,b) (a>b)?a:b。宏展开时，

```
max=MAX(x,y);
```

将变为：

```
max=(a,b)   (a>b)?a:b(x,y);
```

这显然是错误的。

(2) 在带参宏定义中，形式参数不分配内存单元，因此不必作类型定义。而宏调用中的实参有具体的值，要用它们去代换形参，因此必须作类型说明，这与函数中的情况是不同的。在函数中，形参和实参是两个不同的量，各有自己的作用域，调用时要把实参值赋予形参，进行“值传递”。而在带参宏中，只是符号代换，不存在值传递的问题。

(3) 在宏定义中的形参是标识符，而宏调用中的实参可以是表达式。

【例 13-7】 带参宏实例 1。

```
01  #include<stdio.h>
02  #define SQ(y) (y)*(y)
03  main(){
04      int a,sq;
05      printf("input a number:        ");
06      scanf("%d",&a);
07      sq=SQ(a+1);
08      printf("sq=%d\n",sq);
09      getch();
10  }
```

程序运行结果如图 13.5 所示。

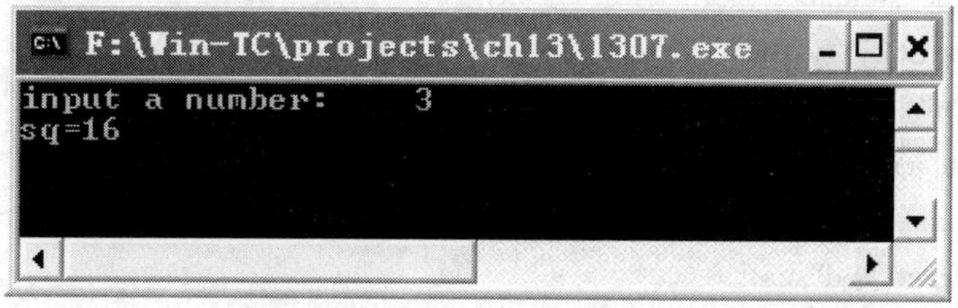

图 13.5　例 13-7 运行结果

代码说明：

✧ 第 02 行，带参宏定义，形参为 y。

✧ 第 07 行，宏调用，实参为 a+1，是一个表达式，在宏展开时，用 a+1 代换 y，再用 (y)*(y) 代换 SQ，sq=(a+1)*(a+1);。

✧ 与函数的调用不同，函数调用时要把实参表达式的值求出来再赋予形参。而宏代换中对实参表达式不作计算直接地照原样代换。

✧ 在宏定义中，字符串内的形参通常要用括号括起来以避免出错。在上例中，(y)*(y) 表达式中的 y 都用括号括起来，因此结果是正确的。如果去掉括号，把程序改为例 13-8 的形式则会出错。

【例 13-8】　带参宏实例 2。

```
#include<stdio.h>
#define SQ(y) y*y
main(){
      int a,sq;
      printf("input a number:       ");
      scanf("%d",&a);
      sq=SQ(a+1);
      printf("sq=%d\n",sq);
      getch();
}
```

程序运行结果如图 13.6 所示。

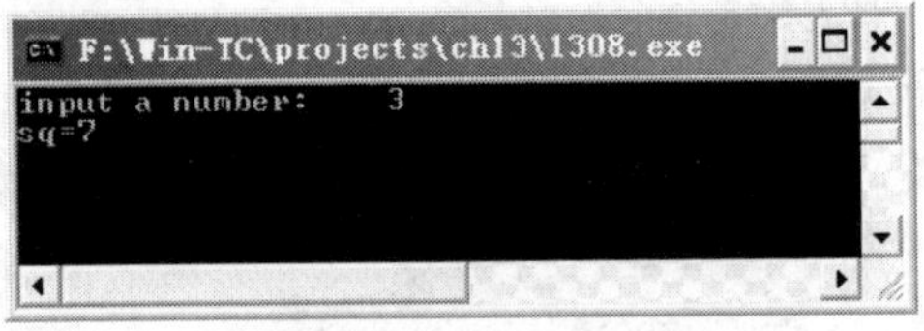

图 13.6　例 13-8 运行结果

代码说明：同样输入 3，但结果却是不一样的。问题在哪里呢？这是由于代换只作符号代换而不作其它处理而造成的。宏代换后将得到以下语句：

```
sq=a+1*a+1;
```

由于 a 为 3，故 sq 的值为 7。这显然与题意相违，因此参数两边的括号是不能少的，即使在参数两边加括号还是不够的。

【例 13-9】　带参宏实例 3。

```
#include<stdio.h>
#define SQ(y) (y)*(y)
main(){
      int a,sq;
      printf("input a number:       ");
      scanf("%d",&a);
      sq=160/SQ(a+1);
      printf("sq=%d\n",sq);
      getch();
}
```

程序运行结果如图 13.7 所示。

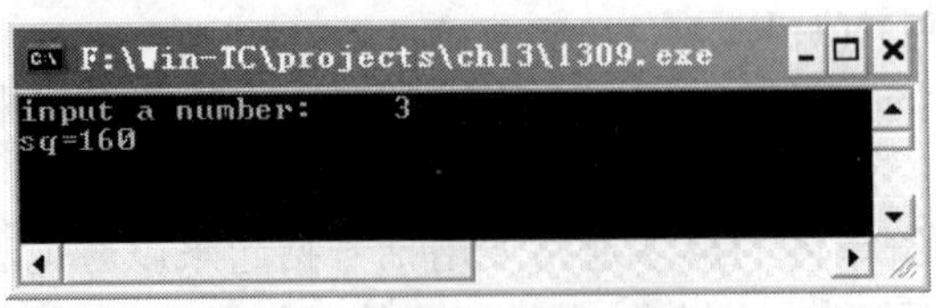

图 13.7　例 13-9 运行结果

代码说明：本程序与前例相比，只把宏调用语句改为：

```
sq=160/SQ(a+1);
```

为什么会得这样的结果呢？分析宏调用语句，在宏代换之后变为：

```
sq=160/(a+1)*(a+1);
```

a 为 8 时，由于“/”和“*”运算符优先级和结合性相同，则先计算 160/(3+1)得 40，再计算 40*(3+1)，最后得 160。为了得到正确答案，应在宏定义中的整个字符串外加括号，程序修改如下：

【例 13-10】　带参宏实例 4。

```
#include<stdio.h>
#define SQ(y) ((y)*(y))
main(){
    int a,sq;
    printf("input a number:     ");
    scanf("%d",&a);
    sq=160/SQ(a+1);
    printf("sq=%d\n",sq);
    getch();
}
```

程序运行结果如图 13.8 所示。

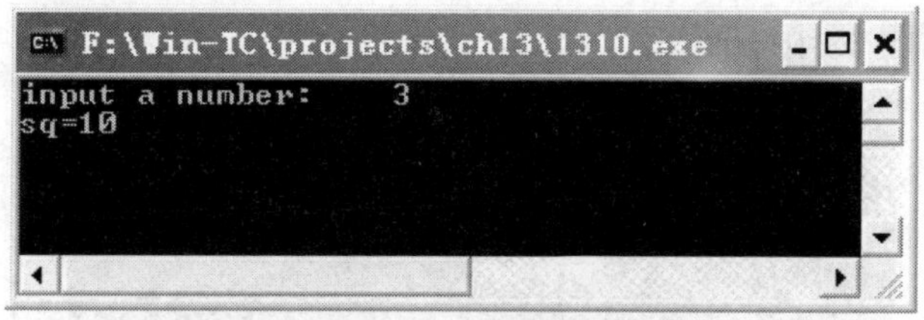

图 13.8　例 13-10 运行结果

代码说明：以上讨论说明，对于宏定义不仅应在参数两侧加括号，也应在整个字符串外加括号。

2．带参的宏定义和带参函数的区别

带参的宏定义和带参函数很相似，但有本质上的不同，除上面已谈到的各点外，把同一表达式用函数处理与用宏处理两者的结果有可能是不同的。

【例 13-11】　函数处理实例。

```
#include<stdio.h>
main(){
    int i=1;
    while(i<=5)
      printf("%d\n",SQ(i++));
    getch();
}
SQ(int y)
```

```
{
      return((y)*(y));
}
```

程序运行结果如图 13.9 所示。

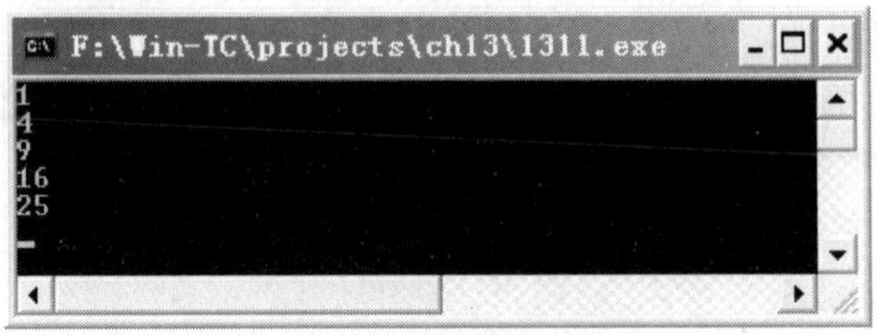

图 13.9　例 13-11 运行结果

【例 13-12】　宏处理实例。

```
#include<stdio.h>
#define SQ(y) ((y)*(y))
main( ){
      int i=1;
      while(i<=5)
         printf("%d\n",SQ(i++));
      getch();
}
```

程序运行结果如图 13.10 所示。

图 13.10　例 13-12 运行结果

代码说明：

✧ 在例 13-11 中函数名为 SQ，形参为 y，函数体表达式为((y)*(y))。在例 13-12 中宏名为 SQ，形参也为 y，字符串表达式为((y)*(y))。 例 13-11 的函数调用为 SQ(i++)，例 13-12 的宏调用为 SQ(i++)，实参也是相同的。从输出结果来看，却大不相同。

✧ 在例 13-11 中，函数调用是把实参 i 值传给形参 y 后自增 1，然后输出函数值，因而要循环 5 次，输出 1～5 的平方值。而在例 13-12 中宏调用时，只作代换，SQ(i++)被代换为((i++)*(i++))。在第一次循环时，由于 i 等于 1，其计算过程为：表达式中前一个 i 初值为 1，然后 i 自增 1 变为 2，因此表达式中第 2 个 i 初值为 2，两者相乘的结果也为 2，然后 i 值再自增 1，得 3。在第二次循环时，i 值已有初值为 3，因此表达式中前一个 i 为 3，后一个 i 为 4，乘积为 12，然后 i 再自增 1 变为 5。进入第三次循环，由于 i 值已为 5，所以这将是最后一次循环。计算表达式的值为 5*6 等于 30。i 值再自增 1 变为 6，不再满足循环条件，停止循环。

✧ 从以上分析可以看出，函数调用和宏调用二者虽然在形式上相似，但在本质上是完全不同的。

✧ 宏定义也可用来定义多个语句，在宏调用时，把这些语句又代换到源程序内。

【例 13-13】 宏定义实例。

```
01  #include<stdio.h>
02  #define SSSV(s1,s2,s3,v)     s1=l*w;s2=l*h;s3=w*h;v=w*l*h;
03  main( ){
04        int l=3,w=4,h=5,sa,sb,sc,vv;
05        SSSV(sa,sb,sc,vv);
06        printf("sa=%d\nsb=%d\nsc=%d\nvv=%d\n",sa,sb,sc,vv);
07        getch();
08  }
```

程序运行结果如图 13.11 所示。

图 13.11　例 13-13 运行结果

代码说明：第 02 行，宏定义，用宏名 SSSV 表示 4 个赋值语句，4 个形参分别为 4 个赋值符左部的变量。在宏调用时，把 4 个语句展开并用实参代替形参，并将计算结果送入实参之中。

13.3 文件包含

文件包含是 C 语言预处理程序的另一个重要功能。它指一个源文件可以将另外一个源文件全部内容包含进来，也就是将其它文件包含到本文件之中，C 语言提供了“#include”命令来实现文件包含。

文件包含命令行的一般形式为：

```
#include"文件名"
```

在前面我们已多次用此命令包含过库函数的头文件。例如：

```
#include"stdio.h"
#include"math.h"
```

文件包含命令的功能是把指定的文件插入该命令行位置取代该命令行，从而把指定的文件和当前的源程序文件连成一个源文件。

在程序设计中，文件包含是很有用的。一个大的程序可以分解为多个相对独立的模块，由多个程序员分别编程，最后合并为一个大的程序。有些公用的符号常量或宏定义等可单独组成一个文件，在其它文件的开头用包含命令包含该文件即可使用。这样，可避免在每个文件开头都去书写那些公用量，从而节省时间，同时也减小了出错的可能性。

文件包含的基本原理如图 13.12 所示。

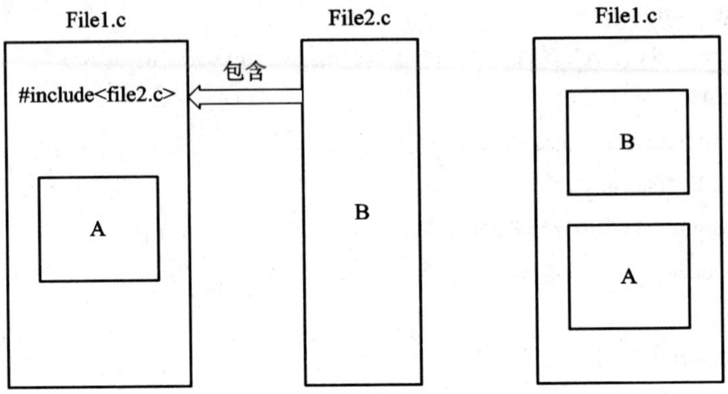

(a) 文件file1.c　　(b) 文件file2.c　　(c) 编译预处理结果

图 13.12　文件包含原理图

图 13.2(a)为文件 file1.c，它有一个#include<file2.c>命令，其它内容以 A 表示。图 13.2(b)为另一文件 file2.c，文件内容以 B 表示，在编译处理时，要对#include<file2.c>进行文件包含处理：将 file2.c 的全部内容复制插入到#include<file2.c>处，得到图 13.2(c)的结果。

【例 13-14】　将格式宏做成头文件，把它包含到用户程序中。

(1) 将格式宏制作成头文件 format.h。

```
#define PR printf
#define NL "\n"
#define D1 D NL
#define D2 D D NL
#define D2 D D D NL
#define D2 D D D D NL
#define S "%s"
```

(2) 将头文件 format.h 包含到主文件中。

```
#include<stdio.h>
#include<format.h>
main()
{
    int a,b,c,d;
    char string[]="CHINA";
    a=1;b=2;c=3;d=4;
    PR(D1,a);
    PR(D2,a,b);
    PR(D3,a,b,c);
```

```
    PR(D4,a,b,c,d);
    PR(S,string);
}
```

在编译时并不是对两个文件分别进行编译，然后再将它们的目标程序连接起来，而是在经过编译预处理后将头文件 format.h 包含到主文件中，得到一个新的源程序，然后对这个文件进行编译，得到一个目标文件。

注意：

(1) 包含命令中的文件名可以用双引号括起来，也可以用尖括号括起来。例如以下写法都是允许的：

```
#include"stdio.h"
#include<math.h>
```

但是这两种形式是有区别的：使用尖括号表示在包含文件目录中去查找(包含目录是由用户在设置环境时设置的)，而不在源文件目录中去查找；使用双引号则表示首先在当前的源文件目录中去查找，若未找到再到包含目录中去查找。用户编程时可根据自己文件所在的目录来选择任何一种命令形式。

(2) 一个 include 命令只能指定一个被包含文件，若有多个文件要包含，则需用多个 include 命令。

(3) 文件包含允许嵌套，即在一个被包含的文件中又可以包含另一个文件。

13.4 条件编译

预处理程序提供了条件编译的功能，也就是可以按不同的条件去编译不同的程序部分，因而产生不同的目标代码文件。这对于程序的移植和调试是很有用处的。

条件编译有三种形式，下面分别介绍。

(1) 第一种形式：

```
#ifdef  标识符
  程序段 1
#else
  程序段 2
#endif
```

它的功能是：如果标识符已被 #define 命令定义过，则对程序段 1 进行编译；否则对程序段 2 进行编译。如果没有程序段 2(它为空)，本格式中的#else 可以没有，即可以写为：

```
#ifdef  标识符
  程序段
#endif
```

【例 13-15】 条件编译实例。

```
#include<stdio.h>
#define NUM ok
```

```
03  main()
04  {       struct stu
05          {
06            int num;
07            char *name;
08            char sex;
09            float score;
10          }*ps;
11          ps=(struct stu*)malloc(sizeof(struct stu));
12          ps->num=102;
13          ps->name="Zhang ping";
14          ps->sex='M';
15          ps->score=62.5;
16          #ifdef NUM
17                printf("Number=%d\nScore=%f\n",ps->num,ps->score);
18          #else
19                printf("Name=%s\nSex=%c\n",ps->name,ps->sex);
20          #endif
21          free(ps);
22          getch();
23  }
```

程序运行结果如图 13.13 所示。

图 13.13　例 13-15 的运行结果

代码说明：

✧ 第 17 行，条件编译预处理命令，因此要根据 NUM 是否被定义过来决定编译哪一个 printf 语句。而在程序的第 02 行已对 NUM 作过宏定义，因此应对第一个 printf 语句作编译，所以运行结果是输出了学号和成绩。

✧ 在程序的第 02 行宏定义中，定义 NUM 表示字符串 OK，其实也可以为任何字符串，甚至不给出任何字符串，写为：

```
#define NUM
```

也具有同样的意义。只有取消程序的第 02 行才会去编译第二个 printf 语句。

(2) 第二种形式：

```
#ifndef 标识符
    程序段 1
```

```
#else
    程序段 2
#endif
```

与第一种形式的区别是将 ifdef 改为 ifndef。它的功能是：如果标识符未被 #define 命令定义过，则对程序段 1 进行编译，否则对程序段 2 进行编译。与第一种形式的功能正好相反。

(3) 第三种形式：

```
#if 常量表达式
    程序段 1
#else
    程序段 2
#endif
```

它的功能是：如果常量表达式的值为真(非 0)，则对程序段 1 进行编译，否则对程序段 2 进行编译。因此可以使程序在不同条件下，完成不同的功能。

上面介绍的条件编译也可以用条件语句来实现。但是用条件语句将会对整个源程序进行编译，生成的目标代码程序很长，而采用条件编译，则根据条件只编译其中的程序段 1 或程序段 2，生成的目标程序较短。如果条件选择的程序段很长，采用条件编译的方法是十分必要的。

本章小结

本章主要介绍了编译预处理的基本内容，特别对宏定义、文件包含和条件编译进行了详细的讨论，以下为本章的主要知识点。

预处理功能是 C 语言特有的功能，它是在对源程序正式编译前由预处理程序完成的。程序员在程序中用预处理命令来调用这些功能。

宏定义是用一个标识符来表示一个字符串的，这个字符串可以是常量、变量或表达式。在宏调用中将用该字符串代换宏名。宏定义可以带有参数，宏调用时是以实参代换形参，而不是“值传送”。为了避免宏代换时发生错误，宏定义中的字符串应加括号，字符串中出现的形式参数两边也应加括号。

文件包含是预处理的一个重要功能，它可用来把多个源文件连接成一个源文件进行编译，结果将生成一个目标文件。

条件编译允许只编译源程序中满足条件的程序段，使生成的目标程序较短，从而减少了内存的开销并提高了程序的效率。

使用预处理功能便于程序的修改、阅读、移植和调试，也便于实现模块化程序设计。

附录 A　C 语言运算符的优先级与结合性

表 A.1　C 语言运算符

<table>
<tr><th>优先级</th><th>类　型</th><th>运算符</th><th>名　称</th><th>结合方向</th><th>举　例</th></tr>
<tr><td rowspan="4">1</td><td rowspan="4"></td><td>()</td><td>圆括号</td><td rowspan="4">→</td><td>(a+b)/c</td></tr>
<tr><td>[ ]</td><td>下标运算符</td><td>arr[3]</td></tr>
<tr><td>-></td><td>指向结构体成员运算符</td><td>pt->num</td></tr>
<tr><td>.</td><td>结构体成员运算符</td><td>student.name</td></tr>
<tr><td rowspan="10">2</td><td rowspan="10">单目</td><td>!</td><td>逻辑非运算符</td><td rowspan="10">←</td><td>!a</td></tr>
<tr><td>~</td><td>按位取反运算符</td><td>~0</td></tr>
<tr><td>++</td><td>自增运算符</td><td>i++, ++i</td></tr>
<tr><td>– –</td><td>自减运算符</td><td>j––, ––j</td></tr>
<tr><td>–</td><td>负号运算符</td><td>–a</td></tr>
<tr><td>+</td><td>正号运算符</td><td>+5</td></tr>
<tr><td>(类型)</td><td>类型转换运算符</td><td>(double)x</td></tr>
<tr><td>*</td><td>间接引用运算符</td><td>x=*p</td></tr>
<tr><td>&</td><td>取地址运算符</td><td>pt=&a</td></tr>
<tr><td>sizeof</td><td>长度运算符</td><td>size=sizeof(double)</td></tr>
<tr><td rowspan="3">3</td><td rowspan="3">算术(双目)</td><td>*</td><td>乘法运算符</td><td rowspan="3">→</td><td>a*b</td></tr>
<tr><td>/</td><td>除法运算符</td><td>a/b</td></tr>
<tr><td>%</td><td>求余运算符</td><td>8%5</td></tr>
<tr><td rowspan="2">4</td><td rowspan="2">算术(双目)</td><td>+</td><td>加法运算符</td><td rowspan="2">→</td><td>a+b</td></tr>
<tr><td>-</td><td>减法运算符</td><td>a-b</td></tr>
<tr><td rowspan="2">5</td><td rowspan="2">位运算
(双目)</td><td><<</td><td>左移运算符</td><td rowspan="2">→</td><td>x<<2</td></tr>
<tr><td>>></td><td>右移运算符</td><td>x>>2</td></tr>
<tr><td rowspan="4">6</td><td rowspan="4">关系运算
(双目)</td><td>></td><td>大于</td><td rowspan="4">→</td><td>if(x>y)</td></tr>
<tr><td>>=</td><td>大于等于</td><td>if(x>=y)</td></tr>
<tr><td><</td><td>小于</td><td>if(x<y)</td></tr>
<tr><td><=</td><td>小于等于</td><td>if(x<=y)</td></tr>
<tr><td rowspan="2">7</td><td rowspan="2">关系运算
(双目)</td><td>==</td><td>等于运算符</td><td rowspan="2">→</td><td>if(x==y)</td></tr>
<tr><td>!=</td><td>不等于运算符</td><td>while(x!=0)</td></tr>
<tr><td>8</td><td rowspan="5">按位(双目)</td><td>&</td><td>按位与运算符</td><td>→</td><td>0356&a</td></tr>
<tr><td>9</td><td>^</td><td>按位异或运算符</td><td>→</td><td>~2^a</td></tr>
<tr><td>10</td><td>|</td><td>按位或运算符</td><td>→</td><td>~0|a</td></tr>
<tr><td>11</td><td>&&</td><td>逻辑与运算符</td><td>→</td><td>if((a>b)&&(c<d))</td></tr>
<tr><td>12</td><td>||</td><td>逻辑或运算符</td><td>→</td><td>if((a>b)||(c<d))</td></tr>
<tr><td>13</td><td>条件(三目)</td><td>? :</td><td>条件运算符</td><td>←</td><td>max=(x>y)?x:y</td></tr>
<tr><td>14</td><td>赋值(双目)</td><td>= += –= *=
/= %= >>=
<<= &= ^= |=</td><td>赋值运算符</td><td>←</td><td>x=5
x+=5(即 x=x+5)</td></tr>
<tr><td>15</td><td>顺 序</td><td>,</td><td>逗号运算符</td><td>→</td><td>sum=0, i=0</td></tr>
</table>

附录B 位运算符

C 语言是为描述系统而设计的，所以具有汇编语言的一些功能，也提供了位运算功能。

所谓位运算是指进行二进制的运算。计算机内存是由许多被称为字节的内存单元组成的，一般来说，一个字节由 8 个二进制位组成，每个二进制位的值为 0 或 1。在 C 语言中位运算主要针对的是 int 和 char 类型。C 语言的位操作可分为按位操作和移位操作：按位操作包括按位与、按位或、按位异或及按位求反操作；移位操作包括左移和右移操作。

有三种按位逻辑运算符：按位与(&)、按位或(|)和按位异或(^)。它们都需要两个运算数，各运算符对运算数逐位操作，每个二进制位的操作规则如表 B.1 所示。

表 B.1 按位逻辑操作结果

op1	op2	op1&op2	op1|op2	op1^op2
1	1	1	1	0
1	0	0	1	1
0	1	0	1	1
0	0	0	0	0

1. 按位与运算

使用按位与运算符“&”时要求有两个运算量按二进制位进行运算。例如，x=4，y=6，x 与 y 按位与的结果如下：

```
    x=0000 0100 (4)
    y=0000 0110 (6)
---------------------
x&y=0000 0100 (4)
```

2. 按位或运算

使用按位或运算符“|”时也要求有两个运算量按二进制位进行运算。例如，x=5，y=6，x 与 y 按位或的结果如下：

```
    x=0000 0101 (5)
    y=0000 0110 (6)
---------------------
x|y=0000 0111 (7)
```

3. 按位异或运算

使用按位或运算符“^”是当两个运算量的相应位相同时，结果位为 0，当相应位不同时，结果为 1。例如，x=7，y=3，x 与 y 按位异或的结果如下：

x=0000 0111 (7)

y=0000 0011 (3)

xly=0000 0100 (4)

4．按位求反运算

使用求反运算符“~”是单目运算符，用来对一个数按位取反，即将0变成1，1变成0。例如：

x=1000 0110 1100 1011

~x =0111 1001 0011 0100

5．左移运算

左移运算符“<<”用于将一个数的每个位都按需要左移若干位，例如：

x=0000 0111(7)

x<<3 =000 0011 1000(56)

6．右移运算

右移运算符“>>”用于将一个数的每个位都按需要右移若干位。例如：x>>2 表示将 x 的各个位右移 2 位，如果右移造成位丢失，则对无符号数左端补齐 0。例如：

x=1010 1101(173)

x>>2 =0010 1011 ~~01~~(43)

如果 x 为负数，即符号位为 1，则左边补入的全为 1。如 −60 的补码位 1100 0100(负数以补码形式表示)，右移 2 位得−15。

x=1100 0100(−60)

x>>2 =1111 0001 ~~00~~(−15)

右移时符号位情况分为两种：对于无符号数，右移的时候高位补 0；对于有符号数，原来符号位为 0，则高位补 0，若符号位原来为 1，则左边移入 0 还是移入 1 取决于计算机系统。补 1 以保持负号的方法称为“算术右移”，补 0 的方法称为“逻辑右移”。

参 考 文 献

[1] Balagurusamy E. 标准 C 程序设计. 4 版. 金名，等，译. 北京：清华大学出版社，2008.
[2] 谭浩强. C 程序设计. 2 版. 北京：清华大学出版社，2004.
[3] 徐志伟，等. C 语言从初学到精通. 北京：电子工业出版社，2010.
[4] 黄春芳，宋颖，等. C 语言程序设计. 天津：南开大学出版社，2009.
[5] Kernighan B W. The C programming language. 北京：清华大学出版社，1997.
[6] 张翔，等. C 语言函数大全. 北京：电子工业出版社，2002.
[7] 李春葆. C 语言习题与解析. 2 版. 北京：清华大学出版社，2004.
[8] 朱小菲，尹芳. C 语言程序设计题解及实验教程. 北京：清华大学出版社，2009.
[9] 廖雷. C 语言程序设计习题解答及上机指导. 2 版. 北京：高等教育出版社，2003.

